과학기술과
사회를 만든 사람들

과학기술과 사회를 만든 사람들

11명의 과학자에 관한 조금 깊은 전기

송성수 지음

Galileo
Newton
Lavoisier
Darwin
Pasteur
Edison
Haber
Einstein
Oppenheimer
Watson
Jobs

자유아카데미

머리말

과학사 수업을 하다 보면 봉착하는 질문이 하나 있다. 조금 더 재미있게 가르치는 방법은 없을까 하는 질문이다. 여기서 '재미있게'가 꼭 '쉽게'를 뜻하는 것은 아니다. 단순한 재미보다 재미난 어려움이 더욱 가치 있는 법이다. 재밌는 과학사를 위해 종종 시도되는 방법으로는 사람 중심의 과학사, 즉 인물과학사를 들 수 있다. 역사가 어원적으로 '사람들의 이야기'를 뜻하므로 사람을 중시하지 않는 과학사는 어불성설에 불과하다. 게다가 인물과학사는 과학자의 활동을 통해 과학과 사회를 동시에 보여줄 수 있는 장점을 가지고 있다.

필자는 오래전부터 인물과학사에 관심을 가졌으며, 『과학기술의 개척자들』, 『한 권으로 보는 인물과학사』, 『사람의 역사, 기술의 역사』 등의 도서를 발간하기도 하였다. 이런 도서를 바탕으로 수업을 하면서 기존의 내용을 보완하고 새로운 인물을 발굴하는 작업이 계속 이어졌다. 어느새 과학자나 기술자에 대해 공부하고 글을 쓰는 것이 필자에게는 일종의 취미가 되었다.

그러던 중 자유아카데미로부터 원고 의뢰가 왔다. 과학사를 빛낸 인물들에 대한 단행본을 준비해 달라는 것이었다. 흔쾌히 승낙했지만 역시 쉬운 일은 아니었다. 몇 명의 과학자를 다룰지, 어떤 과학자를 선택할지, 분량은 어느 정도로 할지 등이 문제가 되었다. 여러 고민 끝에 11명의 과학자를 선정하여 해당 인물에 대한 조금 깊은 전기를 준비하는 방향으로 가닥을 잡았다. 스티브 잡스는 새로 작성했고, 다른 10명의 경우에는 기존 원고를 보강했다. 새롭게 쓰든 고쳐 쓰든 간에 글을 쓰는 것은 늘 어려운 일임이 틀림없다.

11명은 축구팀을 이루는 인원수이다. 역사 속의 유명한 과학자로 드림팀을 만든다면 누가 포함될 수 있을까 하는 생각으로 11명을 선정했다. 물리, 화학, 생물, 기술 등의 분야와 영국, 프랑스, 독일, 미국 등의 국적을 적절히 안배했다. 일찍부터 스타 반열에 오른 사람도 있고, 잘 나가다가 똥볼을 찬 사람도 있으며, 심판의 경고를 받은 사람도 있다. '조금 깊다'는 것은 가볍게 넘길 정도로 소략하지도 않으며 읽기에 부담스러울 정도로 번잡하지도 않다는 점을 뜻한다. 흥미(興味)와 의미(意味)라는 두 가지 맛을 모두 담아내기 위한 고민으로 알아주길 바란다.

책에서 다루고 있는 11명의 과학자 중에 모르는 사람이 있는가? 대부분은 친숙하겠지만 생경한 인물도 있을 것이다. 걱정하지 마시라! 처음 접하는 주제는 새롭게 도전하면 되고, 친근한 부분은 더욱 자세히 탐구하면 된다. 이런 식으로 배우고 익히다 보면 또 하나의 즐거움이 생기지 않겠는가? 더 나아가 과학자의 일생과 업적에 자신의 상상력을 결부시켜 보면 앎과 이해의 폭이 더욱 넓어지는 경험도 할 수 있을 것이다.

필자의 과학사 공부는 세 분 은사님의 지도편달에서 시작되었다. 우리나라 제1세대 과학자이신 송상용 선생님, 박성래 선생님, 김영식 선생님이다. 덕분에 과학사의 풍성한 내용을 배우고 익히는 것은 물론이고, 주제 탐색, 자료 찾기, 읽기, 생각하기, 쓰기, 되돌아보기 등에서 많은 가르침을 받았다. 세 선생님들은 그야말로 척박한 한반도에서 과학사를 개척해 오셨다. 선생님들의 건행(건강과 행복)을 소망한다.

세 분의 은사님을 비롯해 참고문헌에 수록된 훌륭한 저작을 남겨주시거나 멋진 번역을 해주신 연구자들과 작가들께 고개를 숙인다. 글감을 고르고 그림을 찾는 데는 위키피디아가 일등공신으로 작용했다. 집단지성의 힘은 참으로 대단하다! 또한 출판의 기회를 주시고 꼼꼼한 편집을 담당해 주신 자유아카데미의 관계자분들 덕분에 이 책이 세상의 빛을 볼 수 있게 되었다. 항상 필자를 응원하고 벗이 되어 주는 이윤주와 송영은에게도 고마움을 전한다. 모두 감사할 따름이다.

산과 바다가 어우러진 고장에서
송성수 드림

차례

5장 백신을 개발한 프랑스 과학자
루이 파스퇴르

6장 발명왕을 보는 다양한 시선
토머스 에디슨

7장 화학비료에서 독가스로

프리츠 하버

8장 현대물리학의 기반을 마련한 평화주의자

알베르트 아인슈타인

9장 핵무기가 바꾼 인생

로버트 오펜하이머

10장 분자생물학의 살아 있는 신화

제임스 왓슨

11장 혁신과 융합의 아이콘

스티브 잡스

1장

그래도 지구는 돈다?

갈릴레오 갈릴레이

갈릴레오 갈릴레이(Galileo Galilei, 1564~1642)는 16~17세기 과학혁명의 주역 가운데 한 사람으로 천문학과 물리학의 개혁에 크게 기여했다. 당시에는 성(姓)보다 이름이 중요하게 여겨졌으므로 갈릴레오 갈릴레이를 줄여서 부를 때에는 '갈릴레오'라고 하는 것이 적합하다. 사실상 17세기 이전에는 성을 가지지 못한 사람들이 매우 많았다. 예를 들어 레오나르도 다빈치(Leonardo da Vinci, 1452~1519)는 '빈치 마을의 레오나르도'라는 뜻을 가지고 있다. 서구 사회에서는 민족국가가 본격적으로 등장하기 시작한 17세기부터 이름보다 성이 통용되었던 것으로 보인다.

갈릴레오는 우리에게 매우 친숙한 인물로 그에 대해서는 숱한 이야기들이 따라다닌다. 피사의 사탑에서 무거운 물체와 가벼운 물체가 동시에 떨어지는 실험을 했던 사람, 망원경을 손수 제작하여 태양중

그림 1-1
과학혁명의 기수, 갈릴레오 갈릴레이

심설(지동설)에 관한 증거를 찾아낸 사람, 종교재판으로 박해를 받기도 했지만 "그래도 그것은 움직인다(Eppur si muove)." 혹은 "그래도 지구는 돈다."라고 중얼거린 사람, 운동학의 주요 개념인 상대성과 관성을 제안한 사람 등이 그것이다. 이러한 이야기들은 어느 정도 사실일까?

수도원에서 대학으로

갈릴레오는 1564년 2월 15일에 이탈리아의 피사에서 빈센치오 갈릴레이(Vincenzio Galilei)의 장남으로 태어났다. 1564년은 르네상스 시대의 유명한 화가인 미켈란젤로가 죽고 영국의 대문호인 셰익스피어가 태어난 해이기도 하다. 빈센치오 갈릴레이는 피렌체의 귀족 출신으로 직물상을 생업으로 삼았는데, 음악에 조예가 깊어 궁정의 음악인으로 활동하기도 했다. 그는 여러 악기 중에 류트(lute, 기타와 비슷한 현악기로 16~18세기 유럽에서 널리 유행했다)를 잘 다루었고, 악기 실험을 통해 화음을 구성하는 새로운 이론을 제시하기도 했다. 갈릴레오도 아버지의 영향을 받아 류트 연주에 소질을 보였으며 왕성한 실험 정신을 가지고 있었다.

갈릴레오는 아버지로부터 글을 배운 후 14살에 수도원에 입문하여 3년 동안 생활했다. 수도원에서 갈릴레오는 그리스의 유명한 철학자이자 과학자인 아리스토텔레스에 심취했고, 자신도 어떻게 해서든지 유명한 과학자가 될 것이라고 마음먹었다. 동시에 수도원 생활은 갈릴레오가 나중에 교회의 권위와 마찰을 일으켰음에도 불구하고 평생 동안 독실한 가톨릭 교인으로 살아갈 수 있는 발판으로 작용했다.

갈릴레오는 17살이 되던 1581년에 아버지의 권유로 피사 대학의 의학부에 입학했다. 그러나 갈릴레오에게 의학 강의는 매우 유치한 것이었다. 그는 의학부에 다니면서도 수학과 과학에 열중했다. 그는 아리스토텔레스의 저작을 많이 읽으면서 거기에 나타난 몇 가지 문제점을 인식하기 시작했고, 점차 기록되어 있는 지식보다 자연현상 자체를 중요시하는 태도를 가지게 되었다. 이 때문에 갈릴레오는 과거의 학설을 맹목적으로 수용하는 교수들과 잦은 논쟁을 벌였고, 급기야 '논쟁꾼'이라는 별명을 얻기도 했다. 대학 졸업에 큰 의미를 두지 않았는지, 갈릴레오는 피사 대학을 3년 반 다닌 후 그만두고 말았다.

진자의 등시성에 얽힌 오해

갈릴레오는 진자의 등시성을 처음 발견한 사람으로 알려져 있는데,

이에 대해서는 다음과 같은 일화가 전해지고 있다. 1583년 어느 날 피사의 로마네스크 성당에 들어선 갈릴레오는 천장에서 길게 늘어져 흔들리는 샹들리에를 보았다. 그는 손목의 맥박을 재면서 샹들리에의 흔들림을 유심히 관찰하다가 "그렇다! 틀림없다!"라고 소리를 쳤다. 샹들리에의 흔들리는 폭은 점점 줄어들었으나 흔들림이 크건 작건 한 번 왕복하는 데 걸리는 시간은 동일했다. 당시만 해도 흔들거리는 물체의 폭이 좁을수록 시간이 적게 소요될 것이라고 믿었는데, 갈릴레오는 진자가 진동하는 주기가 진폭과는 관계없이 일정하다는 사실을 발견했다는 것이다.

이러한 일화는 갈릴레오의 제자로서 갈릴레오에 대한 최초의 전기를 쓴 비비아니(Vincenzo Viviani)에 의해 소개되었다. 그러나 이는 신빙성이 떨어진다. 왜냐하면 이후의 학자들에 의해 갈릴레오가 1583년에 보았다는 로마네스크 성당의 샹들리에는 1587년에 설치되었다는 사실이 밝혀졌기 때문이다. 그렇다면 비비아니가 이러한 일화를 만든 이유는 무엇일까? 아마도 비비아니는 대부분의 사람들이 종교적 의례에 시간을 낭비하고 있을 때 자신의 위대한 스승 갈릴레오는 과학적 진리를 추구하는 데 전념하고 있었다는 점을 부각시키고자 했을 것이다.

어쨌든 갈릴레오가 진자의 등시성을 처음 발견한 사람이라는 점은 역사적 사실로 인정되고 있다. 그는 진자의 등시성에 대한 아이디어를 가지고 있다가 1602년에 이를 입증하기 위한 신중한 실험을 실시했다. 갈릴레오에 이어 진자의 등시성을 연구한 사람은 네덜란드의 과학자인 하위헌스(Christiaan Huygens, 네덜란드어 표기법 제정 이전에는 '호이겐스'로 표기되었다)였다. 그는 1657년에 오늘날 진자의 등시성을 나타내는 공식인 $T = 2\pi\sqrt{l/g}$ 을 유도했고, 진자의 등시성을 활용하여 정교한 추시계를 만드는 데도 성공했다.

피사의 사탑에 대한 신화

갈릴레오는 피사 대학을 중퇴한 후 개인 교사로 생계를 유지하면서 과학에 대한 연구를 계속했다. 1586년에 그는 아르키메데스의 저술을 분석한 『작은 저울』이라는 소책자에서 저울에 대한 개량된 설계를 제시하여 과학자 사회의 주목을 받기 시작했다. 이와 함께 고체의 무게중심과 관련된 기하학적 문제를 연구하여 그 결과를 작은 논문으로 발표하기도 했다. 갈릴레오는 당시의 유명한 수학자였던 구이도발도 델 몬테(Guidobaldo del Monte), 크리스토퍼 클라비우스(Christopher Clavius) 등과 서신을 교환했고, 그들의 도움으로 1589년에 피사 대학의 수학 교수가 되었다.

갈릴레오는 학생들에게 낡은 지식을 그대로 가르치지 않았고, 아리스토텔레스의 학설 중 잘못된 점을 지적하면서 강의했다. 심지어 갈릴레오는 대학인이 항상 가운을 입어야 한다는 규정을 신랄하게 비판하는 풍자의 글을 쓰기도 했다. 이 때문에 선배 교수들은 그를 매우 싫어했으며, 갈릴레오도 피사 대학에서 활동하는 데 많은 제약을 받았다. 갈릴레오는 1590년경에 『운동에 관하여』라는 습작 노트를 집필했는데, 당시의 갈릴레오의 운동이론은 완전히 새로운 것이라기보다는 아리스토텔레스의 잔재가 남아있는 과도기적 형태를 띠고 있었다.

피사 대학의 교수 시절에 있었던 유명한 일화로는 피사의 사탑에서 벌어진 공개 실험을 들 수 있다. 전해지는 이야기에 따르면, 갈릴레오가 무게가 다른 두 개의 물체를 동시에 땅에 떨어뜨렸을 때 두 물체가 동시에 "쿵" 하는 소리를 내면서 땅바닥에 떨어졌고, 이 실험을 목격한 사람들은 크게 놀랐다고 한다.

그러나 이러한 실험이 성립하기 위해서는 진공 상태가 가정되어야 하는데, 피사의 사탑 부근을 진공으로 만든다는 것은 상상하기 어렵다. 게다가 갈릴레오가 활동했던 시절에는 진공 상태를 유지할 수 있는 방법이 개발되지 않았다. 일상적인 판단에 따르면 무거운 물체가 가벼

그림 1-2

갈릴레오가 낙하실험을 했다고 전해지고 있는 피사의 사탑

자료: Alkarex Malin äger, Wikimedia Commons

운 물체보다 빨리 떨어지며, 우리는 이것이 공기의 저항력에서 기인한 것으로 알고 있다. 흥미롭게도 갈릴레오에 앞서 네덜란드의 과학자 스테빈(Simon Stevin)이 1586년에 낙하실험을 실시했다는 기록도 있다.

그렇다면 갈릴레오는 어떻게 해서 낙하운동에 관한 법칙을 알아낼 수 있었을까? 『과학혁명』의 저자 김영식에 따르면, 갈릴레오가 속도, 무게, 저항의 문제를 다루는 과정에는 아르키메데스의 영향이 컸다. 갈릴레오는 아르키메데스의 논의를 활용하여 낙하하는 물체의 속도(v)가 그 물체의 밀도(d)와 매질이 가진 밀도(dm)의 차이에 비례한다고 생각했는데, 이를 식으로 표현하면 'v ∝ (d−dm)'이 된다. 이어 갈릴레오는 대담하게도 매질의 밀도(dm)가 영(zero)인 상황, 즉 진공을 가정했다. 진공의 상황에서는 낙하하는 물체의 속도가 그 물체의 밀도에만 비례하게 되므로 동일한 밀도를 가진 물체는 그 무게에 상관없이 동시에 떨어지게 되는 것이다.

갈릴레오는 1638년에 발간한 『새로운 두 과학에 대한 논의와 수학적 논증』에서 낙하법칙에 대한 사고실험을 제안했는데, 이를 요약해 보면 다음과 같다. ① 아리스토텔레스는 무거운 물체가 가벼운 물체보다 빨리 떨어진다고 했다. ② 두 물체를 끈으로 연결하여 떨어뜨리면, 가벼운 물체가 무거운 물체의 운동을 방해하게 된다. ③ 끈의 길이를 더 짧게 해도 상황은 다를 바 없으므로 여전히 두 물체는 평균 속력으로 가속된다. ④ 그렇다면 끈이 짧아지다가 한 덩어리가 되어도 물체의 속도는 바뀌지 않아야 되는데, 그것은 ①과 모순된다. ①에 따르면, 두 물체가 합쳐질 경우에는 무거운 물체보다 더욱 무겁게 되어 더 빨리 떨어져야 하는 것이다. ⑤ 무거운 물체가 가벼운 물체보다 느리게 떨어진다고 가정해도 앞과 동일한 논증 과정에 의해 모순이 발생한다. ⑥ 따라서 남은 경우의 수는 하나뿐이다. 무거운 물체와 가벼운 물체가 모두 똑같이 떨어진다고 보는 것이다.

낙하운동의 법칙을 찾아서

갈릴레오는 27세가 되던 1591년에 두 가지의 커다란 변화를 맞이했다. 하나는 아버지의 죽음으로 그때부터 갈릴레오는 가족을 부양해야 하는 책임을 짊어지게 되었다. 아버지는 자식들에게 유산을 남기기는커녕, 죽기 얼마 전에 딸의 결혼을 위해 막대한 지참금 지급을 약속해 놓고 있었다. 남동생도 호탕하게 돈을 쓰면서 유랑하는 음악가였기 때문에 갈릴레오에게는 큰 짐이 되었다. 갈릴레오가 다른 과학자들과는 달리 이재(理財)에 밝았던 것은 이러한 점에서 연유한 것으로 보인다.

1591년에 있었던 또 다른 일은 갈릴레오가 파도바 대학으로 자리를 옮긴 것이었다. 피사 대학과 달리 파도바 대학은 사상의 자유를 보장했으며 독자적으로 대학을 운영하고 있었다. 갈릴레오는 파도바 대학에서 당시에 널리 소개되기 시작한 새로운 지식들을 폭넓게 익혔다. 그는 코페르니쿠스의 『천구의 회전에 관하여』를 읽으면서 태양중심설에 공감하게 되었고, 1597년에는 케플러의 『우주의 신비』를 지지하는 편지를 쓰기도 했다. 아리스토텔레스와 프톨레마이오스의 지구중심설(천동설)로는 바다의 조석(潮汐) 현상을 설명할 수 없다는 것이었다. 그때 케플러는 갈릴레오의 생각을 공개할 것을 종용했지만, 지동설을 공개적으로 지지하면 가톨릭 교인으로서의 입장이 곤란해진다는 생각에 갈릴레오는 그 편지를 없애 버렸다.

1600년에는 브루노(Giordano Bruno)가 무한우주설을 끝까지 고집하여 화형에 당하는 사건이 발생했다. 갈릴레오는 더욱 신중해져서 우주론의 문제에 관여하는 대신 운동 자체를 정확하게 기술하는 데 전념했다. 당시에 그는 물체의 낙하에 따라 속도가 어떻게 증가하는지를 수학적으로 표현하고자 했다. 처음에 그는 "낙하속도가 거리에 비례한다"는 가정에서 출발했지만, 얼마 안 되어 "낙하속도가 시간에 비례한다"는 가정을 바탕으로 "물체의 낙하거리가 시간의 제곱에 비례한다"는 점을 알아냈다.

낙하하는 물체의 속도를 직접 재는 것은 거의 불가능했기 때문에 갈릴레오는 '경사면'이라는 특별한 장치를 고안했다. 그는 긴 막대를 만들고 매끈한 고랑을 판 후 막대를 기울여 청동 공이 굴러가게 했다. 경사면의 기울기가 작으면 무거운 공이 가벼운 공보다 빨리 바닥에 도달한다. 경사면의 기울기를 점점 크게 하면 무거운 공과 가벼운 공의 속도 차이가 점점 줄어든다. 경사면을 90도 가까이 가파르게 세우고 홈을 매끈하게 하면, 무거운 공과 가벼운 공이 바닥에 도달하는 시간은 거의 동일해진다. 이처럼 갈릴레오는 경사가 심할수록 공의 운동이 자유낙하 운동과 닮아간다는 점에 착안한 후 완전한 자유낙하의 상황에서는 물체의 속도가 무게와 무관하다는 결론을 도출할 수 있었던 셈이다.

문제는 시간을 측정하는 것이었는데, 이에 대해서는 의견이 갈린다. 갈릴레오가 작은 구멍으로 떨어지는 물방울을 그릇에 받아 그 무

그림 1-3

낙하하는 물체의 속도를 측정하기 위해 갈릴레오가 수행했던 경사면 실험을 복원한 장치로 현재 이탈리아 피렌체 과학사박물관에 소장되어 있다.
자료: Museo Galileo, Wikimedia Commons

게를 측정함으로써 공이 구르는 시간을 알아냈다는 견해도 있고, 갈릴레오가 경사면 고랑을 따라 프렛(fret, 현악기에서 현의 분할을 쉽게 사용하기 위한 장치)을 설치하여 구르는 공이 프렛을 스쳐가는 시간 간격을 측정했다는 견해도 있다. 훗날 갈릴레오는 자신의 경사면 실험 결과를 정당화하기 위해 그것이 "수백 번에 걸쳐" 반복한 결과임을 강조하기도 했다.

갈릴레오는 결혼을 하지는 않았지만 가정부인 마리나 감바(Marina

그림 1-4
갈릴레오의 장녀, 마리아 수녀
자료: Wellcome Collection, Wikimedia Commons

Gamba)와 함께 살았고 세 명의 아이를 두었다. 그들은 1600년에 첫딸인 비르지니아(Virginia)를, 1601년에 둘째 딸인 리비아(Livia)를, 1606년에는 아들 빈센치오(Vincenzio)를 낳았다. 갈릴레오는 딸이 사생아이기 때문에 결혼해서는 안 된다고 여겼다. 두 딸은 아르체트리의 성 마테오 수녀원으로 보내졌다. 비르지니아는 수녀원에 들어가 마리아 첼레스테(Maria Celeste)라는 이름을 받았다. 그녀는 1634년에 34세의 나이로 세상을 떠났으며, 갈릴레오와 함께 피렌체의 산타 크로체 대성당에 묻혔다.

망원경으로 밝혀낸 우주의 비밀

갈릴레오는 과학적 도구를 만드는 데에도 일가견을 가지고 있었다.

1592년경에 그는 초보적인 온도계를 발명한 것으로 전해진다. 갈릴레오 온도계는 온도 측정을 위한 팽창 매질로 공기를 사용했으며, 구체적인 온도 단계가 없어 정밀한 측정에는 적합하지 않았다. 그런대로 성공적인 발명품은 1597년경에 만든 컴퍼스였다. 컴퍼스는 수학적 계산을 위해 금속에 눈금을 새긴 것으로서 당시에는 특정한 지점에 대포를 쏘기 위해 필요한 각도를 알아내는 데 주로 사용되었다.

갈릴레오에게 온도계나 컴퍼스보다 더욱 중요한 도구는 망원경이

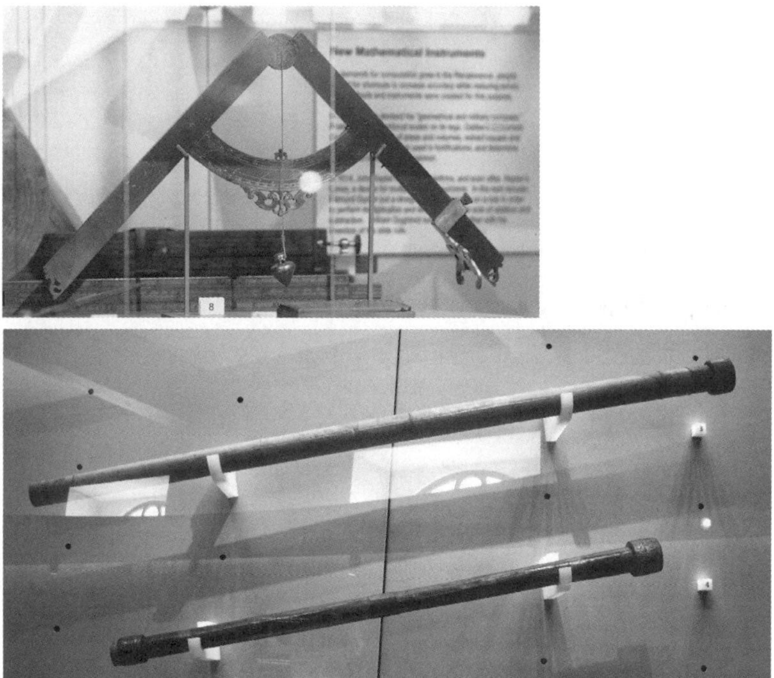

그림 1-5

갈릴레오가 제작한 컴퍼스와 망원경

자료: (위) Sage Ross, Wikimedia Commons, (아래) Sailko, Wikimedia Commons

었다. 그는 1609년 여름에 베네치아를 여행하다가 망원경에 대한 이야기를 들었다. 망원경은 1608년에 네덜란드의 안경 제작자인 리페르셰이(Hans Lippershey)가 처음 발명한 것으로 알려져 있는데, 그의 망원경은 사물이 3배 정도 확대된 영상만 보여주기만 할 뿐 위아래가 바뀐다는 약점을 가지고 있었다. 갈릴레오는 망원경에 대한 설명서를 구하여 스스로 망원경을 만들기 시작했다. 처음에 제작된 망원경은 장난감에 가까웠지만 점차 선명도와 배율이 높은 것으로 개량되었다. 갈릴레오는 볼록렌즈를 눈에서 먼 대물렌즈로, 오목렌즈를 눈에 붙이는 접안렌즈로 사용하여 영상이 똑바로 맺히게 했다.

갈릴레오는 8배율의 망원경을 직접 제작한 후 당시 이탈리아에서 드물게 공화제를 시행하고 있었던 베네치아 원로회를 찾아갔다. 그는 베네치아 원로회 의원들과 함께 높은 탑 위에서 항구로 들어오는 배를 관찰했다. 배를 맨 눈으로 보는 데에는 두 시간이나 걸렸는데 망원경으로는 바로 볼 수 있었다. 항상 외적의 침입을 걱정하고 있었던 베네치아 의원들에게 갈릴레오의 망원경은 첨단무기에 다름 아니었다. 베네치아 의원들은 상당한 상금을 지불하기로 약속하면서 가격에 대한 흥정을 시도했다. 그러던 중 그들은 망원경이 베네치아 시내에서 이미 널리 퍼져있다는 점을 알게 되었고, 갈릴레오에게 속았다고 생각하면서 그 약속을 실행하지 않았다.

그 후 갈릴레오는 망원경을 하늘로 돌림으로써 망원경의 새로운 용도를 개척했다. 그는 자신이 만든 20배율의 망원경을 가지고 1609년 11월부터 하늘을 관측하기 시작했다. 그 결과는 1610년 3월에 『별의 전령』 혹은 『시데레우스 눈치우스(Sidereus Nuncius)』로 출간되었다.

그 책은 출간된 지 5년이 안 되어 중국어로 번역될 정도로 세상의 주목을 받았다. 갈릴레오는 『별의 전령』을 출간한 이후에도 망원경 관측을 계속했고, 1613년에는 「태양의 흑점에 관하여」라는 논문을 발표하기도 했다.

갈릴레오가 망원경을 통해 본 하늘은 놀랄 만한 것이었다. 그는 곧 관측 사실을 바탕으로 코페르니쿠스 우주론의 적합성을 선전하여 일약 스타로 부상했다. 우선 갈릴레오는 별들의 크기가 육안으로 보는 것보다 훨씬 작다는 것을 알았다. 그것은 별이 지구에서 멀리 떨어져 있다는 점을 의미했으며, 코페르니쿠스 우주론에서 파생되는 별의 시차가 잘 관측되지 않는 이유로 활용될 수 있었다. 또한 그는 태양에 흑점이 있으며 그것이 불규칙하게 운동한다는 사실을 알아냈고, 이를 통해 천상계가 완전하고 불변하다는 기존의 관념을 깨뜨릴 수 있었다.

태양에 이어 갈릴레오가 관찰한 대상은 달이었다. 망원경을 통해 그의 눈에 비친 달은 매끄러운 공 모양이 아닌 울퉁불퉁한 모양을 띠고 있었다. 그것은 달도 천체의 하나이기 때문에 그 표면이 매끄러워야 한다는 이전의 생각과 대비되는 것이었다. 더 나아가 갈릴레오는 달의 분화구를 관찰한 후 그 결과를 자세한 그림으로 출판했으며, 그 그림을 바탕으로 일련의 계산을 수행하여 달의 분화구가 지구에 존재하는 가장 높은 산보다 더욱 높다고 결론지었다.

그 다음에 갈릴레오의 망원경은 행성으로 향했다. 그는 목성을 관측하던 중에 4개의 위성이 목성 주위를 일정한 궤도로 회전하고 있다는 점을 발견했다. 이를 통해 코페르니쿠스의 우주론에서 유독 지

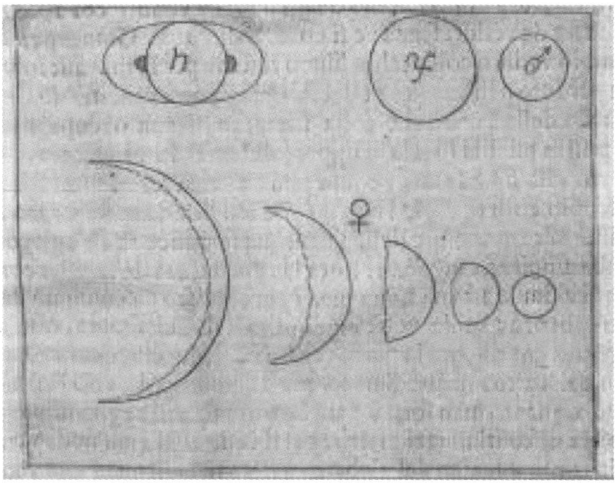

그림 1-6
갈릴레오가 기록한 금성의 위상 변화

구라는 행성만이 달을 위성으로 가지고 있다는 약점을 방어할 수 있었다. 코페르니쿠스 우주론에 대한 가장 직접적인 증거는 금성의 모양에 대한 관측이었다. 지구에서 보이는 금성의 모양은 초승달, 반달, 보름달 모양이 모두 가능하고 보름달 모양의 경우에 금성의 크기가 가장 작으며 반대의 경우가 가장 컸던 것이다.

왜 '메디치의 별'이었을까?

갈릴레오는 처세술에 능한 사람이었다. 그는 목성을 도는 4개의 위성에 '메디치의 별(Medician stars)'이라는 이름을 붙였다. 메디치 가문은 15세기 초부터 피렌체 공국을 통치하고 있었으며, 코시모 1세는 1537년에 피렌체 공작이 된 후 1569년에 토스카나 대공(大公)의 지위에 올랐다. 1609년에는 그의 뒤를 이어 코시모 2세가 토스카나 대공이 되었는데, 갈릴레오는 『별의 전령』을 코시모 2세에게 헌정했다. 그

책에서 코시모(Cosimo)는 우주(cosmos)에 연결되었고, 코시모 1세는 신들의 아버지인 주피터(Jupiter, 그리스 신화의 제우스에 해당함)에 비유되었다. 이와 함께 코시모 1세의 미덕이 네 개의 위성을 통해 세상에 널리 퍼진다는 설명도 덧붙여졌는데, 흥미롭게도 코시모 2세를 포함한 코시모 1세의 자식들은 위성의 수와 마찬가지로 네 명이었다.

갈릴레오는『별의 전령』에서 다음과 같이 썼다. "이제 우리는 고귀하신 전하를 위하여 그보다 더욱 참되고 더욱 경사스러운 징조를 말씀드릴 수 있게 되었습니다. 불멸의 영혼인 전하의 은총이 지상을 밝히기 시작하자, 전하의 더없이 훌륭한 미덕을 기리기 위해 하늘에서 밝은 새 별들이 나타났기 때문입니다. 전하의 찬란한 이름을 기리기 위해서 여기 4개의 별이 예비되어 있습니다. 이 별들은 너무 흔해서 주목할 만한 것이 못되는 평범한 붙박이별(항성)이 아니라, 참으로 빛나는 떠돌이별인데, 이 별들은 그중에서 가장 우아한 목성 둘레를 놀라울 만큼 빠른 속도로 돌고 있습니다. 그것들은 한 집안의 아이들처럼 서로 다른 궤도운동을 하며 목성 둘레를 도는데, 한편으로는 상호조화 속에서, 목성과 더불어 12년에 한 번씩 세상의 중심, 곧 태양 둘레를 크게 공전합니다. 실은 이 별들을 처음 발견했을 때, 별들의 창조주께서 저에게 새로운 이 별들을 다른 모든 이들 앞에서 전하의 찬란한 이름을 따서 명명하라고 명백히 충고하는 듯 했습니다."

이렇게 아부하는 과학자를 마다할 권력가가 있겠는가? 코시모 2세는 1610년 가을에 갈릴레오를 '대공의 철학자 겸 수학자'로 임명했다. 요컨대 갈릴레오는 자신이 발견한 별에 유력한 군주의 가문을 연결시킴으로써 궁정인(courtier)이 되는 데 성공했던 것이다.

그렇다면 갈릴레오는 왜 궁정인이 되려고 했을까? 쉽게 생각할 수 있는 대답은 경제적인 측면에서 찾을 수 있다. 당시에 대학 교수가 받는 보수는 그리 높지 않았다. 특히, 수학 교수의 보수는 더욱 낮아서 컴퍼스와 같은 기구를 만들어 팔거나 학생들에 대한 개인교습을 부업으로 삼는 경우가 많았다. 갈릴레오도 군사학, 기계학, 천문학 등에 관한 개인교습과 기구제작으로 경제적 수입을 보충했고, 심지어 자신의 집에 학생들을 하숙시키기도 했다. 갈릴레오는 이와 같은 하찮은 일에 자신의 시간을 소모하는 것을 달가워하지 않았다. 따라서 연구에 필요한 시간을 보장해 주면서 동시에 경제적인 여유를 제공해 줄 수 있는 궁정인은 매우 매력적인 목표가 될 수 있었다. 실제로 갈릴레오는 대공의 철학자 겸 수학자로 임명된 후에 별도로 교육을 할 의무를 가지지 않으면서도 궁정의 고관들이나 받을 수 있는 높은 연봉을 받을 수 있었다.

이보다 더욱 중요한 이유는 학문적 지위의 상승에서 찾을 수 있다. 여기서 우리는 갈릴레오의 지위가 파도바 대학의 '수학' 교수에서 대공의 '철학자' 겸 수학자로 바뀌었다는 점에 주목할 필요가 있다. 당시에는 교수 사이에도 서열이 존재하여 철학 교수는 수학 교수보다 학문적으로 높은 지위를 누리고 있었다. 철학 교수에게는 현상의 본질과 원인을 탐구할 수 있는 자격이 주어졌던 반면, 수학 교수는 단지 현상을 정확히 서술하는 일을 맡았던 것이다. 이에 따라 수학 교수가 자연현상의 원인에 대해 왈가왈부하는 것은 학계의 규범을 어기는 일에 해당했다. 그것은 갈릴레오에게 심각한 문제가 되었다. 코페르니쿠스의 우주론에 대해 논의하는 것은 철학자들의 학문 영역이었기 때문이다. 갈릴레오가 새로운 우주론에 대해 자유롭게 논의하기 위해서는 이러한 학문의 위계를 넘어설 수 있는 자원이 필요했다. 갈릴레오는 그것을 메디치 가문에서 찾았던 것이다.

사실상 갈릴레오와 메디치 가문의 인연은 훨씬 이전부터 시작되었다. 갈릴레오의 아버지는 메디치 가문의 궁정 음악가였다. 갈릴레오는 파도바 대학으로 자리를 옮긴 후에도 메디치 가문과의 연결고리를 놓지 않았다. 그는 코시모 2세의 어린 시절에 수학 교사를 자청하여 방학마다 메디치 궁정을 왕래했다. 또한 갈릴레오는 1608년에 코시모 2세가 결혼할 때 기념 메달의 문장(紋章)을 만들었고, 그것을 통해 메디치 가문의 권력이 쇠붙이를 끌어들이는 자석의 힘에 해당한다고 설명했다. 이런 식으로 갈릴레오는 기회가 있을 때마다 메디치 가문에게 자신의 존재를 부각시켰던 것이다.

갈릴레오의 사례는 17세기만 해도 과학이 직업으로 자리 잡지 못했다는 점을 잘 보여주고 있다. 당시의 사람들이 과학 활동에 필요한 재원을 충당하는 방법은 세 가지로 대별할 수 있다. 첫째로는 집안이 부유한 경우를 들 수 있는데, 귀족 출신인 보일(Robert Boyle)이 그 대표적인 예이다. 두 번째는 다른 직업을 가진 경우이다. 예컨대, 하비(William Harvey)는 의사의 직업을 가지면서 생리학을 연구했다. 집안도 부유하지 않고 직업도 변변치 않은 경우에는 다른 사람의 후원이 필요했다. 이러한 사례에 해당하는 사람이 바로 갈릴레오이다. 당시의 후원은 오늘날과 달리 주로 개인적 후원이 지배적이었지만, 후원이 과학 활동을 촉진하는 중요한 매개체가 되었다는 것은 분명한 사실이다.

동상이몽이 된 『천문대화』

갈릴레오는 1611년에 로마에 가서 자신이 망원경으로 관측한 사실을 널리 선전했다. 로마에 머무는 동안 갈릴레오는 린체이 아카데미(Accademia dei Lincei)의 회원으로 추대되었다. 일명 '스라소니 아카데미'로 불린 린체이 아카데미는 1601년에 체시(Federigo Cesi) 공의 후원으로 설립된 것으로 세계 최초의 과학단체에 해당한다. 린체이 아카데미의 회원들은 갈릴레오가 천문 관측을 위해 사용한 장비에 '망원경'이라는 이름을 붙였다. 또한 체시 공은 갈릴레오가 보낸 현미경을 이용해 벌을 관찰했는데, 그것은 세계 최초의 현미경적 관찰로 평가되기도 한다. 그러나 린체이 아카데미는 개인적 친분에 의해 운영되는 구조를 가지고 있었고, 1630년에 체시 공이 사망하면서 와해되고 말았다.

이어 1657년에는 치멘토 아카데미(Accademia del Cimento)가 피렌체에서 설립되었다. 후원자는 메디치 가문의 레오폴트(Leopold) 1세였으며, 회원의 다수는 갈릴레오를 추종하는 사람들이었다. 치멘토 아카데미는 "검사와 재검사를 통하여"를 신조로 내걸 정도로 실험을 중시했으며, 수학, 천문학, 역학, 생명과학 등 광범위한 분야를 탐구했다. 그러나 회원들 사이에 불화가 생기고 레오폴트 1세가 추기경에 임명되면서 1667년에 문을 닫고 말았다. 린체이 아카데미와 치멘토 아카데미가 개인적 기관에 머물렀던 반면, 1660년에 설립된 영국의 왕립학회(Royal Society, RS)와 1666년에 설립된 프랑스의 과학아카데미(Académie des sciences, AS)는 공식적인 과학단체로 제도화될 수 있었다.

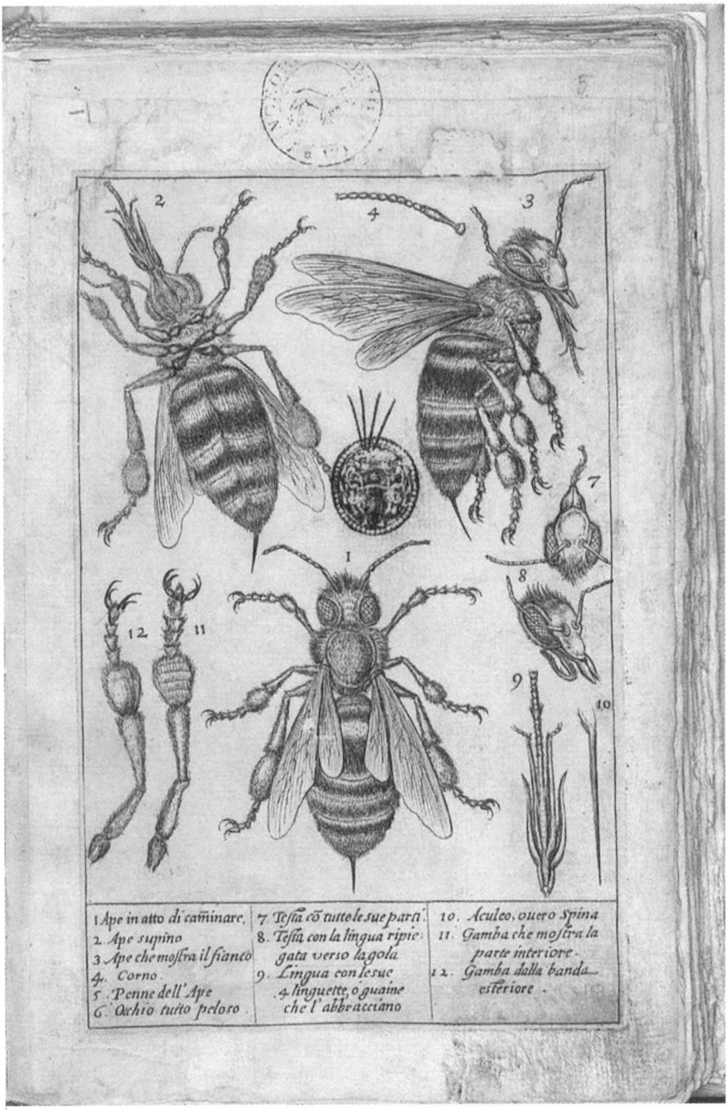

그림 1-7

1625년에 판화로 제작된 〈멜리소그라피아(Melissographia)〉. 갈릴레오가 제공한 현미경을 이용해 체시 공이 관찰한 것으로 마페오 바르베리니(우르바누스 8세)에게 헌정된 바 있다.

태양중심설에 대한 갈릴레오의 주장은 가톨릭교회 당국에 큰 불안을 안겨 주었다. 그동안 받아들여져 오던 프톨레마이오스의 지구중심설, 즉 지구가 중심에 있고 맨 바깥에 신이 사는 하늘이 있는 우주체계가 깨어지면 그것에 바탕을 둔 기독교의 교리도 타격을 받을 것이 분명했다. 이런 이유에서 내려진 것이 1616년의 금지령이었다. 이 금지령의 내용은 "코페르니쿠스 우주론은 가톨릭 교리는 물론 참된 철학에도 위배되며 따라서 가톨릭교도는 코페르니쿠스 우주론을 옳다고 주장해서는 안 된다"라는 것이었다. 갈릴레오는 그해 3월에 코페르니쿠스의 견해를 지지하지 않을 것이며 글이나 말로 그것을 가르치지 않겠다고 서약했다.

갈릴레오는 1623년에 '금을 분석하고 시험하는 자'라는 뜻의 『시금자(Il Saggiatore, 영어로는 The Assayer)』를 출간했다. 그는 『시금자』를 통해 천문 관측에 대해 자신의 반대자들이 제기하는 문제에 답하면서 과학적 사실의 성격과 과학연구 방법론에 대한 자신의 견해를 피력했다. 특히 그 책은 다음과 같은 구절로 유명하다. "[우주는] 먼저 그 언어와 그 언어를 이루고 있는 자음과 모음을 배워서 이해하지 않는 한 이해할 수 없다. 그것은 수학의 언어로 쓰여 있고, 그 철자는 삼각형, 원, 기타 기하학적 도형들이다. 그것 없이는 인간은 단 한 글자도 이해할 길이 없다. 그것이 없다면 우리는 어두운 미궁에서 방황하게 될 것이다."

그러던 중 1628년에는 우르바누스 8세가 새로운 교황으로 즉위했다. 그는 유식하고 이해심이 많으며 과학에도 조예가 깊다는 평판을 받고 있었다. 우르바누스 8세는 「위험한 찬양」이란 시를 지어 망원경을 이용한 갈릴레오의 발견에 찬사를 표했으며, 갈릴레오가 헌정한 『시금자』를 무척 좋아해서 식사를 할 때 자주 낭송했던 것으로 전해진다. 이러한 분위기 속에서 갈릴레오의 측근들은 우르바누스 8세에게 접근했고, 프톨레마이오스 우주론과 코페르니쿠스 우주론의 장단점을 공정하게 밝힐 수 있는 책을 쓰기로 합의했다. 그러나 그 결과는 곧 동상이몽(同床異夢)임이 밝혀졌다. 교황은 교회가 코페르니쿠스의 우주론을 충분히 고찰한 후에 금지한 것임을 보이려고 했던 반면, 갈릴레오는 이번 기회를 통해 코페르니쿠스의 우주론이 우수하다는 점을 알리려고 했던 것이다.

갈릴레오는 이전부터 준비해 두었던 책을 완성하여 1632년에 출판했다. 일명 『천문대화』라고도 불리는 『두 가지 주된 우주체계에 관한 대화』가 그것이었다. 그는 책머리에 "참된 진리는 신만이 아는 것이어서 두 가지 우주구조는 모두 가상적인 것에 불과하고, 따라서 그것의 진위(眞僞)는 결국 교회당국이 정하는 바를 좇아야 한다."라고 서술했다. 그러나 책의 실제 내용은 전혀 달랐다.

『두 가지 주된 우주체계에 관한 대화』는 세 사람이 대화를 하는 형식으로 구성되어 있다. 프톨레마이오스를 대변하는 심플리치오(Simplicio), 코페르니쿠스를 지지하는 살비아티(Salviati), 그리고 중립적인 위치에 있는 사그레도(Sagredo)가 그들이다. 살비아티와 사그레도는 갈릴레오의 친구들 이름을 따서 붙였으며, 심플리치오는 6세기에 살았던 아리스토텔레스주의자의 이름에서 연유했다. 그 책에서 살비아티의 명쾌하고 정연한 주장에 대하여 심플리치오는 어리석은 반박이나 억지 주장을 하고 있다. 더 나아가 살비아티의 주장에 사그레도

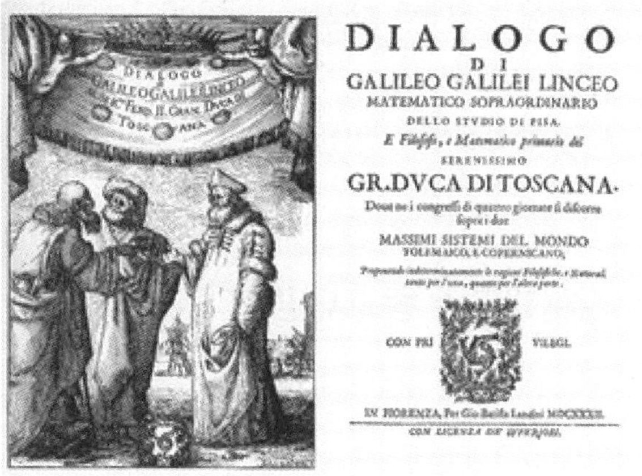

그림 1–8

『두 가지 주된 우주체계에 관한 대화』의 머리그림과 표지(1632년). 머리그림의 뒤 배경에는 베네치아의 병기창이 보인다.

가 가세한 후 심플리치오를 조롱하기도 하며, 결국에는 심플리치오가 설득당하고 만다. 이러한 구성은 독자들로 하여금 코페르니쿠스의 우주체계가 분명히 옳고 프톨레마이오스의 우주체계는 믿을 수 없다는 메시지를 담은 것이었다.

갈릴레오가 『두 가지 주된 우주체계에 관한 대화』에서 조석 현상을 다룬 것도 흥미롭다. 그는 밀물과 썰물이 반복되는 현상을 지구의 자전과 공전의 결합을 통해 설명했다. 지구의 자전과 공전의 방향이 같을 때에는 두 운동이 더해지는 효과를 내고, 지구의 자전과 공전이 반대 방향일 때에는 두 운동이 차감되는 효과가 나타난다는 것이었다. 이처럼 갈릴레오는 코페르니쿠스의 태양중심설을 옹호하기 위해 조수 현상에 주목했지만, 그의 설명은 실제적인 현상과 일치하지 않는 문제점을 가지고 있었다. 갈릴레오의 설명에 따르면 밀물과 썰물이 하루에 한 번씩밖에 발생하지 않지만, 실제적인 조석 현상은 하루에 두 번씩 나타나는 것이다. 이러한 한계는 뉴턴의 만유인력 이론이 등장한 후에 극복될 수 있었다.

갈릴레오와 종교재판

『두 가지 주된 우주체계에 관한 대화』는 과학 도서로는 드물게 베스트셀러의 반열에 올랐다. 라틴어가 아닌 이탈리아어로 쓰였고, 갈릴레오의 문장력도 탁월했기 때문이었다. 교회당국은 뒤늦게 자신들의 실수를 깨달았다. 그들은 갈릴레오의 책이 다른 프로테스탄트들보다 가톨릭교회에 더욱 위협적이라고 생각했다. 교회당국을 더욱 분노하게 한 것은 그들이 책을 사전검열까지 했다는 사실과 심플리치오의 모델이 교황이라는 소문이었다. 결국『두 가지 주된 우주체계에 관한 대화』는 출판된 지 얼마 되지 않아 금서 목록에 오르고 말았다. 1633년 4월에 갈릴레오는 로마교황청에 소환되었는데, 그때의 죄목은 "1616년에 교회에 행한 서약을 위반했다"는 것이었다.

갈릴레오의 종교재판은 네 차례 열렸다. 그렇게도 자신만만했던 갈릴레오는 고문의 위협 앞에 소신을 굽히고 말았다. 그는 코페르니쿠스의 우주론이 가진 문제점을 제시하는 것이 책을 쓴 의도였다고 하면서 이를 분명히 할 수 있도록 한 장(章)을 더 쓰게 해 달라고 간청하기도 했다. 심판관들은 갈릴레오가 거짓말을 한다는 것을 잘 알고 있었지만, 그의 굴복을 받아 낸 이상 그것을 문제 삼지 않았다. 판결은 무기징역으로 내려졌고 이내 가택연금으로 감형되었다.

그림 1-9
로베르 플뢰리(Joseph-Nicolas Robert-Fleury)의 〈교황청에서의 갈릴레오〉(1847년)

최종 선고가 내려진 직후인 1633년 6월 21일에 갈릴레오는 공개적으로 참회를 고백했다. "저의 불확신은 사라졌고, 저는 진실하고 명백한 프톨레마이오스의 의견을 수용하고 있습니다." 『두 가지 주된 우주체계에 관한 대화』를 쓴 이유에 대해서는 다음과 같이 말했다. "저는 각각의 입장으로 나아갈 수 있는 물리적, 천문학적 이유를 설명한 것뿐입니다. 저는 어떤 것도 결정적인 설명력을 보여주지 않는다는 것을 보여주려 했습니다." 나쁜 의도는 없었으며 단지 표현상 실수했을 뿐이라는 변명이 반복되었다.

당시의 상황으로 보아 갈릴레오가 법정을 나서며 "그래도 지구는 돈다."라고 중얼거렸을 가능성은 희박하다. 이미 그는 나이 70세가 다된 병든 몸이어서 그런 말을 할 수 있는 용기가 없었을 것이다. 더구나 독실한 가톨릭 교인이었던 갈릴레오에게는 죄인이 되어 교회묘지에 묻히지 못하게 되는 것이 매우 두려운 일이었다. 그 말은 한동안 갈릴레오의 묘비명에 새겨져 있었다고 하는데, 아마도 훗날 누군가가 지어낸 것으로 보인다.

사실상 갈릴레오는 성경이 제대로 해석되기만 한다면 자신이 옹호하는 코페르니쿠스 우주론과 아무런 모순을 일으키지 않는다고 믿었다. 갈릴레오는 성경이 글자 그대로가 아니라 비유적으로 해석되어야 한다는 입장을 가지고 있었다. 이에 따라 그는 종교재판 이후 죽을 때까지 자신이 부당한 대우를 받았다고 생각했다. 갈릴레오에게 종교재판은 참다운 종교인인 자신을 가톨릭교회의 불순분자들이 모함해서 벌어진 사건이었는지도 모른다.

그러나 갈릴레오에게는 불행하게도 당시에 교황은 정치적인 곤경에 빠져 있었다. 30년 전쟁(1618~1648년)이 벌어지고 있을 때 교황은 신교 군대에 대항하던 스페인과 신성로마제국을 편들지 않고 신교 연합에 가담한 프랑스와 손을 잡았다. 전통적 교리를 지키려 했던 예수회 분파의 추기경들은 교황이 새로운 철학에 호의적이라고 공개적으로 비판했으며 교황의 입지는 수세에 몰리게 되었다. 그러던 중 스웨덴 국왕이 이끄는 신교 군대가 알프스를 넘어 이탈리아로 넘어올 수 있는 상황이 전개되었다. 결국 교황은 프랑스와의 동맹을 끊고 전통적 교리를 수호하는 입장으로 선회하는 행보를 보였다. 이러한 상황에서 교황은 갈릴레오를 이단적 학설을 상징하는 대표로 단죄함으로써 자신의 권한을 지켜내고자 한 것이다.

운동의 상대성과 관성을 제안하다

1633년에 있었던 판결과 달리 갈릴레오는 하루도 감방에서 자지 않았다. 그는 종교재판을 받은 뒤에 피렌체 인근의 아르체트리에 거주했는데, 큰 저택에서 하인까지 부리면서 생활했다. 말년에 갈릴레오는 천문학에 대한 논의는 삼간 채 역학을 연구하는 데 전념한 것으로 알려져 있다. 그러나 그러한 해석은 절반 정도만 맞다. 당시에 갈릴레오는 코페르니쿠스의 천문학이 제기한 역학상의 문제점을 해결하는 데 많은 주의를 기울였던 것이다.

지구가 태양을 돈다면 왜 지구에 살고 있는 사람들은 그것을 느끼지 못하는가? 이에 대한 대답으로 갈릴레오는 운동의 상대성(relativity)을 제시했다. 운동이란 운동을 하지 않는 물체에 대해 상대적으로 나타나며 그 운동을 함께 하고 있는 물체에 대해서는 나타나지 않는다는 것이다. 갈릴레오는 잔잔한 물 위에서 일정하게 움직이고 있는 배에 탄 사람과 강둑 위에서 그 광경을 지켜보고 있는 사람의 예를 들었다. 이때 배 안에 있는 사람은 자신이 정지해 있다고 느끼지만, 강둑에서 지켜보는 사람은 배에 탄 사람이 움직이고 있다고 인식한다. 이와 마찬가지로 지구와 운동을 함께 하고 있는 사람들은 지구의 운동을 느끼지 못하기 때문에 하늘이 움직이는 것으로 생각할 수 있다.

이렇게 되면, 운동이란 물체가 처한 하나의 상태에 불과하며 물체의 본연적 성질과는 아무런 관계가 없다. 물체의 성질이 운동에 무관하다면 여러 가지 운동이 한 물체에 동시에 일어날 수도 있다. 그 예로서 갈릴레오는 탄환의 포물선 운동이 수평방향의 등속운동과 수직방향의 낙하운동이 결합된 것임을 보이고 경사가 45도일 때 사정거리가 가장 길다는 것을 수학적으로 증명했다. 이런 식으로 갈릴레오는 운동의 복합법칙을 사용함으로써 복잡한 운동을 간단한 요소로 분해해서 취급할 수 있었다.

또한 갈릴레오는 코페르니쿠스의 천문학이 제기한 문제점을 해결하는 과정에서 초보적인 관성(inertia)의 개념에도 도달했다. 높은 건물에서 물체를 떨어뜨리면 지구가 움직였는데도 불구하고 왜 물체가 뒤처지지 않고 건물 밑으로 떨어지는가? 갈릴레오는 지상의 모든 물체가 지구의 원운동을 그대로 지니기 때문에 떨어지는 물체가 가지는 수평 방향의 속도는 지구가 등속원운동을 하는 속도와 같다고 생각했다. 어떤 물체가 공중에 머무는 동안에는 수평 방향으로 작용하는 외부의 힘이 없고 그 물체는 지구가 운동하는 것과 동일한 속도로 움직이기 때문에 물체가 자신이 던져졌던 원래의 위치로 떨어진다는 것이었다. 더 나아가 갈릴레오는 만약 물체가 지구의 운동에 의한 속도 이외에 수평 방향의 속도를 처음부터 가지고 있다면 물체가 계속 그 속도를 유지하면서 지구의 주위를 회전할 것으로 추측했다. 그렇다면, 마찰이 없는 수평면에서 공을 굴리면 공은 처음 속도와 동일한 속도로 계속해서 굴러갈 것인데, 그것은 수평면을 지구의 중심에서 같은 거리에 있는 면으로 간주할 수 있기 때문이었다.

갈릴레오는 자신의 가설을 증명하기 위하여 흥미로운 실험을 했다. 홈이 파진 두 개의 경사면을 만든 후 그것들을 연결시킨 후 공을 한쪽에서 굴리면 공은 다른 쪽으로 올라가게 된다. 반대쪽 경사면을 가

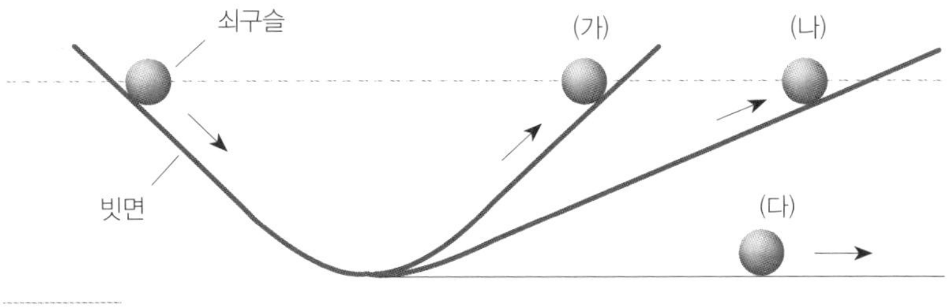

그림 1-10
관성에 관한 갈릴레오의 경사면 실험

파르게 하면 공의 속도가 줄어들고 공이 움직이는 거리가 감소하며, 이와 반대로 경사면을 낮추면 공의 속도와 움직이는 거리가 증가하지만 어느 경우든지 공이 올라가는 높이는 같다. 여기서 갈릴레오는 만약 한쪽 경사면을 평면으로 만들면 공은 무한히 쉬지 않고 굴러간다는 추론을 했다. 이와 같은 경사면 실험을 통해 그는 외부의 영향력이 없다면 물체가 처음의 운동 상태를 계속 유지한다는 관성의 개념에 접근했던 것이다.

그러나 오늘날의 관점에서 보면 갈릴레오와 같은 거인에게도 한계는 있었다. 그의 관성에 대한 개념은 등속원운동이 지속된다는 생각에 바탕을 두고 있었고, 오늘날과 같은 직선운동으로서의 관성은 나중에 데카르트(René Descartes)에 의해 개념화되었다. 또한 갈릴레오는 우주구조에 대한 설명에서도 원운동을 고수했으며, 타원운동을 수용하지 않았다. 그밖에 갈릴레오는 중력을 여전히 물체 자체가 가진 성질로 보았다. 그는 중력에 의한 낙하운동을 '자연스럽게 가속되는 운동'이라고 해서 일반적인 가속운동과 다르다고 생각했다. 갈릴레오는 상당 부분 아리스토텔레스를 넘어섰지만 완전히 벗어나지는 못했던 것이다.

실험과학의 아버지?

1638년에 갈릴레오는 74세의 나이로 『새로운 두 과학에 대한 논의와 수학적 논증』을 완성했는데, 그것은 흔히 『새로운 두 과학』으로 불린다. 여기서 새로운 두 과학이란 물체의 운동에 대한 과학과 물체의 강도에 대한 과학을 뜻한다. 갈릴레오는 이 책을 통해 자신이 대학생 시절부터 평생 동안 고민해 왔던 역학에 대한 논의를 집대성하고자 했다. 이 책도 『두 가지 주된 우주체계에 관한 대화』와 마찬가지로 살비아티, 사그레도, 심플리치오가 토론하는 형식으로 이루어져 있다. 갈릴레오는 『새로운 두 과학』에서 4일 동안 벌어진 세 사람의 토론을 통해 물질의 구성, 공기의 무게, 빛의 속도, 자유낙하, 포물선 운동, 진자의 등시성 등을 집중적으로 다루었다. 『새로운 두 과학』은 최초의 근대적 과학 교과서로 평가되기도 하며, 『두 가지 주된 우주체계에 관한 대화』보다 더욱 광범위하게 보급되었다.

갈릴레오는 살비아티의 입을 빌어 『새로운 두 과학』의 첫째 날 이야기를 다음과 같이 시작하고 있다. "당신네 베네치아 사람들은 병기창에서 끊임없이 뭔가를 만들어내고 있어. 그것은 꼼꼼한 사람들에게 연구할 기회를 제공해 주지. 특히 역학과 관련된 분야의 일이 많아. 많은 기술자들이 이 분야에서 온갖 종류의 기구와 기계를 계속해서 만들고 있거든. 그들은 경험을 이어 받거나 스스로의 관찰을 통해 아주 뛰어난 전문가가 되었지. 그들 중에는 최고의 추론 능력을 갖춘 사람들도 있어."

갈릴레오는 당시의 다른 과학자들과 달리 기술자들과 자주 교류했고 그들을 대상으로 기계, 건축, 역학 등을 가르치기도 했다. 이와 함께 포물선 운동과 같이 갈릴레오가 다룬 역학의 주제들이 기술적인 문제에 자극을 받아 촉진되기도 했다. 이러한 점에서 갈릴레오는 학자적 전통과 장인적 전통을 결합시킨 선구적 인물에 해당한다. 오랫동안 분리되어 왔던 과학과 기술이 16~17세기 과학혁명을 통해 처음으로 만나기 시작했으며, 그것은 실험이 근대과학의 중요한 방법으로 자리 잡는 계기로 작용했던 것이다. 이러한 맥락에서 갈릴레오는 '실험과학'이라는 새로운 과학의 방향을 제시한 인물로 평가되기도 한다.

실제로 갈릴레오는 많은 실험을 했다. 그러나 그의 과학적 업적에서 실험의 위치가 어느 정도였는지는 분명치 않다. 그는 다양한 실험을 매개로 자신의 주장을 전개했지만, 새로운 사실을 알아내는 데에는 주로 수학적 추론에 의존했다. 갈릴레오는 상식적인 경험을 반대하면서 "수학이 자연의 비밀을 푸는 열쇠"라고 생각했고, 그에게 실험이란 단순한 경험과는 달리 수학적 언어로 정식화된 경험을 의미했다. 『새로운 두 과학』에서 과거의 과학에 집착하는 심플리치오가 경험을 강조한 반면, 새로운 과학의 대변자인 살비아티가 이성에 호소하고 있는 것도 이러한 맥락에서 이해할 수 있다.

갈릴레오는 심한 눈병으로 고생하다가 1642년 1월 8일에 77세의 일기로 세상을 떠났다. 흥미롭게도 갈릴리오가 숨을 거둔 해에 그의 학문을 계승하여 발전시킨 뉴턴이 태어났다. 갈릴레오가 사망한 지 350

년이 지난 뒤인 1992년에 교황 요한 바오로 2세는 "지난날의 유죄 판결은 다시 되풀이되어서는 안 될 가톨릭교회와 과학 간의 비극적인 상호 이해의 부족에서 비롯된 것"이라고 말함으로써 가톨릭교회가 갈릴레오에게 부당한 대우를 했다고 시인했다. 당시 ≪뉴욕타임스≫는 다음과 같은 제목의 기사를 실었다. "350년이 지난 후에 바티칸은 갈릴레오가 옳았다고 말했다. 지구는 돈다."

≪뉴욕타임스≫의 과학부 기자를 지낸 소벨(Dava Sobel)은 1999년에 『갈릴레오의 딸』이란 화제작을 내놓았다. 책은 갈릴레오의 장녀인 마리아 수녀가 11년 동안 아버지에게 보낸 124통의 편지를 바탕으로 쓰였다. 딸의 편지에는 아버지에 대한 존경이 배어 있으며 애틋한 사연도 넘쳐 난다. 딸은 수도원의 방이 춥다고 하면서 이불을 빌려달라고 한다. 딸은 케이크와 냅킨을 만들어 보내고 아버지는 손수 요리한 시금치를 보내준다. 아버지는 수도원의 창틀을 손봐주고 시계도 고쳐준다. 갈릴레오가 종교재판에 휩쓸렸을 때 그의 편에 서서 응원을 아끼지 않은 사람도 마리아였다. 『갈릴레오의 딸』은 아버지와 딸 사이의 교감과 지지를 잘 드러내고 있으며, 과학자 갈릴레오의 인간적인 면모를 알리는 데도 기여했다.

2장 과학혁명을 완성한 최후의 마술사

아이작 뉴턴

아이작 뉴턴(Isaac Newton, 1642~1727)은 과학혁명을 완성한 사람으로 평가받는다. 대표작으로는 1687년에 발간된 『프린키피아』와 1704년에

그림 2-1
1702년에 그려진 뉴턴의 초상화

발간된 『광학』을 들 수 있다. 1642년, 1687년, 1704년, 1727년은 뉴턴을 기리는 행사의 소재가 되고 있다. 20세기를 예로 들면, 1904년에는 『광학』 200주년, 1927년에는 뉴턴 사망 200주년, 1942년에는 뉴턴 탄생 300주년, 1987년에는 『프린키피아』 300주년과 같은 행사가 개최되었던 것이다. 이런 식으로 영국과 같은 선진국은 위대한 과학자의 일생과 업적을 활용하여 다채로운 과학문화 활동을 전개하고 있다.

뉴턴이여, 나타나라!

영국의 시인인 포프(Alexander Pope)는 다음과 같이 읊었다. "자연과 자연의 법칙은 캄캄한 밤의 어둠 속에 숨겨져 있었다. 그때 신이 말했다. "뉴턴이여, 나타나라!(Let Newton Be!)" 그러자 모든 것이 환하게 밝아졌다."

뉴턴은 1642년 크리스마스에 영국 링컨셔 지역의 울즈소프에서 가냘픈 체구의 아기로 태어났다. 뉴턴이 태어날 때 얼마나 작았던지 "1리터짜리 단지에 들어갈 수 있을 정도"였다고 한다. 동네 사람들은 그가 그리 오래 살지 못할 것으로 생각했지만, 뉴턴은 84세까지 장수하면서 역사를 빛낸 최고의 과학자로 성장했다.

뉴턴이 1642년생이 아니라 1643년생이라는 주장도 있다. 1642년 12월 25일은 율리우스력에 의한 날짜이고, 그것을 그레고리력으로 환산하면 1643년 1월 4일이 되기 때문이다. 기원전 46년에 제정된 율리우스력은 시간이 지남에 따라 많은 오차가 누적되었고, 이를 바로잡기 위해 로마 교황청은 1582년에 그레고리력을 도입했다. 그러나 그레고리력으로 전환하는 시기는 국가별로 차이가 있었으며, 영국은 1754년이 되어서야 그레고리력을 받아들였다. 이처럼 뉴턴이 태어났던 해에 영국은 여전히 율리우스력을 사용하고 있었으므로 뉴턴의 출생 연도는 1642년으로 하는 것이 적합하다.

뉴턴의 어린 시절은 그다지 순탄하지 못했다. 농부였던 그의 아버지는 뉴턴이 태어나기 3개월 전에 세상을 떠났고, 어머니는 뉴턴이 3살 때 재혼했다. 어머니의 새 남편은 전 남편의 자식을 원하지 않았기 때문에 뉴턴은 외할아버지 집에 맡겨졌다. 뉴턴은 어머니를 빼앗겼다는 생각으로 계부를 매우 증오했다. 계부와 어머니에게 "당신들과 집을 불태워버리겠다"고 협박한 적도 있었다.

외할아버지와 외할머니는 뉴턴을 잘 키우려고 노력했지만 연로한 탓에 뉴턴을 제대로 돌보기 어려웠다. 그래서 뉴턴을 학교에 보내기로 했다. 그것은 뉴턴과 과학계에 큰 축복이었다고 할 수 있다. 만약 아버지가 살아있었다면, 뉴턴은 아버지의 뒤를 이어 평범한 농부가 되었을 가능성이 높았을 것이다.

뉴턴은 어떻게 대학에 갈 수 있었나

11살 때 계부가 죽자 뉴턴은 어머니가 있는 농장으로 갔다. 이어 12살 때에는 울즈소프에서 가까운 그랜섬에 있는 킹스 스쿨에 입학했다. 킹스 스쿨에 다니면서 뉴턴은 주로 그리스어와 라틴어를 배웠고, 공부에 제법 소질을 보였다. 킹스 스쿨을 다니는 동안 뉴턴은 하숙을 했는데, 여주인에게는 배빙턴(Humphrey Babington)이라는 오빠가 있었다. 당시 케임브리지의 트리니티 칼리지에서 특별연구원으로 있던 배빙턴은 뉴턴을 재능을 간파하면서 남달리 총애하는 모습을 보였다.

그러나 킹스 스쿨에서도 뉴턴은 외로웠다. 말이 별로 없었고 늘 생각에 잠겨 있었으며 공부에만 집중했다. 그 때문에 뉴턴은 짓궂은 아이들의 표적이 되어 괴롭힘을 당하곤 했다. 그는 평소에는 조용히 지내다가도 화가 나면 불같이 폭발하는 성격을 지니고 있었다. 한번은 덩치가 큰 아이가 계속 괴롭히자 그 아이를 흠씬 두들겨 패기도 했다. 이러한 성격 덕분에 아이들은 감히 뉴턴을 건드리지 못했다.

뉴턴은 청소년 시절에 기계장치를 만들거나 자연현상을 탐구하는 것을 좋아했다. 마을에 있는 풍차를 관찰하면서 이에 대한 모형을 만들기도 했고, 조그만 해시계를 제작한 후 시간을 측정해 보기도 했으며, 한밤중에 종이로 만든 등을 달고 하늘을 나는 연을 띄워 보기도 했다. 엄청난 폭풍이 불어 왔을 때 폭풍의 힘을 측정하기 위하여 한 번은 폭풍과 같은 방향으로, 또 한 번은 반대방향으로 넓이 뛰기를 했다는 일화도 전해진다. 당시에 뉴턴은 자신의 실험을 수학적으로 표현하려고 노력했고, 바람의 힘이 주어진 표면적에 비례한다는 결론을 도출했다고 한다.

뉴턴은 17살 때 어머니의 요청으로 학교를 그만두고 농장 일을 거들었다. 그러나 뉴턴은 농장 일에 전혀 소질이 없었다. 가축을 돌보라고 맡겨 놓으면 풀밭에 앉아 책을 읽으며 시간을 보냈다. 그러는 사이에 가축들이 이웃의 밭에 들어가 농작물을 망쳐 놓는 바람에 여러 차례 벌금을 물기도 했다.

어머니는 아들이 농장 일에 맞지 않다는 결론을 내렸다. 이때 뉴턴의 외삼촌은 뉴턴이 원하는 것을 할 수 있도록 대학에 보내라고 권고했다. 킹스 스쿨의 교장 선생님도 동일한 의견을 가지고 있었다. 이와 같은 외삼촌의 권유와 교장 선생님의 설득 때문인지 어머니는 뉴턴이 대학에 진학하는 것을 마지못해 허락했다. 뉴턴은 19살이 되던 1661년에 케임브리지 대학의 트리니티 칼리지에 입학했다.

뉴턴은 근로 장학생의 신분으로 대학을 다녔는데, 당시에 근로 장학생은 자비로 대학을 다니는 사람들의 하인 역할을 했다. 뉴턴의 집안이 그렇게 가난하지는 않았지만, 사치를 싫어했던 어머니가 충분한 지원을 하지 않았기 때문이었다. 뉴턴은 배빙턴의 근로 장학생으로 일했는데, 다행스럽게도 배빙턴은 뉴턴에게 주인과 하인의 관계를 강요하지 않았을 뿐만 아니라 목사 일로 바빠서 대학에 거의 나타나지 않았다.

기적의 해, 1666년

당시의 케임브리지 대학은 학문을 탐구하기에 적합한 곳이 아니었다. 여전히 중세 시절의 교육과정을 답습하고 있었고, 과학을 비롯한 새로운 학문은 거의 가르치지 않았다. 뉴턴은 원하는 공부를 스스로 하기로 결심한 뒤 끊임없이 책 속으로 파고들면서 깊은 사색에 빠졌다. 대학 시절에 그는 플라톤이나 아리스토텔레스와 같은 고전적 인물은 물론이고, 갈릴레오, 케플러, 베이컨, 데카르트, 보일과 같은 과학혁명 선구자들의 사상과 업적도 열심히 탐구했다. 1664년의 노트에서 뉴턴은 "플라톤과 아리스토텔레스는 나의 친구이다. 그러나 나의 가장 좋은 친구는 진리이다"라고 썼다. 특히 뉴턴은 데카르트의 『기하학』에 심취하여 1,500쪽 이상을 자신의 노트에 베껴서 쓰는가 하면, 내용이 이해되지 않으면 첫 장부터 다시 읽는 열정을 보였다.

또한 뉴턴은 모어(Henry More)를 통해 당시 연금술사들과 마술사들의 사상인 헤르메스주의(Hermeticism)도 접했다. 15세기 말에는 고대 지식의 부활을 추구하던 르네상스의 분위기 속에서 『헤르메스 전집』이 발간되었는데, 그 책의 원저자로 알려진 헤르메스(Hermes

그림 2-2

라파엘로가 1511년에 완성한 〈아테네 학당〉과 그 중간 부분을 확대한 그림. 확대한 그림의 왼쪽은 플라톤, 오른쪽은 아리스토텔레스다

Trismegistus)는 구약성서에 등장하는 모세와 동시대에 살았던 이집트 사람으로 연금술에 대한 방대한 자료를 남겼다. 헤르메스주의에서는 자연을 멀리 떨어져서 관찰해야 하는 대상으로 보지 않았고, 자연을 직접 조작함으로써 자연에 숨겨져 있는 비밀을 찾아내고 그것을 이용할 수 있다고 보았다. 자연은 신비적인 힘들로 짜인 일종의 네트워크에 해당하며, 인간은 그러한 힘들과 서로 작용해서 자연현상에 영향을 미칠 수 있다는 것이었다.

1665년에는 페스트가 유행하여 케임브리지 대학이 휴교령을 내렸다. 뉴턴은 고향인 울즈소프로 돌아가 2년 동안 머물렀다. 훗날 그는 젊은 시절의 귀향을 "내 인생에서 가장 운이 좋은 사건"으로 회고했다. 자신의 대표적인 과학적 업적인 만유인력의 법칙, 미적분학, 색깔에 관한 이론을 그때 구상했다는 것이다. 이와 관련하여 영국의 시인인 드라이든(John Dryden)은 1667년에 「기적의 해(Annus mirabilis)」라는 시를 쓰면서 흑사병, 런던 대화재, 네덜란드와의 전쟁과 같은 숱한 고난을 극복한 1666년을 영국의 역사에서 기적의 해라고 불렀다. 나중에 뉴턴이 위대한 과학자의 반열에 오르면서 기적의 해는 1666년경에 있었던 뉴턴의 업적을 칭송하기 위한 표현으로도 사용되었다.

뉴턴은 1665~1666년에 있었던 성취에 대해 다음과 같이 밝혔다. "1665년 11월에 유율(流率, fluxion)에 관한 직접적인 방법(미분)을 알아냈으며, 이듬해 1월에는 색깔에 관한 이론을 개발했고, 5월에는 유율의 역산(적분)을 알아냈다. 같은 해에 나는 달의 궤도까지 뻗어 있는 중력에 관해 생각하기 시작했으며, 한 구 내에서 공전하는 한 천체가 그 구의 표면을 누르는 힘을 계산하는 방법을 알아냈다. 행성의 공전

주기의 제곱 값이 공전 궤도 중심에서 행성까지의 거리의 세제곱에 비례한다는 케플러의 규칙(케플러 제3법칙)으로부터 나는 행성을 공전 궤도를 따라 회전시키는 힘은 틀림없이 공전 궤도 중심에서 행성까지의 거리의 제곱에 반비례함을 추론해냈다. 그리고 달을 공전 궤도를 따라 회전시키는 데 필요한 힘을 지구 표면의 중력과 비교하여 두 힘이 매우 흡사하다는 점을 알아냈다. 이때는 내 생애에서 가장 창조적인 시기였고, 그 어느 때보다 수학과 철학을 마음을 쏟았다."

전해지는 일화에 따르면, 뉴턴은 떨어지는 사과를 보고 만유인력의 법칙을 발견했다고 한다. 다른 사람과 달리 뉴턴은 떨어지는 사과를 무심히 넘기지 않았으며, 사과가 떨어지는 이유를 지구의 인력에서 찾았다는 것이다. 그러나 그의 생각이 사과에 머물지는 않았던 것으로 보인다. 뉴턴의 생각은 그러한 힘이 달에도 미칠 수 있다고 추측하는 것으로 이어졌던 셈이다. 그렇다면 달은 왜 사과처럼 지구로 떨어지지 않을까? 뉴턴은 달이 지구에 의해 당겨지고 있지만 달의 공전 속도가 지구로 추락하는 것을 막아주고 있다고 보았다. 사과가 떨어지는 것을 본 사람은 무수히 있었지만, 그 원인을 생각하고 달까지 상상력을 확장한 최초의 사람은 뉴턴이었던 것이다.

이와 같은 '뉴턴의 사과'는 뉴턴 자신이 진술한 내용이기도 하다. 그는 말년에 "어떻게 만유인력의 법칙을 발견했느냐"는 질문에 "내가 사실은 케임브리지 대학에 다닐 때 교정에 앉아 있다가 사과가 떨어지는 것을 보고 두 물체가 서로 끌어당기는 것은 아닐까 생각하고 만유인력을 발견했다"는 식으로 술회한 바 있었다. 뉴턴의 사과 이야기는 프랑스의 계몽사상가인 볼테르(Voltaire)가 1734년에 발간한 『철학서간

(Lettres philosophiques)』에도 담겼다. 그러나 과학사학자들은 뉴턴의 회고를 액면 그대로 믿지 않으며, 뉴턴이 만유인력의 법칙에 대한 우선권을 확보하기 위해 지어낸 이야기로 간주하고 있다. 즉, 당시에 뉴턴은 "누가 먼저 만유인력을 발견했는가?"라는 문제를 가지고 로버트 훅(Robert Hooke, 1635~1703)과 논쟁을 벌이고 있었는데, 훅이 먼저 발견했다는 주장에 대해 뉴턴이 자신을 변호하기 위해 사과 이야기를 만들어냈다는 것이다.

우리나라에서는 ≪한성순보≫ 1884년 2월 11일자에서 뉴턴이 소개된 바 있다. 여기에는 서양의 과학사를 소개하는 글이 길게 실렸다. 뉴턴의 이름은 '우씨(牛氏)' 혹은 '우동(牛董)'으로, 만유인력의 법칙은 '흡력상인지리(吸力相引之理)'로 표현되고 있다. 사과가 떨어지는 것을 본 우씨가 왜 사과는 하늘로 솟아오르지 않고 땅으로 떨어지는가를 생각한 끝에 흡력상인지리를 발견했다는 것이다. 또한 천체에는 바로 가려는 힘과 무거운 천체로 떨어지려는 힘이 있으며, 그 두 가지 힘이 균형을 이루면 다른 천체의 둘레를 돌게 된다고 설명하고 있다.

뉴턴은 1667년에 케임브리지 대학 트리니티 칼리지의 특별연구원이 되었고, 1669년에는 루카스 수학 석좌교수(Lucasian Chair of Mathematics)가 되었다. 뉴턴이 교수가 되었던 데에는 그의 스승이자 그와 이름이 같은 아이작 배로(Isaac Barrow)의 배려 덕분이었다. 배로는 1663년에 케임브리지 대학에 루카스 수학 강좌가 신설되자 초대 석좌교수로 부임했는데, 자신보다 12살 어리지만 학문적으로 뛰어난 뉴턴에게 많은 호의를 베풀어 주었다. 뉴턴에게 데카르트의 저술을 꼼꼼히 읽어보라고 추천한 사람도 배로였다. 1669년에 배로는 27세의 젊은 뉴턴에게 교수의 자리를 물려준 뒤 자신의 오랜 꿈이었던 성직자가 되었다.

뉴턴은 케임브리지 대학에서 매우 인기 없는 교수였다. 그의 강의를 들으러 온 학생은 극소수였으며, 강의를 이해하는 사람은 더욱 적었다. 수강생이 한 명도 없을 때도 있어서 뉴턴이 벽을 향해 강의를 했다는 전설도 전해진다. 훗날 뉴턴이 영국에서 가장 유명한 과학자가 되었을 때도 그의 수업을 잘 들었다고 회상한 사람은 거의 없었다. 1702년에 뉴턴의 뒤를 이어 루카스 석좌교수에 오른 휘스턴(William Whiston)도 뉴턴의 수업을 거의 이해하지 못했다고 한다.

거인들의 어깨에 서서?

뉴턴은 케임브리지 대학에서 망원경을 개량하는 일에도 많은 노력을 기울였다. 당시에 널리 사용되고 있었던 굴절망원경은 색수차나 구면수차 때문에 상이 찌그러지거나 흐릿하게 보였기 때문이었다. 1668년에 뉴턴은 볼록 렌즈 대신에 오목 거울을 사용하는 방법에 착안하여 훌륭한 반사망원경을 만들었다. 그 망원경은 길이가 6인치에 불과했지만 매우 교묘하게 설계되고 정교하게 만들어져 그보다 훨씬 큰 망원경에 못지않은 성능을 가지고 있었다. 뉴턴의 반사망원경은 아이작 배로를 매개로 1671년에 영국 왕립학회에 보내졌고, '기적의 망원경'이라는 찬사를 받았다. 이어 뉴턴은 1672년에 반사망원경을 국왕인 찰스 2세에게 기증했으며, 찰스 2세는 답례로 뉴턴을 왕립학회의 회원으로 추천했다. 뉴턴은 6인치 반사망원경을 매개로 1672년에 왕립

그림 2-3
뉴턴이 만든 6인치 반사망원경
자료: UserSolipsist(Andrew Dunn), via Wikimedia Commons

학회의 회원이 되면서 과학자 사회의 주목을 받기 시작했다.

뉴턴은 왕립학회 회원이 되기 직전에 「빛과 색깔에 관한 새로운 이론」이라는 논문을 제출했다. 무지개가 왜 생기며, 빛이 프리즘을 통과할 때 어떻게 굴절되는지 등을 설명한 논문이었다. 뉴턴은 빛의 색깔에 대하여 데카르트와는 다른 설명을 내놓았다. 데카르트는 빛을 전달하는 입자들이 프리즘과 같은 다른 매질 속을 지나면서 회전속도에 차이가 나게 되며, 이러한 차이가 여러 가지 색깔로 나타나는 것이라고 주장했다. 백색인 빛 입자의 성질이 변해서 다른 색의 빛 입자가 되었다는 것이다. 이에 대하여 뉴턴은 백색광 안에는 이미 모든 무지개 색의 빛들이 그대로 들어 있고, 프리즘은 그러한 빛줄기를 분해시키는 일을 담당하는 것으로 생각했다.

이와 같은 논쟁적인 문제를 어떻게 해결할 것인가? 뉴턴은 두 개의 프리즘을 사용한 실험을 제시하면서 그것을 '결정적 실험

(experimentum crusis, 영어로는 crucial experiment)'으로 칭했다. 뉴턴은 암실에 친 블라인드에 구멍을 뚫어 햇빛이 들어오게 한 다음 프리즘을 통과시켜 스크린에 무지개 색상이 생기게 했다. 무지개 색은 원형의 빛줄기가 갈라졌기 때문에 길쭉한 타원 형태였다. 그 빛줄기가 다시 다른 프리즘을 통과하도록 했더니 상이 퍼지지 않고 색도 바뀌지 않은 채 빨간색 원형의 상만이 다른 쪽 스크린에 생겼다. 이러한 실험을 통해 뉴턴은 이미 한번 분해된 빛은 다시 분해되지 않는다고 주장했다. 데카르트의 주장대로 빛이 프리즘과 상호작용하여 회전속도가 달라진다면, 두 번째 프리즘을 통과할 때에도 빛이 회전수의 변화를 겪으면서 다른 색들로 갈라져야 했을 것이다. 이처럼 결정적인 실험을 설계함으로써 논쟁을 종식시켜 나가는 방법은 이후의 과학실험에서도 널리 사용되었다.

뉴턴의 프리즘 실험에 대해서는 흥미로운 이야기가 전해진다. 『인간

그림 2-4

뉴턴의 프리즘 실험을 묘사한 그림

자료: Sascha Grusche, Wikimedia Commons

등정의 발자취』를 쓴 브로노우스키(Jacob Bronowski)는 뉴턴의 빛과 색깔에 대한 연구를 매개로 영국인의 색채 감각이 향상되었다는 점을 지적한 바 있다. “화가들의 팔레트는 한층 다양해졌고, 동방에서 들여오는 풍요로운 색깔의 상품들에 대한 기호가 늘어났으며, 수많은 색채 언어를 사용하는 경향이 자연스러워졌다”는 것이다.

뉴턴이 무지개가 빨주노초파남보의 7가지 색깔을 띤다고 간주했다는 점도 주목할 만하다. 사실상 무지개를 통해 7가지가 넘는 매우 다양한 색깔을 관찰할 수 있지만, 뉴턴은 한 옥타브가 ‘도레미파솔라시’의 7개 음으로 이루어져 있다는 점에 대한 유비로 무지개의 색깔을 7가지로 분류했다고 한다. 그렇다면 우리 눈에 여전히 무지개가 7가지 색깔로 보이고 있는 것도 뉴턴의 영향이라 할 수 있겠다.

뉴턴의 빛과 색깔에 관한 논문은 아주 훌륭했지만, 그 중 일부는 훅이 1665년에 발간한 『마이크로그라피아(Micrographia)』에서 묘사한 실험을 활용하고 있었다. 그런데 뉴턴은 1672년에 논문을 발표하면서 훅의 기여에 대해 분명하게 밝히지 않았고, 이에 대해 훅은 몹시 분개했다. 새파란 애송이 과학자가 자신의 연구를 슬쩍 베끼고는 아무런 경의도 표시하지 않다니! 과학계의 대선배인 자신이 무시를 당했다는 생각에 화가 치밀어 올랐다. 어느 누구에게도 고개를 숙이려 하지 않는 뉴턴의 성격도 문제였다. 뉴턴은 자신과 어깨를 견줄 만한 사람은 아무도 없다고 자신했다. 훅이 불쾌해 하든 말든 조금도 개의치 않았다.

훅과 뉴턴은 편지를 주고받으며 설전을 벌였고, 왕립학회도 가만히 있을 수 없게 되었다. 왕립학회는 두 사람에게 서로 사과의 편지를 쓰고 싸움을 중단할 것을 요구했다. 훅은 자존심을 접고 뉴턴에게 편지를 보냈고, 뉴턴도 답장을 보냈다. 뉴턴은 훅의 연구를 칭찬하는 듯한 분위기를 풍기면서, 만약 자신이 훅보다 더 멀리 본 것이 있다면 "거인들의 어깨에 서 있기 때문(standing on the shoulders of Giants)"이라고 덧붙였다. 사람들은 옛 사람들에게 공을 돌리는 이 표현을 보고 뉴턴이 아주 겸손하다고 생각했다. 그러나 실상은 전혀 그렇지 않았다. 유능한 과학저술가 그리빈(John Gribbin)에 따르면, 뉴턴은 '거인들'을 대문자로 써서 'Giants'로 표기했는데, 훅은 등이 굽어 키가 작은 사람이었다. 뉴턴은 "혹시 내가 옛 사람들의 아이디어를 빌려왔을 수는 있지만, 당신처럼 작은 사람의 아이디어는 훔칠 필요가 전혀 없었다"는 뜻으로 이런 표현을 사용했다는 것이다.

그림 2-5
로버트 훅에 대한 상상도. 생전의 초상화는 남아있지 않다.
자료: Rita Greer, Portrait of Robert Hooke, 2004, Wikimedia Commons

자연철학의 수학적 원리를 찾아서

뉴턴이 만유인력에 대해 다시 생각할 수 있는 기회를 제공한 사람도 훅이었다. 훅은 1679년에 원운동을 새롭게 분석한 자신의 가설을 담은 편지를 뉴턴에게 보냈다. 데카르트에게 원운동은 원의 중심을 향하는 구심적 경향과 바깥으로 나가려는 원심적 경향이 평형 상태를 유지하기 때문에 일어나는 현상이었다. 이에 반해 훅은 직선을 기본으로 하여 원운동을 분석했다. 그는 원운동이란 직선으로 운동하려는 물체에 원의 중심으로 향하는 힘이 끊임없이 작용하여 직선 궤도가 휘는 것으로 이해했다. 뉴턴은 서신 교환을 재개하자는 훅의 제안을 거절했지만, 훅의 아이디어는 뉴턴이 데카르트의 잔재인 원심적 경향을 벗어나는 데 큰 도움이 되었다.

1684년 1월에는 세 사람이 왕립학회에 모여서 행성에 작용하는 힘으로부터 행성의 궤도를 구하는 문제에 대해 토론하고 있었다. 세 명의 인물은 훅, 렌(Christopher Wren), 핼리(Edmond Halley)였다. 그 모임에서 훅은 거리의 제곱에 반비례하는 힘에서 천체의 운동에 관한 법칙을 도출할 수 있다고 주장했지만, 이에 대해 렌과 핼리는 회의적인 반응을 보였다. 훅이 실험에는 뛰어난 재능을 보였지만 천체의 운동 법칙을 끌어낼 만큼의 수학 실력을 갖추지 못했기 때문이었다. 당시에 렌은 역제곱 법칙을 먼저 증명하는 사람에게 40실링을 주겠다고 현상을 걸었다. 그러나 훅은 그 해 8월이 다가도록 그것을 수학적으로 증명하지 못했다.

1684년 8월의 어느 날, 핼리는 뉴턴의 자문을 얻기 위해 케임브리지로 갔다. 핼리는 뉴턴에게 다음과 같은 질문을 했다. “선생님, 만약 거리의 제곱에 반비례라는 힘을 받고 움직이는 물체가 있다면 그것은 어떤 궤적을 그리게 됩니까?” 뉴턴은 즉시 대답했다. “타원이지요.” 핼리가 “왜 그럴까요?”라고 다시 묻자 뉴턴은 “그야 내가 전에 계산한 적이 있으니까…….”라고 말했다.

핼리의 방문을 계기로 뉴턴은 만유인력의 법칙을 상세히 논의하는 데 몰두했다. 1684년 11월에 뉴턴은 『물체의 궤도 운동에 관하여』라는 9쪽짜리 논문을 만들어 핼리에게 보냈다. 핼리는 논문에 큰 감명을 받았고, 뉴턴에게 이를 좀 더 완성된 이론으로 발전시킬 것을 권유했다. 그 후 뉴턴은 약 3년 동안의 노력 끝에 자신의 대표작인 『자연철학의 수학적 원리(Philosophiae Naturalis Principia Mathematica)』를 완성했는데, 그것은 흔히 『프린키피아』로 줄여서 불린다. 『프린키피아』

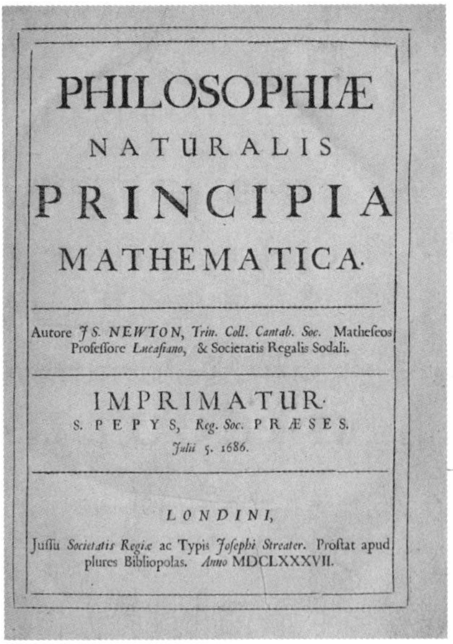
PHILOSOPHIÆ
NATURALIS
PRINCIPIA
MATHEMATICA.

Autore J S. NEWTON, *Trin. Coll. Cantab. Soc.* Matheſeos Profeſſore *Lucaſiano*, & Societatis Regalis Sodali.

IMPRIMATUR.
S. PEPYS, *Reg. Soc.* PRÆSES.
Julii 5. 1686.

LONDINI,
Juſſu *Societatis Regiæ* ac Typis *Joſephi Streater*. Proſtat apud plures Bibliopolas. *Anno* MDCLXXXVII.

그림 2-6
1687년에 발간된 『프린키피아』 초판의 표지. 프린키피아는 ‘원리’를 뜻하는 라틴어에 해당한다.

는 1687년에 초판이 발간된 후 1713년에는 2판이, 1727년에는 3판이 발간되었다. 초판은 전체 분량이 510쪽에 달했으며 세 권으로 구성되어 있었다.

당시에 핼리는 계속해서 뉴턴의 집필을 격려했을 뿐만 아니라 출판을 약속했던 왕립학회의 재정 상태가 나빠지자 자신의 사재를 털기도 했다. 핼리는 뉴턴의 『프린키피아』에 대해 다음과 같이 평가했다. "오랜 설득 끝에 대중 앞에 모습을 드러낸 이 아무도 견줄 수 없는 저자는 이 논고에서 인간 정신의 힘이 미칠 수 있는 범위를 보여주는 가장 진기한 사례를 제시했다. 그는 자연철학의 원리가 무엇인가를 단숨에 보여주었다. 그리고 그의 논증은 더 이상의 논의의 여지를 없애버렸다. 그를 잇는 사람들이 할 일을 남겨놓지 않은 것이다." 또한 핼리는 1705년에 발간한 『혜성 천문학 개요』를 통해 뉴턴의 만유인력 이론을 활용하여 혜성의 주기를 예언했으며, 1758년에는 핼리의 예언대로 혜성이 다시 나타났다. 그 혜성은 핼리의 업적을 기려 '핼리 혜성'으로 불린다. 핼리 혜성은 과학이 기존의 사실을 설명하는 것을 넘어 새로운 사실을 예측할 수 있다는 점을 보여주는 사례에 해당한다.

뉴턴은 『프린키피아』 초판의 서문에서 다음과 같이 썼다. "나는 이 책을 (자연)철학의 수학적 원리들로 제시한다. 왜냐하면 (자연)철학의 임무 전체가 운동의 현상으로부터 자연의 힘을 탐구하고, 그 힘으로부터 다른 현상을 보여주는 데 있기 때문이다." 이처럼 '힘(force)'은 뉴턴과학에서 가장 중요한 지위를 차지하는 개념이며, 사실상 힘을 나타내는 단위로 사용되는 것도 뉴턴(N)이다. 뉴턴의 역학(力學)은 오늘날 '고전역학(classical mechanics)'으로 불리고 있지만, 당시의 맥락에서는 '새로운 역학'에 해당하는 것이었다고 풀이할 수 있다.

여기서 주목할 점은 만유인력이 여러 운동의 일차적인 원인에 해당하지만, 뉴턴은 만유인력의 원인, 즉 원인의 원인에 대해서는 묻지 않았다는 사실이다. 이에 반해 데카르트가 1644년에 발간한 『철학의 원리(Principia Philosophiae)』는 자연현상의 궁극적 원인을 밝혀내고자 했다. 사실상 뉴턴의 『자연철학의 수학적 원리』라는 책 이름도 데카르트의 『철학의 원리』를 겨냥하고 있었다. 뉴턴은 자연현상의 원리를 철학적인 방식이 아닌 수학적인 방식으로 밝히는 것을 강조했던 셈이다.

뉴턴은 『프린키피아』에서 에우클레이데스(유클리드)의 『기하학원론』과 흡사하게 운동에 관한 논의를 정의, 공리, 법칙, 정리, 보조정리, 명제 등으로 분류해서 체계적으로 전개했다. 제1권은 진공 중의 입자의 운동을 다루고 있다. 제1권의 처음 부분에는 관성의 법칙, 힘과 가속도에 관한 법칙(F=ma), 작용–반작용의 법칙 등 세 가지 운동법칙이 등장한다. 제2권은 유체역학에 해당하는 것으로서 저항이 있는 매질 내의 운동을 다루고 있다. 제2권에서 뉴턴은 소용돌이의 원심력에 의해 행성의 운동을 설명했던 데카르트의 이론을 반박했다. 제3권은 천

그림 2–7
뉴턴의 운동법칙에 관한 예시도

체역학에 해당한다. 여기서 뉴턴은 만유인력이라는 새로운 힘을 도입하여 케플러의 법칙을 수학적으로 증명했으며, 이를 바탕으로 지구의 세차운동, 달의 불규칙한 운동, 조석운동, 혜성의 운동 등을 설명했다.

『프린키피아』의 출판을 계기로 뉴턴은 유럽 전역에 명성을 떨쳤고 많은 사람들의 주목을 받았다. 이러한 반응이 더욱 놀라운 것은 『프린키피아』가 매우 어려운 책이기 때문이었다. 특히 『프린키피아』는 간편한 해석학적 방법이 아닌 일일이 도형이 수반되고 증명이 요구되는 기하학적 방법을 채택하고 있어서 전문적인 학자들도 그 책의 세부적인 내용을 이해하기 어려웠다. 더구나 데카르트의 기계적 철학의 영향이 강했던 유럽 대륙에서는 원격 작용(action at a distance)의 성격을 가진 만유인력을 도입한 사실 때문에 반발이 더욱 거셌다.

그러나 『프린키피아』가 커다란 충격과 깊은 인상을 남긴 것은 분명한 사실이다. 무엇보다도 『프린키피아』를 통해 오랜 기간 동안 분리되어 왔던 지상계에 대한 과학과 천상계에 대한 과학이 '뉴턴과학(Newtonian science)'으로 종합될 수 있었다. 이전에는 천상계의 과학과 지상계의 과학이 매우 달랐지만, 뉴턴에 의해 비로소 동일한 '힘'을 통해 천상계와 지상계를 통합적으로 설명할 수 있었던 것이다. 이에 대하여 18세기 계몽사조의 기수인 볼테르는 다음과 같이 평가했다. "오랫동안 인류는 장님이었다. 케플러에 의해 인류는 처음으로 한쪽 눈을 뜨게 되었고, 뉴턴에 의해 인류는 비로소 두 눈을 다 뜨게 되었다."

연금술에 몰두한 뉴턴

뉴턴은 오늘날과 같은 의미의 과학연구에만 몰두한 사람이 아니었다. 사실상 뉴턴이 가장 많은 관심을 기울인 분야는 연금술이었다. 그는 수학보다 연금술을 더 좋아했으며, 수학에 너무 많은 시간을 빼앗기는 현실을 안타까워하기도 했다. 그는 다른 연금술사들과 마찬가지로 보통의 금속을 금으로 바꾸는 '현자의 돌(philosopher's stone)'을 믿었고 그것을 찾는 데 많은 시간을 소비했다. 뉴턴이 남긴 자료 중에는 연금술을 다룬 『화학색인(Index Chemicus)』이 있는데, 큰 제목만 879개이며 분량도 100쪽을 넘는다.

뉴턴이 연금술에 몰두한 이유는 무엇이었을까? 금을 만들어 돈을 많이 벌겠다는 의도는 아니었을 것이다. 아마도 뉴턴은 매우 작은 입자에서 가장 큰 별에 이르는 모든 물질의 근원적 성질에 대해 궁금했

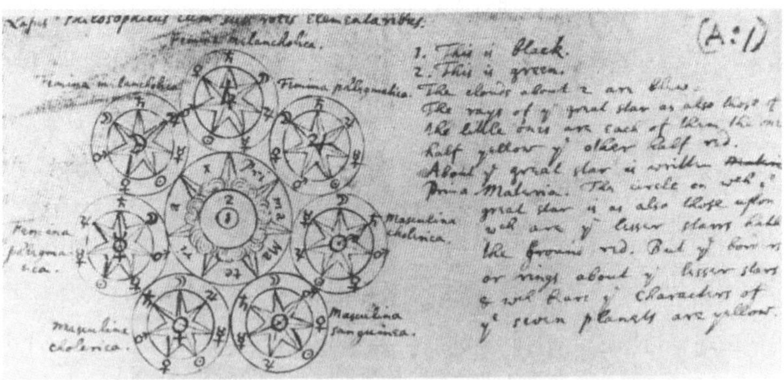

그림 2-8
뉴턴이 스케치 한 현자의 돌

을 것이다. 과학자라면 이러한 모든 것을 알고 있어야 된다고 생각했던 것이다. 게다가 뉴턴은 연금술에 관심을 가지고 있었기 때문에 분리된 상태에서 작용하는 힘의 개념을 자연스럽게 도입할 수 있었다. 물론 연금술과 달리 뉴턴이 다룬 힘은 정량적으로 정의할 수 있도록 변형되었으며, 그것이 바로 뉴턴의 중요한 업적이었다.

뿐만 아니라 뉴턴은 신학에 대하여 100만 단어 이상의 저술을 남겼다. 그 대표적인 예는 뉴턴 사후인 1733년에 출간된 『다니엘서와 요한묵시록의 예언에 관한 고찰』을 들 수 있다. 그 저술은 주로 우주의 신비를 성경 속에서 찾으려는 시도로 가득 차 있지만, 어떤 경우에는 삼위일체설을 부정하는 견해도 나타나 있다. 이러한 맥락에서 독일의 과학자이자 철학자인 라이프니츠(Gottfried Wilhelm von Leibniz)는 "뉴턴이 한 걸음만 더 갔으면 무신론자가 되었을 것"이라고 평가한 바 있다.

뉴턴의 이러한 면모는 20세기의 유명한 경제학자인 케인즈(John Maynard Keynes)에 의해 본격적으로 조명되기 시작했다. 케인즈는 뉴턴이 사망한 지 200여 년이 지난 후에 뉴턴의 연금술과 신학에 관한 수많은 문서를 발굴했다. 이러한 문건을 바탕으로 케인즈는 뉴턴을 다음과 같이 평가했다. "그는 이성의 시대를 개척한 사람이 아니었다. 그는 최후의 마술사이자 마지막 바빌론인이고 마지막 수메르인이며, 일찍이 1만 년 가까운 옛날에 우리의 지적 유산을 정립하기 시작한 사람들과 똑같은 시각으로 눈에 보이는 세계와 눈에 보이지 않는 영혼의 세계를 꿰뚫어볼 수 있었던 마지막 위대한 사상가였다."

뛰어난 행정가로의 변신

뉴턴은 1689년에 케임브리지 대학을 대표하여 하원의원으로 선출되기도 했다. 하지만 그는 의회에서 별다른 활동을 하지 않았고 조용히 지냈다. 그러던 어느 날 갑자기 뉴턴이 자리에서 일어나자 동료 의원들은 위대한 과학자가 어떤 연설을 할지 잔뜩 기대를 걸었다. 그때 뉴턴은 수위를 향해 다음과 같이 말했다고 한다. "바람이 들어오니 창문을 닫아 주시오."

뉴턴은 1696년에 왕립조폐국의 감독관직을 제의받자마자 이를 주저하지 않고 받아들였다. 뉴턴을 추천한 사람은 당시에 재무장관을 맡고 있었던 찰스 몬터규(Charles Montague)인데, 그는 1695~1698년에 왕립학회의 회장을 역임했으며 1699년에는 귀족작위를 받아 핼리팩스 경(Lord Halifax)이 되었다. 뉴턴은 조폐국에서 자신의 화학 지식과 실험 기법을 광물 분석에 활용했지만 화폐 제조법 자체를 개혁하지는 않았다. 대신에 그는 화폐 생산량을 크게 증가시켜 화폐 부족으로 인한 국가적 위기를 극복하는 데 힘을 보탰다. 또한 그는 위조 지폐범들에게 공포의 대상이 될 정도로 런던에 있는 수많은 위조 지폐범들을 색출하고 처형시키는 일을 진척시켰다. 1699년에 조폐국장이던 토머스 닐(Thomas Neil) 세상을 떠나자 뉴턴은 조폐국장으로 승진했다. 뉴턴은 조폐국장의 지위를 이용하여 후배 과학자들이 공직을 얻는 데에도 많은 힘을 보탰다.

뉴턴은 조폐국에서의 성공을 기반으로 정치적 야심을 키웠다. 그는 1701년에 케임브리지의 루카스 교수직을 사임한 후 1701~1702년에 다시 하원의원으로 활동했다. 당시에는 앤 여왕이 영국을 통치하고 있었으며, 핼리팩스 백작이 상당한 정치적 영향력을 발휘했다. 1705년의 총선을 맞이하여 앤 여왕은 뉴턴, 핼리팩스의 부하, 그리고 핼리팩스의 동생에게 기사작위(Sir)를 내렸다. 비록 정치적인 이유이긴 했지만, 뉴턴이 받은 작위는 과학자로서는 최초의 것이었다. 그러나 기대와 달리 핼리팩스의 휘그당은 총선에서 패배하고 말았고, 뉴턴은 그 선거에서 지면서 두 번 다시 영국의 정치에 관여하지 않았다. 참고로 영국의 과학자로서 처음으로 귀족 작위(Lord)를 받은 사람은 윌리엄 톰슨(William Thomson)이다. 그는 대서양 횡단 전신사업에 크게 기여한 공로로 1866년에 귀족작위를 받아 켈빈 경(Lord Kelvin)이 되었다.

1704년에 발간된 『광학(Opticks)』은 『프린키피아』와 쌍벽을 이루는 뉴턴의 저작이다. 『광학』은 이미 1672년경에 거의 완성되어 있었지만

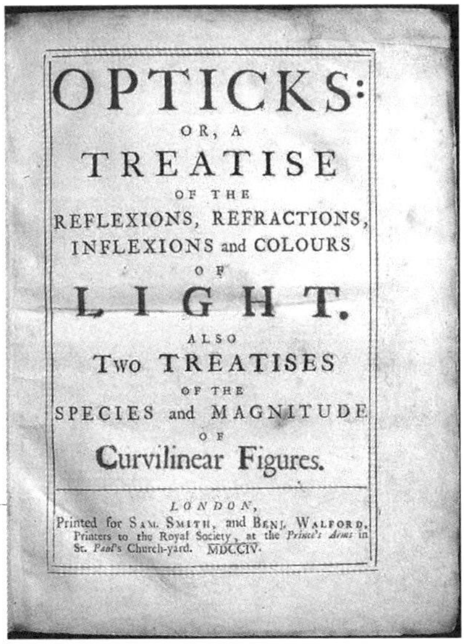

그림 2-9
뉴턴의 과학적 재능을 확고부동한 것으로 만든 『광학』

뉴턴은 발간 시기를 저울질해 왔다. 때마침 1703년에는 그의 논적이었던 훅이 사망했고 뉴턴이 왕립학회의 회장으로 추대되었다. 『광학』은 『프린키피아』와 달리 라틴어가 아닌 영어로 쓰였으며 수학 대신에 실험에 입각한 과학연구를 강조했다. 훗날 뉴턴의 지지자들은 『프린키피아』의 위대함을 칭송하면서도 실제로는 『광학』의 내용을 주로 인용했다.

뉴턴은 『광학』에서 빛을 입자로 보고 새로운 실험도구인 프리즘을 이용하여 빛과 색의 다양한 성질에 대해 논의했다. 특히, 『광학』의 질문(Query) 31은 중력, 전기, 자기, 열, 불, 화학결합 등 여러 자연현상들에 독특한 힘들이 있으며 그것들의 수학적 형태를 찾아내면 모든 자연현상을 체계적으로 설명할 수 있다는 의견을 피력하고 있다. 18세기에는 뉴턴이 제안한 방식에 따라 많은 자연현상들이 연구되었다. 그 중에서 전기 분야에서는 만유인력의 법칙과 유사한 형태의 쿨롱의 법칙이 얻어지기도 했다. 그러나 화학의 경우에는 화학결합의 차이를 '화학적 친화도(chemical affinity)'라는 근거리 인력으로 설명하려는 시도가 있었지만 결국 실패하고 말았다.

『광학』을 발간했을 때 뉴턴의 직위는 왕립학회 회장이었다. 그는 1703년에 왕립학회의 회장으로 추대되었고, 죽을 때까지 회장의 자리를 유지했다. 왕립학회 회장으로서 뉴턴은 학문적 문제보다는 행정적 문제를 해결하는 데 많은 노력을 기울였다. 왕립학회의 회원 수는 1670년대 초에 200명이 넘었지만 뉴턴이 회장으로 취임할 때에는 그 절반에도 미치지 못했다. 뉴턴이 회장을 맡으면서 왕립학회는 다시 번영하기 시작했다. 특히 그는 자연철학을 수학과 역학, 천문학과 광학,

동물학, 식물학, 화학 등의 5개 분야로 나누어 각 분야에 대하여 수당을 받는 실습 담당자들을 임명했다. 뉴턴은 왕립학회를 철권으로 통치했으며 모든 안건을 위엄 있게 처리했다. 뉴턴과 친분이 두터웠던 의사인 스터클리(William Stukeley)는 당시 왕립학회의 회의에 대해 다음과 같이 회고했다. "그가 참석했다는 사실이 좌중에 자연스러운 경외감을 불러 일으켰다. 거기에는 가벼움이나 무례함이 있을 수 없었다."

뉴턴은 왕립학회에서 과거에 훅이 맡았던 실험관리인(curator)이라는 직책에 혹스비(Francis Hauksbee)와 데자굴리어(John Desaguliers)를 새롭게 임명했다. 그들은 뉴턴을 열렬히 추종했으며, 왕립학회의 모임이 있을 때마다 뉴턴주의에 입각한 실험들을 고안하여 시연했다. 그 중 데자굴리어는 왕립학회에 만족하지 않고 런던 시내에 적당한 장소를 대여해 대중용 과학강연을 개최하기도 했다. 그는 18세기 전반에 영국에서 가장 유명한 대중강연가로 이름을 날렸다. 데자굴리어는 왕립학회가 수여하는 코플리 메달을 세 번이나 받은 사람으로도 유명하다.

최고 과학자의 논쟁법

뉴턴은 앞서 언급한 훅 이외에도 여러 사람들과 논쟁을 벌였다. 뉴턴은 천체관측 자료를 매개로 플램스티드(John Flamsteed)와 지속적으로 대립했다. 플램스티드는 1675년에 설립된 그리니치 천문대의 초대 대장을 지냈던 인물이다. 그는 1687년에 『프린키피아』 초판이 발간되자 자신의 관측 자료가 뉴턴의 이론에 도움이 되었으며, 따라서 뉴턴이 그것을 인정해야 한다고 주장하기도 했다. 두 사람 사이의 관계는 뉴턴이 1694년부터 『프린키피아』 2판을 준비하기 위해 플램스티드에게 자료를 요청하면서 더욱 악화되었다. 플램스티드는 요청받은 자료에 덧붙여 자신의 계산 결과를 일부 건네주었는데, 하필이면 그 계산에 실수가 몇 개 있었다. 이에 뉴턴은 폭언을 퍼부으며 자신은 자료가 필요할 뿐 플램스티드의 엉터리 결론 따위에는 관심이 없다고 말했다. 이에 플램스티드는 자신을 편파적으로 바라보지 말라고 응수했지만, 뉴턴은 플램스티드에게 자료를 넘겨받는 대가로 돈을 지불하겠다고 제안했다. 명예를 존중하는 성실한 과학자에게 상당한 모욕이 아닐 수 없었다.

1704년에 당시 왕립학회의 회장이었던 뉴턴은 플램스티드에게 관측 자료를 넘기고 새로운 천체목록을 출간하라고 요청했지만, 플램스티드는 강하게 거부했다. 이러한 상황은 국왕의 권위에 의해 비로소 해결될 수 있었다. 1710년 앤 여왕은 뉴턴에게 왕립학회의 특별회원을 중심으로 천문대 방문위원회를 구성할 수 있는 권한을 부여했다. 방문위원회는 플램스티드가 축적한 모든 자료를 요구했고, 위원회의 일원이었던 핼리는 플램스티드의 자료를 정리하여 책으로 출간하는 일을 맡았다. 결국 1712년에는 플램스티드의 『천체목록』 초판이 출간되었지만, 논쟁은 거기서 멈추지 않았다. 플램스티드가 죽은 지 6년 뒤인 1725년에 그의 미망인은 『천체목록』 별쇄본을 발간했는데, 그 책의 서문에서 플램스티드는 다음과 같이 말했다. "간교한 뉴턴은 더 많은 잘못을 저지른 후 그것을 감추기 위해 온갖 새로운 핑계를 만들어

낸다. 내게는 오로지 정직하고 명예를 중시하는 마음뿐이다."

이보다도 더욱 치열한 논쟁은 미적분학을 누가 먼저 발견했는가를 놓고 전개되었던 라이프니츠와의 논쟁을 들 수 있다. 그 논쟁은 1699년에 듀일리에(Nicolas Fatio de Duillier)라는 수학자가 왕립학회에서 라이프니츠의 미적분이 뉴턴의 이론을 도용한 것이라고 주장한 데서 비롯되었다. 이에 라이프니츠는 1705년에 뉴턴이 자신의 방법을 도용했다는 요지의 글을 발표했지만, 이번에는 옥스퍼드 대학의 케일(John Keill)이 라이프니츠를 강경한 어조로 비난했다. 라이프니츠는 케일의 발언을 취소시키려고 왕립학회에 제소했는데, 묘하게도 당시의 왕립학회 회장이 뉴턴이었다.

뉴턴은 곧바로 조사위원회를 조직했지만, 위원회는 뉴턴을 지지하

그림 2-10
뉴턴과 미적분학을 동시에 발견한 라이프니츠

는 사람들로 구성되었다. 뿐만 아니라 그 위원회가 발간한 것으로 되어 있는 조사보고서도 뉴턴이 직접 작성했다. 더 나아가 그는 비밀로 처리되어야 할 보고서의 내용을 왕립학회가 발간하는 학술지인 ≪철학회보(Philosophical Transactions)≫에 투고하기도 했다. 또한 그 보고서의 라틴어 판에는 「독자들에게」라는 제목의 새로운 서문이 익명으로 추가되었는데, 그 역시 뉴턴의 작품이었다. 따라서 왕립학회의 위원회가 라이프니츠의 표절로 결론을 내린 것은 당연한 수순이었다.

이제 싸움의 양상은 '뉴턴 대 라이프니츠'를 넘어서 '영국 대 대륙'으로 확대되었다. 뉴턴과 라이프니츠는 평생 동안 서로 원수처럼 지냈으며, 유럽의 학계는 두 파로 나누어져서 100년 이상의 격렬한 논쟁을 되풀이했다. 결국 1820년대가 되어서야 뉴턴과 라이프니츠의 독립적인 발견이 공인되어 두 사람은 미적분학의 동시발견자로 역사에 기록되었다. 미적분학의 발견은 뉴턴이 빨랐지만 발표는 라이프니츠가 먼저 했다는 것이 통설이다. 또한 뉴턴의 미적분학은 다소 원시적인 것으로 유율법(流率法, method of fluxion)으로 불리며, 오늘날 우리가 사용하는 미적분학의 연산 방식은 라이프니츠의 것을 따르고 있다.

거대한 진리의 바다를 헤맸던 소년?

뉴턴은 1713년에 『프린키피아』 2판을 출간하면서 말미에 「일반주해(General Scholium)」를 추가했다. 「일반주해」에는 "나는 가설을 설정하지 않는다(Hypotheses non fingo)."라는 유명한 구절이 나오는데, 여기서 가설은 실험이나 관측에 의해 경험적으로 검증할 수 없는 가정을 의미한다. 이러한 가설의 예로 뉴턴이 주목한 것은 소용돌이 이론과 같이 데카르트의 기계적 철학에서 나타나는 다양한 미시적 모델이었다. 이와 함께 뉴턴은 만유인력이 연금술에서의 신비한 힘과 별반 다를 바가 없다는 당시의 비판을 염두에 두고 있었다. 이에 대하여 뉴턴은 자신의 힘이 경험적으로 입증된다고 주장했으며, 오히려 눈에 보이지 않는 입자들의 운동을 통해 자연을 설명하려는 기계적 철학자들의 시도를 가설이라고 폄하했던 것이다.

뉴턴이 77세이던 1720년에 주식 투자로 낭패를 보았다는 점도 흥미롭다. 그는 남해회사(South Sea Company)의 주식을 100파운드에 사서 400파운드에 팔아 짭짤한 재미를 보았다. 그런데 남해회사의 주가는 600파운드로 상승했고 이를 통해 떼돈을 번 사람들의 이야기가 자자했다. 이에 뉴턴은 800파운드의 시점에서 다시 투자했으며 주가는 1,000파운드까지 올랐다. 그러나 정점을 찍은 주가는 거짓말 같이 곤두박질치기 시작했다. 타이밍을 놓친 뉴턴은 주가가 300~100파운드일 때 주식을 매도하고 말았다. 당시에 뉴턴은 "천제의 운동은 계산할 수 있지만, 사람들의 광기는 도저히 계산할 수 없다."는 말을 남겼다고 한다.

뉴턴은 죽음을 맞이하기 전에 다음과 같은 말을 남긴 것으로 전해진다. "나는 세상 사람들이 나를 어떻게 보고 있는지 모른다. 그러나 나 자신에게 비친 나는 바닷가에서 놀고 있는 소년이었다. 거대한 진리의 바다는 아무것도 가르쳐 주지 않으면서 내 앞에 펼쳐져 있었고, 나는 바닷가에서 놀다가 가끔씩 보통 것보다 더 매끈한 돌이나 더 예쁜 조개껍질을 찾고 즐거워했다."

뉴턴은 1727년에 84세의 나이로 세상을 떠났다. 그는 영국의 왕이나 위대한 정치가가 묻히는 웨스트민스터 대사원에 안치되었다. 뉴턴의 장례식이 성대하게 거행되는 것을 목격하고 큰 감동을 받은 사람은 볼테르였다. 영국에서는 소지주의 아들로 태어난 사람도 훌륭한 업적을 쌓으면 대단한 존경을 받는 것처럼 보였다. 뉴턴의 장례식을 계기로 볼테르는 뉴턴에 대한 정보를 수집하고 뉴턴의 저작을 탐구하는 데 열성을 보였다. 볼테르는 1738년에 『뉴턴철학의 요소들』을 발간하여 당시 프랑스 지식인 사회에 뉴턴과학의 중요성을 전달하는 데 크게 기여했다.

뉴턴은 죽었지만 그의 영향력은 지금까지도 이어지고 있다. 특히 18세기에는 '뉴턴과학' 혹은 '뉴턴주의'라는 용어가 한 시대를 풍미했다. 그동안 자연에 대한 지식은 여러 갈래로 나누어져 존재해 왔지만 뉴턴에 이르러 '과학'이라는 단일한 분야가 되었다는 생각이 자리를 잡게 된 것이었다. 더 나아가 과학은 '근대성(modernity)'을 상징하는 아이콘이 되었고 이에 따라 근대 사회의 구성원들은 과학을 선호하든 그렇지 않든 간에 과학에 반응하지 않을 수 없게 되었다.

뉴턴이 사망한 이후에 '물리학(physics)'이란 용어가 널리 사용되기 시작했다는 점도 주목할 만하다. 뉴턴은 자연 세계를 대상으로 하는 학문을 자연철학으로 표현했지만, 18세기 중엽에 들어서는 뉴턴 식으로 자연을 탐구하는 것을 물리학으로 명명했던 것이다. 물론 아리스토텔레스도 『피지카(Physica)』라는 저작을 남겼지만, 당시의 피지카는 물리학에 국한되지 않는 자연학 전체를 뜻하는 것이었다. 오늘날과 같은 의미의 물리학이란 용어가 사용된 최초의 책으로는 네덜란드의

그림 2-11

1795년에 윌리엄 블레이크가 그린 〈뉴턴〉. 블레이크는 뉴턴을 감성은 박탈당하고 이성만 남은 신인 유리즌(Urizen)으로 생각했다.

뮈스헨브루크(Pieter van Musschenbroek)가 1737년에 출간한 『물리학 에세이(Essai de physique)』가 꼽힌다. 그는 축전기의 초기 형태에 해당하는 라이덴병(Leyden jar)을 발명한 사람이기도 하다.

뉴턴은 하나의 문제에 집중하여 그것이 풀릴 때까지 계속해서 몰입했던 사람으로도 유명하다. 이에 대해 뉴턴 전문가인 과학사학자 웨스트폴(Richard Westfall)은 『프린키피아의 천재』에서 다음과 같이 썼다. “일단 한 가지 문제를 붙잡으면, 뉴턴은 때로 밥 먹는 것도 잊어버렸다. 그의 고양이는 그의 접시에 남은 음식 덕에 나날이 뚱뚱해져 갔다. … 뉴턴은 때로 자는 것도 잊었고, 다음 날 아침에 자신이 밤을 꼬박 새웠다는 것도 모르고 있었다. … 평생 동안, 심지어 뉴턴이 노인이 되었을 때에도 하인은 저녁 준비가 되기 30분 전부터 뉴턴을 불러야 했으며, 밥을 먹으러 와서도 그는 책이나 논문을 보기만 하면 음식을 제쳐놓고 몇 시간씩 손도 대지 않는 일이 종종 있었다. 그는 저녁 식사로 나왔던 오트밀 죽이나 계란을 데우지도 않고 아침으로 먹기도 했다."

뉴턴의 묘비에는 서두에서 언급한 포프의 시가 새겨져 있다. 그런데 그 시의 바로 밑에 어떤 사람이 낙서를 했다고 한다. "과도한 밝음은 사람의 눈을 현혹시킨다. 신이 말했다. 아인슈타인이여 나오라! 그러자 모든 것이 다시 어두워졌다."

3장 화학혁명과 프랑스혁명 속에서

앙투안 라부아지에

앙투안 라부아지에(Antoine-Laurent de Lavoisier, 1743~1794)는 화학의 근대적 체계를 구축한 것으로 유명한 과학자이다. 그는 산소의 분리와 결합에 바탕을 둔 연소이론을 정립했으며, 무게를 측정하는 정량적인 방법을 화학에 도입

그림 3-1
근대 화학의 아버지로 평가되는 라부아지에

했고, 새로운 명명법을 만들어 화학물질과 화학반응에 적용했다. 동시에 라부아지에는 국가권력과 밀접한 관계를 맺었으며 물질적 풍요에 대해서도 관심이 많았던 사람이었다. 그는 일찍이 천재로 두각을 나타냈고 평생 동안 실패를 몰랐지만, 결국 단두대의 이슬로 사라지는 불행한 최후를 맞이하기도 했다.

과학아카데미의 최연소 회원

라부아지에는 1743년 8월 26일에 프랑스 파리에서 부유한 가톨릭 집안의 장남으로 태어났다. 할아버지와 아버지는 모두 성공한 법률가였다. 라부아지에는 5살 때 어머니를 여의면서 어머니의 막대한 재산을 물려받았다. 라부아지에는 11살이던 1754년에 콜레주 마자랭(Collége Mazarin)에 입학하여 고전어, 문학, 철학 등을 배웠다. 그가 철학 수업에서 라카유(Abbé Nicolas Louis de Lacaille)를 만난 것은 큰 행운이었다. 당시의 유명한 수학자이자 천문학자이던 라카유는 라부아지에를 과학의 세계로 인도하기 위해 성심성의껏 지도했다.

라부아지에는 집안의 전통을 따라 1761년에 파리 대학 법학부에 입학했다. 1763년에 법학사 학위를 받았고, 1764년에는 학사와 박사 사이에 해당하는 준(準)박사(Licentiate) 자격을 얻었다. 그러나 대학 시절에 라부아지에의 관심을 끈 것은 과학이었다. 뉴턴의 『프린키피아』와 디드로(Denis Diderot)의 『백과전서』를 읽었으며, 베르나르 쥐시외(Bernard de Jussieu)의 식물학 강의와 루엘(Guillaume François Rouelle)의 화학 강의를 들었다. 대학 졸업 직전에는 아버지의 친구이자 유명한 지질학자인 게타르(Jean Etiene Guettard)와 함께 프랑스 전역을 도는 긴 여행을 했다. 프랑스의 지질도를 작성하기 위해 각 지역에 대한 지질을 조사하는 것이 여행의 목적이었다.

라부아지에는 20대 초반부터 프랑스 과학아카데미의 회원이 되기를 간절히 바랐다. 과학아카데미는 영국의 왕립학회와는 다른 방식으로 운영되어 왔다. 왕립학회는 국왕이 설립을 인가해 주긴 했지만 별도로 지원을 하지는 않았다. 사실상 왕립학회는 연구결과를 공인해 주는 것을 제외하면 특별한 역할이 없었으며, 신사들의 사교적 모임과 유사한 성격을 띠고 있었다. 이에 반해 과학아카데미는 우수한 업적과 능력을 갖춘 과학자들을 정식 회원으로 충원했고 그들은 다른 직업을 가져도 국가로부터 급여를 받을 수 있었다. 이러한 지원을 바탕으로 과학아카데미의 회원들은 과학연구에 몰두하면서 국가가 추진하는 중요한 사업에도 참여할 수 있었다.

라부아지에는 1765년에 회반죽을 만들 때 쓰던 석고의 성질에 관한 보고서를 작성한 뒤 과학아카데미에서 발표했다. 당시 과학아카데미는 파리 시내의 가로등을 개선하는 방법을 공모했는데, 라부아지에는 그 문제에 대한 탁월한 해답을 제시하여 1766년에 금메달을 받았다. 이어 1767년에는 정부가 게타르의 지질조사를 공식적으로 후원하게 되었고, 라부아지에는 알사스-로렌 지역을 조사하는 작업에 참여했다. 이러한 과학적 업적과 게타르의 전폭적인 지지를 바탕으로 라부아지에는 1768년에 과학아카데미의 최연소 회원으로 선출될 수 있었다. 당시 그의 나이는 25세에 불과했다.

1770년에 라부아지에는 물이 끓을 때 나오는 고체 침전의 성격에

그림 3-2
라부아지에가 태양광을 활용해 연소 실험을 하는 광경에 관한 삽화

대해 연구했다. 유리병에 있는 물이 증발하여 사라질 때까지 가열하면 소량의 침전물이 남는 것을 볼 수 있다. 당시의 과학자들은 그것을 흙이라고 생각했다. 물이라는 원소에 불이라는 원소가 가해짐으로써 흙이라는 원소로 변한다는 것이었다. 라부아지에는 실험 전후에 실험 장치의 무게와 고체 침전물의 무게를 정교하게 측정하여 고체 침전이 유리병이 녹아서 나온 것임을 보였다. 그 실험으로 인해 라부아지에는 프랑스 과학계에서 차세대 유망주로 부상했다. 무게 측정이라는 정량적 방법을 통해 기존의 이론이 가진 오류를 명확히 밝혀낸 것이었다.

세금관리인이 된 라부아지에

1768년은 라부아지에가 다른 직업을 가진 해이기도 했다. 그가 선택한 직업은 세금관리인이었다. 어머니가 남긴 유산의 일부인 50만 프랑을 세금관리인조합에 투자하여 조합의 간부가 되었던 것이다. 당시에 그 조합은 국가로부터 지시받은 세금의 3~4배를 징수하여 납부하고는 그 대가로 수수료를 챙겼다. 세금을 내지 못하는 집에 찾아가 먹을 것마저 빼앗고 매달리는 어린이를 매몰차게 뿌리치는 일도 많았다. 때문에 세금관리인은 '징세 청부인'으로 불렸고 숱한 원성과 혐오의 대상이었다.

라부아지에는 왜 세금관리인이 되었을까? 전하는 이야기에 따르면 과학연구에 필요한 도구와 재료를 구입하기 위한 비용을 마련하기 위해서였다고 한다. 그러나 라부아지에의 집안이 매우 부유했다는 점에 비추어 볼 때 그 이야기는 신빙성이 떨어진다. 그는 실제로 돈벌이에도 흥미가 많았고 그것을 위해서는 수단과 방법을 가리지 않았다. 수재형의 인간이 종종 그러하듯 라부아지에는 냉혹한 성격의 소유자였던 것이다.

1771년에 라부아지에는 세금관리인조합장의 딸인 마리안 폴즈(Marie-Anne Pierrette Paulze)와 결혼했다. 라부아지에는 28세, 마리안은 13세였다. 마리안에게 먼저 청혼한 사람은 그녀의 아버지인 자크 폴즈(Jacques Paulze)와 친하게 지내던 다메르 발 백작이었는데, 당시 백작의 나이는 50세였다. 아버지는 백작의 청혼을 그냥 거절할 수 없었기 때문에 마리안에게 호감을 가지고 있던 라부아지에에게 접근했고, 라부아지에와 마리안은 모두 자크의 제안을 기쁘게 받아들였다. 당시에 라부아지에의 아버지는 아들의 결혼을 축하하는 의미에서 낮은 귀족 칭호를 사주었다. 그때부터 라부아지에의 공식적 칭호는 '드 라부아지에(de Lavoisier)'가 되었다.

마리안은 지성과 미모를 겸비한 여성이었다. 마리안과 라부아지에 사이에는 자녀가 없었지만 서로 조화로운 결혼 생활을 했다. 그녀는 남편의 실험을 준비하고 정리하는 일을 도맡아 했다. 영어를 못하는 남편을 대신해 영어로 발표된 화학 논문들을 프랑스어로 번역하는 사람도 마리안이었다. 또한 그녀는 그림 실력도 뛰어나 남편의 1789년

그림 3-3

자크 루이 다비드(Jacques-Louis David)가 1788년에 그린 라부아지에 부부의 초상화. 다비드는 프랑스 혁명기와 나폴레옹 시대에 명성을 떨쳤던 화가로, 루브르 박물관에 걸려 있는 〈나폴레옹의 대관식〉도 그의 작품이다. 라부아지에의 부인 마리안 폴즈도 다비드 밑에서 미술 공부를 했다.

저작인 『화학요론(Traité élémentaire de chimie, '화학원론'으로 번역되기도 한다)』에 들어간 각종 그림을 손수 그려 주었다. 라부아지에 부부는 프랑스 지식인 사회의 부러움을 한 몸에 받았다.

이처럼 마리안은 자신이 직접 연구를 기획하지는 않았지만 라부아지에가 연구를 수행하는 데 매우 중요한 역할을 담당했다. 그러나 라부아지에가 과학연구에서 마리안을 진정한 동료로 생각했는지에 대해서는 의문이 제기되고 있다. 라부아지에는 마리안을 논문이나 책의 공동저자로 넣지도 않았으며, 마리안의 기여를 인정하는 데에도 인색한 모습을 보였다는 것이다. 이와 관련하여 마리안이 "남편도 세상도 나를 알아주지 않는구나"고 탄식했다는 이야기도 전해지고 있다.

마리안은 매우 당찬 여성이었던 것으로 보인다. 그녀는 1794년에 라부아지에가 처형된 이후에도 남편의 결백을 주장했으며, 결국 1796년에 라부아지에의 유품을 돌려받을 수 있었다. 마리안은 1804년에 당시의 유명한 정치가이자 과학자인 벤저민 톰프슨(Benjamin Thompson)과 재혼했고 2년 뒤에 이혼하기도 했다. 톰프슨은 미국에서 태어나 유럽에서 활약한 사람으로 1791년에 독일에서 럼퍼드 백작(Count Rumford)의 칭호를 받았고, 1799년에는 영국의 왕립연구소(Royal Institution)를 설립하는 데 크게 기여했다. 그는 독일의 병기공장에서 대포를 깎아낼 때 마찰에 의해 열이 계속해서 발생하는 현상에 주목했으며, 이를 근거로 열을 물질입자의 일종으로 보는 칼로릭(caloric, '열소'로 번역되기도 한다) 이론에 의문을 제기하면서 열이 운동의 한 형태라는 점을 주장하기도 했다. 열효율을 획기적으로 개선한 벽난로인 '럼퍼드 난로'에도 그의 이름이 남아 있다.

산소는 누가 발견했는가?

나무가 타는 연소(combustion)나 쇠가 녹스는 하소(calcination)는 매우 흔하게 접할 수 있는 화학반응이다. 16~17세기의 연금술사들은 연소와 하소에 대한 이론적 설명으로 파라켈수스(Paracelsus)의 3원리설을 선호했다. 자연세계는 황, 수은, 염의 세 가지 원리로 구성되어 있는데, 어떤 물질이 연소하는 것은 그 물질 안에 포함되어 있는 황이 빠져나가는 과정이고, 금속이 하소하는 것은 수은이 빠져나가는 과정이라는 것이었다. 이어 1700년경에 독일의 과학자이자 의사인 슈탈(Georg Ernst Stahl)은 플로지스톤(phlogiston) 이론을 제창했는데, 플로지스톤은 '불꽃'을 뜻하는 그리스어로 연소나 하소를 일으키는 가상의 입자에 해당한다. 플로지스톤 이론에 따르면, 나무나 기름과 같은 가연성 물질은 모두 플로지스톤을 포함하고 있고 그것이 연소될 때 플로지스톤이 빠져 나오게 된다. 그 이론은 금속의 하소에도 적용되어 금속에서 플로지스톤이 빠져나와 금속재(calx)로 변한다고 설명했다. 또한 플로지스톤 이론은 광석을 숯불로 가열해서 금속을 얻는 제련과정도 설명해 주었다. 즉 숯이 탈 때 빠져 나온 플로지스톤이 광석과 결합함으로써 금속이 생성된다는 것이었다.

우리는 나무가 타거나 쇠가 녹스는 것은 그것들이 산소와 결합하기 때문이라는 사실을 잘 알고 있다. 따라서 연소나 하소가 물질 속의 무엇인가가 빠져나가는 현상이라는 설명은 아주 이상하게 보일 것이다. 플로지스톤 이론은 오늘날의 관점에서 한마디로 거꾸로 된 이론이다. 그렇지만 일상적인 경험에 비추어 보면 플로지스톤 이론도 그럴듯해 보인다. 나무나 석탄이 타고나면 원래의 물질은 거의 없어지고 재만 남기 때문에 무엇인가가 빠져나가는 것으로 생각하기 쉽다. 금속에 녹이 슨 경우에도 뭔가가 빠져나간 듯한 모양새를 보인다. 또한 이전의 연금술사들이 연소를 황이 빠져나가는 과정으로, 하소를 수은이 빠져나가는 과정으로 설명했던 반면, 플로지스톤 이론을 적용하면 연소와 하소의 두 현상이 종합적으로 설명될 수 있었다. 게다가 플로지스톤은 입자이기 때문에 18세기 과학의 큰 흐름이었던 뉴턴주의에도 부합하는 특징을 보였다.

이러한 맥락에서 18세기의 많은 화학자들에게 플로지스톤 이론은 상당한 설득력을 가진 최고의 이론으로 받아들여졌다. 당시의 유명한 철학자인 칸트도 플로지스톤 이론에 대해 극찬했다. 그는 1787년에 출간한『순수이성비판』제2판의 서문에 다음과 같이 썼다. "슈탈이 금속에서 무언가를 빼내어 금속재로 변화시키고, 또 금속재에 그것을 다시 집어넣어 금속으로 되돌렸을 때, 자연을 연구하는 모든 사람들은 동이 트는 것과 같은 깨달음을 얻었다."

라부아지에는 1772~1774년에 자신의 가장 중요한 과학적 업적인 연소와 하소에 관한 일련의 실험을 했다. 그는 1772년에 생성되는 기체의 무게까지 고려한 정밀한 실험을 통해 금속이 하소하거나 비금속 물질이 연소할 때 무게가 증가한다는 사실을 밝혀냈다. 다음 해에는 수은을 가열하여 수은의 금속재를 만드는 실험을 통해 그 과정에서 수은이 공기의 특정한 부분과 결합한다는 사실을 알아냈다. 라부아지에는 자신의 발견이 "슈탈 이후에 가장 흥미로운 것"이라고 했지만 이러한 실험 결과를 어떻게 해석해야 할지 명확한 입장을 정하지

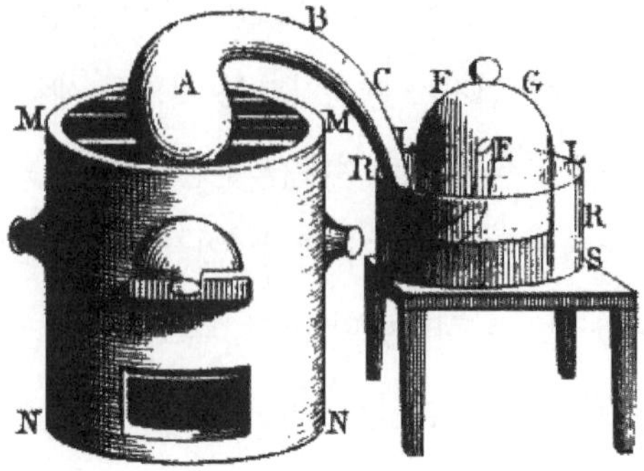

그림 3-4

라부아지에의 실험실에는 당시 최고의 실험 장치가 마련되어 있었다. 이 그림은 라부아지에가 연소 실험을 위해 사용한 기구이다.

못했다. 연소 및 하소가 공기의 특정한 부분과 결합하는 현상인 것은 분명한데 그 특정한 공기가 무엇인지 알 수 없었던 것이다.

그러던 중 1774년 10월에 영국의 과학자인 프리스틀리(Joseph Priestley)는 파리를 방문하여 자신이 발견한 '새로운 공기'에 대해 라부아지에에게 이야기해 주었다. 프리스틀리는 라부아지에와는 정반대의 실험을 수행했다. 수은의 금속재인 적색 산화수은을 매우 높은 온도로 가열하여 수은 금속과 새로운 공기를 얻어내었던 것이다(오늘날의 화학방정식으로 표현하면 $2HgO \rightarrow 2Hg + O_2$가 된다). 프리스틀리는 자신의 실험을 플로지스톤 이론을 통해 설명했다. 수은 금속재가 공기 중에 있던 플로지스톤을 흡수해서 수은이 되었다는 것이다. 그렇다면 새로운 공기는 전체 공기 중에서 플로지스톤이 빠져나가고 남은 부분이 될 것이고, 프리스틀리는 남은 공기를 '플로지스톤이 없는 공기(dephlogisticated air)'라고 불렀다. 이를 도식화하면 '수은 재 + 공기 중의 플로지스톤 → 수은(수은 재 + 플로지스톤) + 플로지스톤이 없는 공기'가 되는 셈이다.

라부아지에는 플로지스톤이 없는 공기가 자신이 찾던 새로운 기체라는 점을 알게 되었고 실험을 통해 이를 입증했다. 그 후 라부아지에는 그 기체가 비금속 물질과 반응해서 산(acid)을 만든다는 사실을 확인했고, 1777년의 논문에서 '산을 만드는 원리'라는 뜻을 가진 '산소'라는 용어를 사용했다. 옥시(oxy)는 그리스어로 "산과 같이 강렬하다"는 의미를, 전(gen)은 "태어나다"는 의미를 가지고 있다. 이런 식으로 라부아지에에 의해 연소와 하소는 물질이 플로지스톤을 내놓는 과정이 아니라 산소와 결합하는 현상이 되었다. 새로운 연소이론이 만들어지는 과정은 참으로 흥미롭다. 라부아지에와 프리스틀리는 똑같은 실험을 전혀 다른 방식으로 해석했던 것이다. 토머스 쿤의 패러다임이 생각나는 대목이다.

이러한 점은 1981년 노벨 화학상 수상자인 로알드 호프만(Roald Hoffmann)과 '피임약의 아버지'로 불리는 칼 제라시(Carl Djerassi)가 만든 〈산소〉라는 연극에서 부각된 바 있다. 우리나라에서도 몇 차례 공연된 바 있는 〈산소〉는 노벨상 위원회에서 과거의 뛰어난 발견에 대해 '거꾸로 노벨상'을 주기로 하면서 그 후보를 찾아나서는 것에서 시작된다. 위원회는 산소를 발견한 사람에게 노벨상을 주기로 합의를 봤지만 그 이후가 문제였다. 1772년에 산소(불의 공기)를 처음으로 분리해낸 스웨덴의 셸레(Carl Wilhelm Scheele), 1775년에 산소(플로지스톤이 없는 공기)에 관한 논문을 처음으로 발표한 영국의 프리스틀리, 오늘날 우리가 알고 있는 산소의 정체를 밝혀낸 프랑스의 라부아지에가 후보로 올랐던 것이다. 〈산소〉는 세 명의 과학자 중 누구에게 산소 발견의 영예를 안겨주어야 하는지에 대해 묻고 있다. 그 질문은 발견이란 과연 무엇인가에 대한 철학적인 논쟁으로 이어진다. 이와 함께 〈산소〉는 자신이 속한 국가의 과학자가 상을 타기를 바라는 심사위원들 사이의 암투를 그리고 있으며, 세 과학자의 부인이나 여성 동료를 등장시켜 남성 중심의 과학에 대한 문제도 제기하고 있다.

라부아지에의 다양한 연구

라부아지에는 연소와 하소 이외에도 매우 다양한 주제에 대해 관심을 기울였다. 그는 라플라스(Pierre-Simon Laplace)와 함께 열에 따른 물질의 팽창 정도를 측정할 수 있는 기구를 고안했고, 블랙(Joseph Black)의 얼음 열량계(ice calorimeter)를 개선하기도 했다. 또한 라부아지에는 1783년에 제출한 「열에 관한 보고」라는 논문에서 물질이 고체, 액체, 기체의 세 가지 상태를 가지며, 물질의 상태는 물질입자들의 상호작용에 영향을 미치는 열의 양에 따라 결정된다고 주장했다. 온도와 압력을 조절하면 기체를 액체 또는 고체로 만들 수 있다는 것이었다.

라부아지에는 생명체에서 이루어지는 화학반응에 대해서도 연구했다. 그는 1775년에 밀폐된 공간에서 산소가 많이 포함되어 있을수록 동물이 더 오래 살아남으며 호흡 과정에서 산소가 흡수되고 이산화탄소가 방출된다는 사실을 알아냈다. 당시만 해도 라부아지에는 산소 대신에 '생명의 공기(vital air)', 이산화탄소 대신에 '고정된 공기(fixed

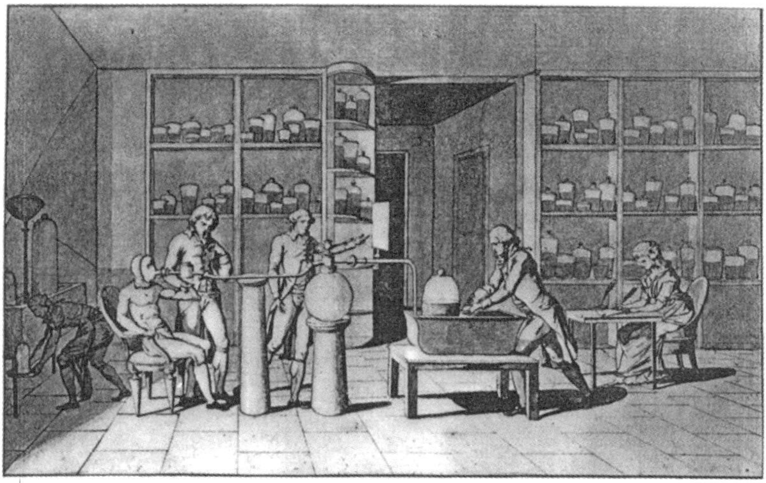

그림 3-5

라부아지에가 호흡에 대해 실험하는 광경으로 그의 부인인 마리안 폴즈가 그렸다. 실험실에서 여성이 등장하는 최초의 그림으로 평가되고 있다. 가운데에서 실험을 설명하고 있는 사람이 라부아지에, 오른쪽 의자에 앉아 실험 과정을 기록하고 있는 사람이 마리안 폴즈이다.

air)'라는 용어를 사용하고 있었다. 이어 라부아지에는 1783년의 논문에서 생체 내에서 발생하는 열에 대해 언급하면서 생명체가 들이마신 산소가 느린 연소반응을 일으킨다고 주장했다. 그는 이러한 반응이 허파에서 일어나며 발생한 열은 혈액을 통해 몸 전체로 공급된다고 생각했다. 오늘날의 관점에서 보면 생명체 내의 연소반응은 허파가 아닌 미토콘드리아에서 이루어지지만, 물질대사를 통해 생명체가 체온의 항상성을 유지할 수 있다는 라부아지에의 인식은 적절한 것이었다.

1870년대 초에 라부아지에가 라플라스와 함께 기니피그를 대상으로 실험을 실시했다는 점도 흥미롭다. 실험 장치로는 얼음 열량계가 사용되었는데, 기니피그를 얼음으로 에워싼 용기에 넣고 그것을 다시 더 큰 용기 속에 넣는 식이었다. 이러한 환경에서 10시간이 지나자 기니피그의 체온으로 얼음 13온스가 녹았다. 그 후 라부아지에와 라플라스는 얼음 열량계 속에서 동일한 양의 얼음을 녹이는 데 얼마나 많은 숯이 필요한지를 알아냈다. 이어 두 사람은 기니피그가 호흡하는 동안 내뿜는 이산화탄소의 양과 숯을 태웠을 때 생성되는 이산화탄소의 양을 측정했다. 두 값이 정확하게 일치하지는 않았지만, 라부아지에와 라플라스는 실험 조건이 완벽하지 않다고 해석했다. 이러한 실험을 바탕으로 그들은 우리가 탄소라고 부르는 것(음식에서 나온다)이 공기 중의 산소(동물이 호흡할 때 흡입된다)와 결합하여 이산화탄소(동물의 호흡에서 나온다)로 전환되며 이를 통해 동물들이 체온을 유지한다는 가설을 입증한 것으로 결론 내렸다.

라부아지에는 1783년 6월에 가연성 공기(오늘날의 수소)를 연소시키면 물이 생성된다는 점에 대한 초보적인 실험을 수행했다. 비슷한 시기에 프리스틀리는 왕립학회에서 플로지스톤의 정체가 가연성 공기라고 보고했다. 그는 산화납을 가연성 공기와 함께 가열하는 실험을 했는데, 산화납이 납으로 환원되면서 가연성 공기가 사라졌다고 생각했고 이를 바탕으로 가연성 공기가 곧 플로지스톤이라고 주장했다. 이어 1784년 1월에는 캐번디시(Henry Cavendish)가 물의 정량적 조성에 대해 논의하면서 물의 분해와 합성에 대한 실험 결과를 보고했다. 하지만 캐번디시는 여전히 물을 원소로 간주했으며, 물의 조성에 대한 그의 설명도 플로지스톤 이론에 입각하고 있었다.

라부아지에는 1785년 2월 27일부터 3월 1일까지 물의 분해와 합성에 관한 실험을 실시했다. 그 실험은 30여 명의 과학자들이 입회한 가운데 공개적으로 진행되었다. 라부아지에는 고열을 이용하여 물을 수소와 산소로 분리했으며, 반대로 수소와 산소 기체를 이용하여 물을 합성하는 데 성공했다. 이 실험을 통해 라부아지에는 물이 원소가 아니라 산소와 수소의 화합물이라는 점을 명확히 할 수 있었다. 당시에 그는 가연성 공기를 대신하여 '물을 만드는 원리'를 뜻하는 '수소'라는 용어를 사용했다.

이 실험을 계기로 라부아지에와 그의 추종자들은 승리를 장담하면서 플로지스톤 화학을 박멸하는 캠페인을 벌이기 시작했다. 한번은 플로지스톤을 피고로, 산소를 원고로 하는 모의재판이 열렸다. 법복을 입고 입장한 라부아지에는 플로지스톤 피고에게 사형을 선고했다. 라부아지에의 부인은 여사제로 나와 화형을 집행했으며, 슈탈과 기체 화학자들의 책들이 불에 태워졌다. 2세기 전에 파라켈수스가 갈레노스와 아비케나의 책을 태움으로써 의화학(醫化學)의 출범을 선언한 행

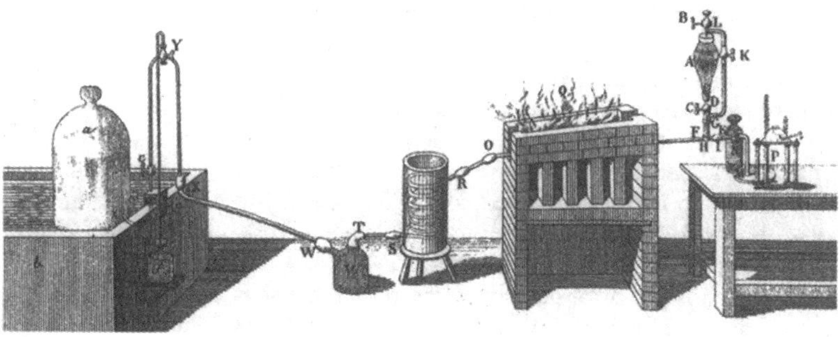

그림 3-6

라부아지에가 물의 분해에 관한 실험에 사용한 장치. 고온으로 가열된 주철관(Q)으로 물을 통과시키면 주철관이 산소와 결합하여 녹이 슬고 물의 나머지 성분이 냉각수를 거치면(S) 수소를 채집할 수 있다.

사를 흉내 내었던 것이다.

라부아지에는 과학연구 이외에도 많은 일에 관여했다. 염색과 유리 제조를 효율적으로 하는 방법을 제안했고, 그램과 미터를 통해 도량형을 통일하는 작업도 주도했다. 파리 주민에게 양질의 식수와 식품을 공급하는 방안을 연구했으며, 고아 및 미망인을 위한 원호사업과 실업자를 위한 공공사업도 전개했다. 그가 1775년부터 가졌던 공식적인 직함은 프랑스 정부의 화약국장이었고, 1785년부터는 프랑스 과학아카데미의 이사로 활동했다. 라부아지에는 1784년에 독일 의사인 메스머(Franz Mesmer)가 주장했던 자기 치료의 과학적 근거가 부족하다고 주장하는 바람에 논쟁에 휘말리기도 했다.

근대 화학의 기틀을 마련하다

라부아지에의 업적은 플로지스톤 이론을 대체하는 새로운 화학이론을 정립하는 것에 국한되지 않았다. 그는 화학이 행해지던 방법과 체계를 세우는 데에도 크게 기여했다. 무엇보다도 라부아지에를 매개로 화학은 정량적으로 변하기 시작했다. 그의 새로운 연소이론도 화학반응의 결과 생겨나는 기체의 무게까지 정확히 고려한 정량적 방법 덕분에 가능했다. 라부아지에는 이러한 생각을 일반화하여 1775년에 '질량보존의 법칙'을 제창했다. 화학반응에 참여하는 물질이 가진 질량의 합은 생성된 물질이 가진 질량의 합과 같다는 것이었다. 이에 앞서 질량보존의 법칙을 알아낸 사람으로는 러시아의 과학자 로모노소프(Mikhail Lomonosov)가 꼽힌다. 그는 1756년에 밀폐한 레토르트 속에서 금속을 가열하면, 밖에서 공기가 들어오지 않는 한 금속재의 무게가 변하지 않는다는 사실을 확인했다. 그러나 로모노소프의 연구는 오랫동안 잊혔다가 20세기가 되어서야 주목을 받았다.

라부아지에는 새로운 명명법(사람이나 사물에 이름을 붙이는 방법)도 고안했다. 이전의 명명법에서는 화합물의 성질, 출처, 용도 등과 같은 다양한 요소들이 특별한 기준이 없이 사용되었지만 라부아지에는 화합물의 이름이 그것의 구성성분을 나타낼 수 있도록 했던 것이다. 이에 따라 고정된 공기는 이산화탄소로, 초석의 공기는 산화질소로, 글라우버의 소금은 황산나트륨으로, 홈베르크의 진정시키는 염은 붕산으로, 호전적인 에티오피아인들은 철의 산화물로 바뀌었다. 화합물을 기호로 나타낸 후 화학반응을 방정식으로 표현하기 시작한 사람도 라부아지에였다. 린네(Carl von Linné)가 생물학에서 명명법을 세웠다면 라부아지에는 화학에서 새로운 명명법을 개척했던 것이다. 그는 1787년에 모르보(Guyton de Morveau), 베르톨레(Claude-Louis Berthollet), 푸르크루아(Antoine François de Fourcroy)와 함께 『화학명명법』을 발간했고, 이를 계기로 라부아지에의 명명법은 빠른 속도로 수용되기 시작했다.

더 나아가 라부아지에는 새로운 화학을 확산하고 정착시키기 위해 많은 노력을 기울였다. 그는 '연금술'이라는 용어를 버리고 '화학'이라는 용어를 전면에 내세워 자신의 주장을 전개했으며, 같은 분야를 연구하는 사람들과 '화학자'라는 동질감을 만들어내는 데도 열성적인 모습을 보였다. 새로운 화학의 정착에 필요한 교과서를 쓰고 학술지를 만든 사람도 라부아지에였다. 1789년에 출간된 『화학요론』은 모든 물질을 원소와 화합물로 체계적으로 정리하면서 다양한 실험 장치와 조작법도 소개하고 있다. 그 책은 "뉴턴이 100년 앞서 『프린키피아』로 역학에 기여한 바를 화학에서 이룩한 것"으로 평가된다. 또한 같은 해에 ≪화학연보(Annale de chimie)≫라는 학술지가 창간되었다. 그것은 화학에 대한 최초의 전문학술지로서 지금도 발행되고 있다.

이처럼 라부아지에는 화학의 내용, 방법, 위상 등의 모든 면에 걸쳐 화학을 근대화한 사람이었다. 그러나 과학의 역사가 잘 보여주듯이, 한 사람이 모든 면에서 완벽할 수는 없는 법이다. 라부아지에는『화학요론』에서 지금까지 알려진 방법으로 더 이상 분리되지 않는 물질이란 의미에서 원소에 주목했지만, 원소를 여전히 '원리(principle)'와 유사한 개념으로 간주하고 있었다. 사실상 라부아지에는 오늘날과 같은 원자나 분자의 개념을 가지고 있지 않았으며, 그러한 한계는 19세기에

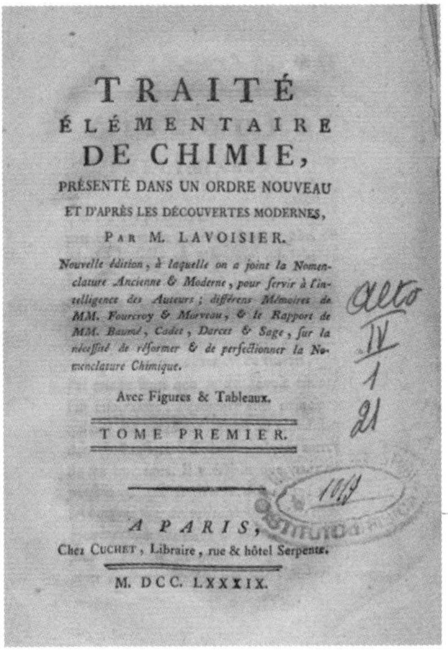
TRAITÉ
ÉLÉMENTAIRE
DE CHIMIE,
PRÉSENTÉ DANS UN ORDRE NOUVEAU
ET D'APRÈS LES DÉCOUVERTES MODERNES,
PAR M. LAVOISIER.
Nouvelle édition, à laquelle on a joint la Nomenclature Ancienne & Moderne, pour servir à l'intelligence des Auteurs; différens Mémoires de MM. Fourcroy & Morveau, & le Rapport de MM. Baumé, Cadet, Darcet & Sage, sur la nécessité de réformer & de perfectionner la Nomenclature Chimique.
Avec Figures & Tableaux.
TOME PREMIER.
A PARIS,
Chez CUCHET, Libraire, rue & hôtel Serpente.
M. DCC. LXXXIX.

그림 3-7
화학에 대한 최초의 근대적 교과서로 평가되고 있는『화학요론』

들어와 영국의 돌턴(John Dalton)과 이탈리아의 아보가드로(Amedeo Avogadro)에 의해 돌파되기 시작했다. 또한 라부아지에는 에너지에 해당하는 개념이 없어 빛(lumière)과 칼로릭(calorique)도 원소의 목록에 포함시켰고, 당시로서는 완전히 분리하기 어려웠던 5개의 산화물도 원소로 간주했다. 이와 함께 라부아지에는 모든 산이 산소를 함유하는 것으로 간주했지만, 1810년에 영국의 데이비(Humphry Davy)가 염산이 염소와 수소로 구성되어 있다는 점을 밝혀냈다.

참고로 라부아지에가 정리한 원소의 목록은 다음의 33개로 구성되어 있다. 제1그룹(기체)은 빛, 칼로릭, 산소, 질소, 수소 등의 5개를 포괄한다. 제2그룹(비금속)에는 황, 인, 탄소, 염소, 불소, 붕소 등의 6개가 있다. 제3그룹(금속)에는 안티몬, 은, 비소, 비스무트, 코발트, 구리, 주석, 철, 망간, 수은, 몰리브덴, 니켈, 금, 백금, 납, 텅스텐, 아연 등 17개가 포함된다. 제4그룹(산화물)은 생석회(탄산칼륨), 마그네시아(산화마그네슘), 바라이트(산화바륨), 알루미나(산화알루미늄), 실리카(이산화규소) 등의 5개를 포괄한다.

"공화국에는 과학자가 필요 없다"

라부아지에가 학문적으로 정점에 도달했을 무렵에 프랑스 사회는 한 치 앞을 내다보기 힘든 정치적 격랑에 휩싸였다. 『화학요론』이 출간된 1789년에 프랑스 혁명이 발발했던 것이다. 바스티유 감옥이 함락되면서 혁명 세력이 구체제(ancien régime)를 타파하기 시작했으며, 혁명 세력 내에서도 온건파와 급진파가 대립했다. 특히 1793년에는 로베스피에르(Maximilien de Robespierre)가 이끄는 급진 세력인 자코뱅 당이 집권하여 공포정치가 시작되었다.

라부아지에는 과거에 세금관리인으로 활동했기 때문에 계속해서 비판을 받았다. 라부아지에를 비판하는 데 열심이었던 사람은 프랑스 혁명의 주동자이자 언론인 겸 의사였던 마라(Jean-Paul Marat)였다. 그는 과학아카데미의 회원이 되고 싶었지만 라부아지에의 반대 때문에 뜻을 이루지 못했던 이력을 가지고 있었다.

마라는 라부아지에에 대해 다음과 같이 썼다. "협잡꾼들의 대표, 탐욕스러운 지주의 아들, 화학연구자, 세금징수인, 디스카운트 은행의 관리인인 라부아지에는 비난받아 마땅하다. … 연간 4만 리브르의 수입을 올리는 이 자그마한 신사는 파리의 관료로 선출되기 위해 악마처럼 날뛰고 있다. … 라부아지에는 해외에 널리 알려진 연구결과가 모두 자기 것이라고 한다. 자기 자신의 아이디어는 전혀 없으면서 다른 사람들의 연구결과를 훔친다."

1793년 8월 8일에는 프랑스 과학아카데미가 구체제의 상징으로 간주되어 폐쇄되는 비운을 맞이하게 되었다. 라부아지에를 비롯한 회원들은 과학아카데미가 미터법 개혁을 위해 도량형 위원회를 운영하고 있다는 점을 들어 선처를 호소했지만 아무 소용이 없었다. 한 달 후 라부아지에의 집과 실험실이 수색을 당했다. 그의 편지와 원고들은 공안위원회의 검열을 받아야 했다. 라부아지에는 이러한 행위에 항의하면서 자신은 프랑스에 어떠한 해악도 가한 적이 없다고 설명했다. 그러나 같은 해 11월 말에 라부아지에는 장인과 함께 체포되어 감옥에 갇혔다. 과거에 세금징수원으로서 국민을 괴롭히고 치부했다는 것

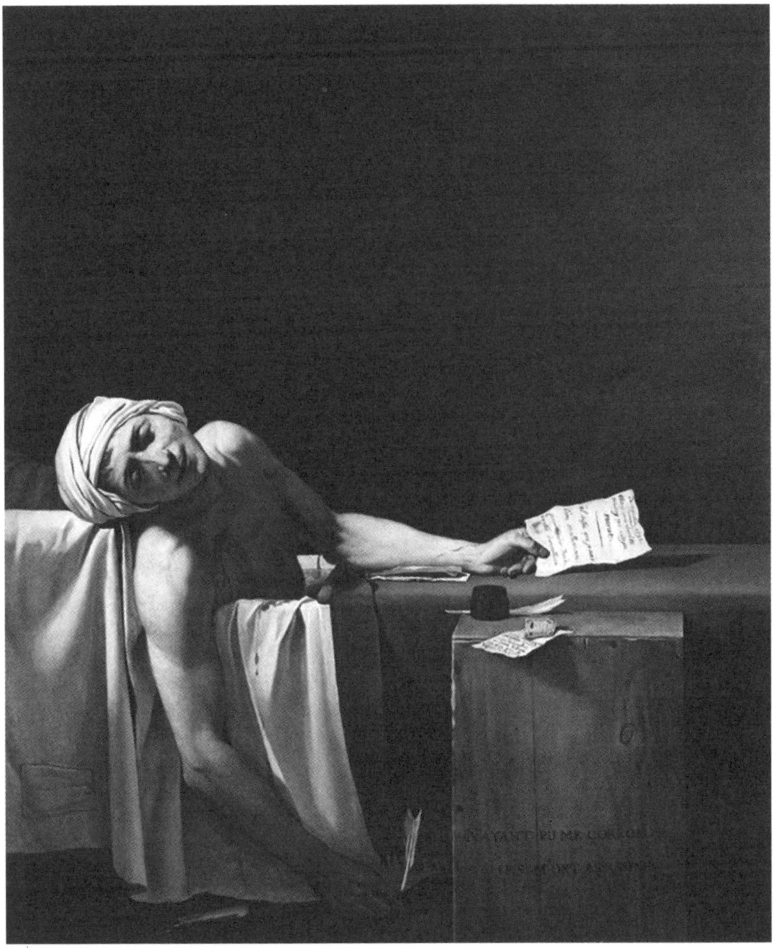

그림 3-8

마라의 친구이자 자코뱅당의 지지자였던 자크 루이 다비드가 1793년에 그린 〈마라의 죽음〉. 마라는 프랑스 혁명을 배경으로 승승장구했지만 지나치게 공격적인 성향으로 인해 많은 사람의 미움을 받았고, 결국 자택에서 목욕을 하던 중 살해되는 비운을 맞았다.

이 죄목이었다.

라부아지에가 체포되었다는 소식에 프랑스 과학계는 커다란 충격을 받았다. 그러나 말 한마디를 잘못했다가는 그대로 처형당할 수도 있는 상황이었기 때문에 아무도 입을 열지 않았다. 영국의 왕립학회는 1793년 코플리 메달을 라부아지에에게 수여할 예정이었지만 이를 취소했다. 코플리 메달이 꼬투리가 되어 영국으로 불똥이 튈 가능성을 염려했던 것이다.

급기야 1794년 5월 2일에는 전직 세금징수원에 대한 처분안이 혁명법원으로 넘겨졌고, 라부아지에는 5월 8일에 혁명 광장(현재의 콩코르드 광장)에서 50세의 나이로 단두대의 이슬로 사라졌다. 라부아지에의 많은 과학적 업적과 국가적 공헌이 거론되었지만, 재판장은 다음과 같은 말로 응수했다. "우리 공화국은 학자도 화학자도 필요로 하지 않는다. 정의가 제 갈 길을 가게 하라." 라부아지에는 마지막 순간까지 당당했던 것으로 전해진다. "나는 충분히 길고 행복한 삶을 살았다. 더 이상 무엇을 원할 수 있겠는가? … 나는 늙은이로 죽지 않을 것이고, 그것을 나에게 주어진 축복으로 생각한다."

라부아지에가 처형된 직후에 라그랑주(Joseph Louis Lagrange)는 다음과 같이 중얼거렸다. "그의 목을 자르는 데는 1초밖에 걸리지 않았지만, 그의 목을 만들려면 100년이 걸릴 것이다." 공교롭게도 프리스틀리는 프랑스 혁명을 지지했다는 이유로 버밍엄에서 추방된 후 미국 망명길에 올라 대서양 한가운데에 있었다. 그로부터 8년 뒤인 1802년, 한때 라부아지에의 조수로 일하다가 미국으로 망명한 엘뢰테르 듀폰(Eleuthère Irénée du Pont)은 유명한 화학업체인 듀폰 사를 설립했다.

4장

진화론으로 풍성한 식탁을 차리다

찰스 다윈

코페르니쿠스의 태양중심설, 프로이트의 무의식 이론과 함께 다윈의 진화론은 인류의 자존심에 상처를 입힌 3대 이론으로 평가되고 있다. 코페르니쿠스가 지구를 우주의 중심에서 밀어내고 프로이트가 인간의 이성에 대한 신뢰를 추락시킨 것처럼, 다윈은 인간이 신의 창조

그림 4-1
1859년에 『종의 기원』을 발간한 직후의 다윈

물이 아니라 진화의 산물에 불과하다고 주장했던 것이다. 이 중에서 찰스 다윈(Charles R. Darwin, 1809~1882)은 과학자 중에서 가장 연구가 많이 된 인물이다. '다윈 산업(Darwin industry)'이란 용어가 있을 정도로 오늘날에도 그에 대한 연구는 끊이지 않고 있다. 다윈이 워낙 많은 자료를 남겼을 뿐만 아니라 진화론 자체가 계속 진화하고 있기 때문이다.

무르익은 진화의 관념

18세기 이후에는 진화에 대한 관념이 무르익으면서 생물학의 변화를 예고했다. 여행과 탐험이 빈번해지면서 새로운 종들이 계속해서 발견되어 기존의 분류체계로는 감당하기 어려워졌다. 게다가 한 종과 다른 종의 중간에 해당하거나 어느 종에도 속하지 않는 잡종의 문제가 등장하면서 종이 변화할 수 있다는 생각이 가능해졌다. 또한 18세기 후반부터 생물체의 화석들이 발견되기 시작하면서 화석의 종과 현재의 종 사이의 차이가 크다는 점이 알려졌고, 그것은 시간이 지남에 따라 종이 변화한다는 생각을 더욱 강화시켰다. 아울러 19세기 초에 독자적인 과학 분야로 자리 잡은 지질학은 지표면이 변화해 온 시간이 매우 길다는 점을 부각시킴으로써 종의 변화라는 관념을 수용하기 쉽게 했다.

당시에 진화의 가능성을 심각하게 받아들였던 자연사학자 중 한 명은 프랑스의 라마르크(Jean-Baptiste Lamarck)였다. 그는 1809년에 출간한 『동물철학』에서 훗날 '용불용설(用不用說)'로 불린 진화론을 제

그림 4-2
라마르크의 기린

창했다. 자주 사용하는 기관은 발달하고 잘 사용하지 않는 기관은 퇴화하는데, 이러한 변화가 오랜 시간 동안 누적되면 처음과는 다른 형태의 생물이 나타나고 이를 통해 진화가 일어난다는 것이었다. 기린의 목이 처음에는 높지 않았지만, 높은 나무에 달린 열매를 먹다 보니 목이 발달해서 지금과 같은 기린이 되었다는 설명이 이에 해당한다.

라마르크의 용불용설은 당시의 자연사학계에서 상당한 비판을 받았다. 일단 길들여진 동물도 자연에 놓아두면 다시 원래의 성질로 돌아간다는 비판도 있었고, 화석에 나타난 동물의 형태가 처음 등장할 때부터 멸종할 때까지 거의 변화하지 않는다는 비판도 있었다. 이와 함께 라마르크가 학자들을 대상으로 논문을 발표하지 않고 일반 대중을 상대로 자신의 이론을 발표한 것도 문제가 되었다. 그러나 라마르크는 진화에 대한 생각이 더욱 확산되는 데 기여했으며, 그의 이론에 수긍하는 사람들도 생겨났다. 예를 들어, 찰스 다윈의 할아버지인 이래즈머스 다윈(Erasmus Darwin)은 『주노미아(Zoonomia)』란 저서를 통해 라마르크의 용불용설을 옹호하는 입장을 보이기도 했다.

부유한 집안의 생물학도

찰스 다윈은 1809년 2월 12일에 영국의 서부 지방인 슈루즈버리에서 태어났다. 1809년은 라마르크의 『동물철학』이 발간된 연도이기도 하다. 더욱 흥미로운 점은 다윈이 미국의 제16대 대통령인 링컨(Abraham Lincoln)과 똑같은 날에 태어났다는 사실이다. 이런 우연의 일치 때문에 어떤 전기 작가는 다음과 같이 썼다. "링컨이 노예제도의 속박으로부터 인간의 육체를 해방시킨 것과 마찬가지로 다윈은 무지의 속박으로부터 인간의 정신을 해방시켰다."

찰스 다윈의 아버지인 로버트 다윈(Robert Darwin)은 부유한 의사였다. 어머니인 수재나 웨지우드(Susannah Wedgwood)는 유명한 도자기 업체를 설립했던 조사이어 웨지우드(Josiah Wedgwood)의 딸이었다. 과학자인 이래즈머스 다윈과 기업가인 조사이어 웨지우드가 버밍엄의 루나 협회(Lunar Society)를 통해 인연을 맺었다는 점도 주목할 만하다. 루나 협회를 통해 버밍엄 주변의 과학자, 제조업자, 의사, 법률가 등은 보름달이 뜨는 날에 모여 당대의 온갖 문제에 대해 논의하면서 결속을 다졌다. 다윈 가문과 웨지우드 가문의 결합은 루나 협회가 오랫동안 별개로 활동해 왔던 과학자와 기술자의 인적 연결이 이루어질 수 있는 매개물로 작용했다는 점을 잘 보여주고 있다.

다윈은 8살 때 어머니를 여의었고 9살 때 슈루즈버리의 사립학교에 입학했다. 그 학교는 라틴어와 그리스어를 중심으로 학생을 가르쳤으나 다윈은 공부에 별로 흥미를 느끼지 못했다. 다윈은 학교에서 주의가 산만하고 지능이 떨어지는 학생으로 여겨지기도 했다. 다윈 자신도 훗날 "내게 학교는 교육수단으로서 무의미했다."라고 회고했다. 다윈의 호기심을 자극한 것은 학교가 아니라 자연이었다. 그는 넓은 들판을 돌아다니며 사냥을 즐겼고, 여러 동물과 식물을 수집하는 데 열성을 보였다.

한번은 아버지가 참다못해 다윈을 심하게 꾸짖었다. "너는 사냥을 하고 개들과 놀고 쥐 잡는 일 이외의 다른 것에는 관심이 없구나. 그래 가지고는 자신에게나 집안에게나 망신거리밖에 되지 않겠구나." 다윈은 치욕스럽게 생각하면서도 자신의 심정을 차분하게 회고했다. "이 세상에서 가장 상냥한 사람이며 늘 아름다운 기억으로 가득한 아버지가 그런 이야기를 한 것은 화가 나서 조금 부당하게 표현한 것이라고 생각한다."

아버지는 1825년에 16살이 된 다윈을 에든버러 대학의 의학부에 입학시켰다. 당시 에든버러 대학은 네덜란드의 라이든 대학과 함께 유럽 의학의 중심지로 이름을 날렸다. 그러나 다윈은 의학에도 전혀 흥미를 느끼지 못했다. 특히 다윈은 두 번에 걸쳐 환자가 마취제 없이 수술을 받는 것을 보고는 공포에 휩싸이기도 했다. 당시의 상황에 대하여 다윈은 사후에 발간된 『자서전』에서 다음과 같이 썼다. "나는 수술이 끝나기도 전에 서둘러 나왔다. 그리고 다시는 수술 참관을 하지 않았다. 아무리 강제로 들어가라고 윽박질러도 다시는 수술을 참관하지 않을 작정이었다. 이것은 클로로포름 시대가 오기 훨씬 이전의 일이었다. 그 두 사건은 아주 오랫동안 날 괴롭히며 쫓아다녔다."

다윈은 의학 공부를 계속했지만 마음은 딴 곳에 두었다. 그는 유명한 비교해부학자이자 해양생물 전문가인 그랜트(Robert Grant) 교수의 자연사 수업을 들었으며, 동식물을 채집하고 표본을 조사하는 데 많은 시간을 보냈다. 당시에 다윈은 그랜트로부터 라마르크의 진화론도 배울 수 있었다. 다윈은 열성적인 신자는 아니었지만 기독교 신앙을 가지고 있었기 때문에 진화론을 처음 접하고서는 매우 당황했다고 한다.

다윈이 의학에 흥미를 붙이지 못하자 아버지는 의사 대신에 목사를 권유했다. 다윈은 가정교사의 도움으로 입학시험을 준비한 후 1827년에 케임브리지 대학의 신학부에 들어갔다. 다윈은 1831년에 케임브리지 대학을 졸업하긴 했지만 신학 공부를 열심히 하지는 않았다. 그는 낮에는 야외를 돌아다니면서 자연 세계의 경이로움에 빠졌

그림 4-3
딱정벌레에 관한 다윈 컬렉션
자료: Emőke Dénes, Wikimedia Commons

고, 밤에는 친구들과 술을 마시거나 카드놀이를 했다. 당시에 다윈의 가장 중요한 일은 딱정벌레를 수집하는 것이었다. 그는 딱정벌레 이외의 "어떤 것도 나에게 그렇게 큰 기쁨을 주지 못했다."고 쓰기도 했다.

케임브리지 대학에서 다윈에게 안식처로 작용한 것은 헨슬로(John S. Henslow) 교수의 식물학 수업이었다. 다윈은 헨슬로의 강의에 열심히 참여했고, 헨슬로는 다윈의 잠재력을 알아보았다. 다윈은 공식적인 강의와 별도로 진행된 헨슬로의 야외채집에도 항상 따라다녔다. 그래서 학생들은 다윈에게 '헨슬로 교수의 그림자'라는 별명을 붙여주었다. 다윈은 헨슬로와 교류하면서 당시의 유명한 과학서적을 탐독하기도 했다. 거기에는 알렉산더 훔볼트의 『남아메리카 여행기』, 존 허셜의 『자연철학 입문』, 찰스 라이엘의 『지질학 원리』 등이 포함되어 있었다.

비글호 항해가 남긴 것은?

대학을 졸업한 직후인 1831년 8월 29일에 다윈은 자신의 운명을 바꾸어 놓을 한 통의 편지를 받았다. 헨슬로가 보낸 편지였다. 헨슬로는 다윈에게 영국 해군의 조사선인 비글(Beagle)호의 세계 여행에 동행하지 않겠느냐고 제안했다. 비글호의 선장인 피츠로이(Robert FitzRoy)는 지루한 여행을 함께 할 젊은 자연사학자(박물학자)를 원했고, 헨슬로는 다윈을 적격자로 추천했던 것이다. 다윈은 아버지의 반대에도 불구하고 외삼촌의 도움으로 비글호에 오를 수 있었다. 그때가 1831년 12월 27일이었고, 비글호는 약 5년 뒤인 1836년 10월 2일에야 영국으로 돌아왔다. 다윈은 22세부터 27세까지 자신의 청춘을 비글호 항해에 바쳤던 것이다.

다윈은 비글호를 타고 여행하는 동안 계속해서 심한 뱃멀미에 시달렸다. 음식은 양도 적었고 소화도 잘 안 되는 것이었다. 견디기 어려운 추위와 더위도 빈번하게 닥쳐왔다. 늪지대를 헤쳐 나갈 때면 독충에 물려 고통을 받았고, 밀림 속에서 물이 떨어진 채 며칠을 견뎌야 하는 경우도 있었다. 비글호 항해를 하면서 다윈의 건강은 크게 나빠졌으며, 이로 인해 그는 후년에 각종 질병에 시달리게 되었다.

다윈은 남미 대륙에서 노예들의 비참한 생활도 목격했다. 노예에게 심한 욕설을 퍼붓고 때리거나 괴롭히는 광경을 목격했던 것이다. 심지어 나사못을 가지고 다니면서 여종들의 손가락을 으스러뜨리는 경우도 있었다. 다윈은 "당신의 아내와 자식들이 입찰자들에게 팔려나가

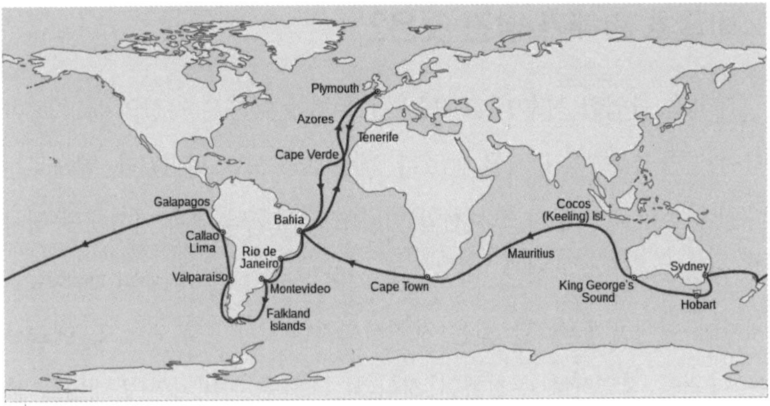

그림 4-4

비글호 항해의 경로

자료: © Sémhur, Wikimedia Commons

는 것을 상상해 보라"고 충고하기도 했다. 그는 노예제도를 야만적이라 생각했기 때문에 노예제도를 일종의 자연적 질서라고 믿었던 피츠로이와 격론을 벌였다.

비글호 항해는 다윈이 진화론을 정립하는 데 매우 가치 있는 경험을 선사했다. 다윈은 그동안 화석으로만 접했던 몇몇 동물들을 실제로 목격할 수 있었고, 같은 종이라도 지역에 따라 서로 차이가 난다는 점을 알게 되었다. 가장 중요한 관찰은 오늘날 에콰도르의 서쪽 해안에서 600마일 정도에 위치한 갈라파고스 군도에서 이루어졌다. 다윈은 겨우 수십 미터 떨어진 여러 섬들에서 다른 종류의 동물상과 식물상이 분포하고 있음을 보았다. 특별한 흥미를 끈 것은 핀치(finch)라는 새의 모양이 거주하는 섬에 따라 조금씩 달랐다는 점인데, 훗날 다윈의 후예들은 갈라파고스의 핀치에게 '다윈의 핀치'라는 별명을 붙여주기도 했다.

이러한 관찰로부터 다윈은 몇 가지 결론을 내릴 수 있었다. 우선, 종이 시간과 지역에 따라 서로 다르다는 점을 계속해서 확인했고 그

그림 4-5
다윈에게 적응의 중요성을 알려준 핀치들

것은 다윈으로 하여금 종의 진화를 사실로 받아들이게 했다. 그리고 지역에 따른 종의 차이는 진화가 주위환경에 '적응'하는 과정을 통해 일어난다는 점을 말해 주었다. 그러나 기후와 풍토가 거의 흡사한 섬들에 서로 다른 종들이 분포되어 있다는 사실은 종의 진화가 단순히 자연적 조건에 의해 기계적으로 정해지는 것은 아니라는 점을 암시했다. 비글호 항해를 마친 다윈에게 진화가 일어난다는 것은 이미 수용할 만한 사실로 자리잡았다. 문제는 진화가 어떻게 일어나는가, 즉 진화의 메커니즘이 어떠한가였다.

다윈은 비글호 항해 도중에 계속해서 연구결과를 본국에 보고했기 때문에 귀국할 즈음에는 이미 상당히 유명해져 있었다. 그는 영국의 지식인들에게 찬사를 받았으며, 1838년에 라이엘의 지지를 바탕으로 지질학회의 간사가 되었다. 자식의 장래를 걱정하던 아버지가 다윈을 인정하게 된 것도 비글호 항해 덕분이었다. 다윈의 아버지는 아들을 과학자의 길로 인도해 준 헨슬로에게 감사의 편지를 썼다.

다윈에게 1839년은 매우 특별한 해였다. 『비글호 항해기(The Voyage of the Beagle)』를 출간했고, 영국 왕립학회의 회원으로 추대되었으며, 1살 연상의 외사촌인 엠마(Emma Wedgwood)와 결혼식을 올렸던 것이다. 엠마는 다윈이 온갖 육체적·정신적 고통에도 불구하고 자신의 사상을 펼쳐나갈 수 있도록 도와주었다. 다윈은 엠마에 대하여 "이 세상 아내들 중에서 가장 훌륭하고 자상한 아내"라고 극찬한 바 있다. 그들 사이에는 10명의 아이들이 태어났는데, 그 중 3명은 일찍 세상을 떠났다.

『비글호 항해기』의 말미에 나오는 글귀도 주목할 만하다. "젊은 자

그림 4-6
다윈의 훌륭한 아내, 엠마

연사학자(박물학자)에게는 머나먼 이국으로의 여행이 스스로를 발전시킬 수 있는 가장 좋은 방법이라는 생각이 든다. … 새로운 사물을 만났을 때의 흥분과 성공할 수 있는 기회 때문에 더욱 활발히 움직이게 된다. 더구나 수많은 개별적인 사실에 대한 흥미는 금방 사라지므로, 비교하는 습관을 통해 일반화하게 된다. 반면에, 한곳에서 잠시밖에 머물지 않는 여행자의 묘사는 대개 세밀한 관찰이라기보다는 단순한 스케치에 그치고 만다. 따라서 … 지식의 크나큰 부족함을 부정확하고 피상적인 가설로 채우려는 끊임없는 경향이 생기게 된다."

진화의 메커니즘을 찾아서

다윈은 진화의 메커니즘을 찾기 위한 단서를 원예가와 동식물 사육가들의 경험에서 찾았다. 그들은 자신들이 기르는 동식물 중에서 원하는 성질을 지닌 것들만을 선택해서 번식시킴으로써 품종을 개량하는 일을 하고 있었다. 즉, 인위선택(artificial selection)을 통하여 인간의 필요에 적응하는 품종 쪽으로 종의 진화를 이루어 내었던 것이다. 다윈은 이와 같은 인위선택에 대한 유비(analogy)로 진화의 메커니즘이 자연선택(natural selection)에 있다는 점에 주목했다. 하지만 자연세계에는 인간 사회에 달리 특정한 목적에 따라 종을 선택하는 사육사가 존재하지 않는다. 이제 다윈에게는 자연세계에서 종의 선택이 어떻게 일어나는지를 설명하는 문제가 남았다.

다윈은 그 문제를 풀 수 있는 실마리를 맬서스(Thomas R. Malthus)가 1798년에 발간한 『인구론』에서 찾았다. 다윈은 1838년 10월에 맬서스의 『인구론』을 "흥미 삼아" 읽었다고 했지만, 당시에는 일반적인 지식인은 물론이고 과학자들도 정치경제사상에 상당한 관심을 기울이고 있었다. 맬서스는 인간 사회의 생존경쟁이 점점 치열해지고 있으며 이러한 환경에 잘 적응하는 사람만이 살아남는다고 주장했다. 이러한 맬서스의 주장은 다윈에게 진화의 메커니즘으로서 경쟁의 중요성을 인식할 수 있게 했다. 즉, 이와 같은 경쟁이 특정한 종의 여러 개체 중에서 환경에 잘 적응하는 성질을 가진 것만이 살아남게 하는 선택의 수단으로 작용한다는 것이었다.

더 나아가 다윈은 맬서스가 논의하고 있는 인간이라는 하나의 종

내부의 경쟁을 같은 지역 내에 존재하는 여러 종들 사이의 경쟁으로 확장했다. 즉, 생존경쟁에서 살아남은 종들은 세대를 거듭하여 진화하게 되고, 그렇지 못한 종들은 멸종하게 된다는 것이었다. 기후나 풍토 등의 자연환경이 거의 비슷한 갈라파고스 군도의 다른 섬들에서 상이한 동식물 분포가 나타나는 것도 종들 사이의 경쟁에 의해서 설명될 수 있었다. 이런 식으로 다윈은 진화의 메커니즘이 생존경쟁에 의한 자연선택에 있다는 점을 알 수 있었다.

다윈은 1830년대 말에 진화론의 핵심적 주장을 이미 완성해 놓고 있었다. 그는 1839년에 잠정적인 개요이긴 하지만 자신의 진화론을 처음 수립했다. 1842년에는 그것을 35페이지의 분량으로 정리했으며, 1844년에는 230페이지에 달하는 원고로 발전시켰다. 다윈은 1844년

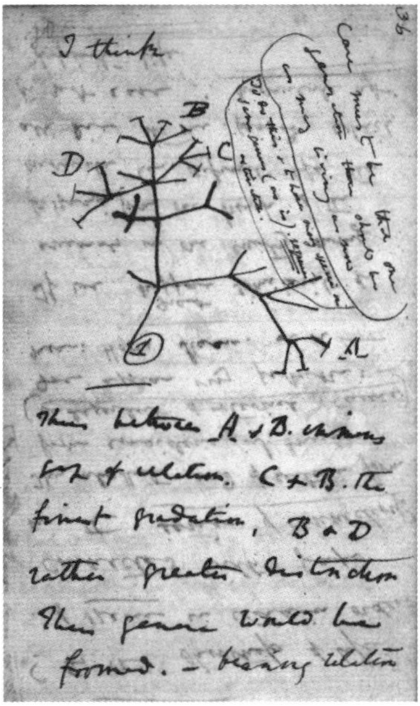

그림 4-7

진화에 대한 다윈의 첫 번째 스케치(1837년). 다윈이 가지가 나누어지는 모양을 띤 '생명의 나무(tree of life)'로 종의 진화를 이해했다는 점을 잘 보여준다.

의 원고에 "이 시론(試論)은 나에게 예기치 않은 죽음이 찾아왔을 때 출판해 달라"고 썼다.

다윈은 약 20년 동안이나 자신의 주장을 공개하기를 꺼렸으며, 후커(Joseph D. Hooker)를 비롯한 주위의 몇몇 사람에게만 알렸다. 여기에는 자신의 주장이 가진 논리상의 단점을 보완하려는 학문적 신중함과 진화론이 야기할 종교적 차원의 논쟁에 대한 두려움이 중요한 원인으로 작용했다. 특히, 1844년에 스코틀랜드 출신의 언론인이자 출판인인 챔버스(Robert Chambers)가 익명으로 발간한 『창조의 자연사의 흔적』이 큰 파문을 불러일으키면서 다윈은 논쟁의 폭풍 속으로 뛰어들려면 진화론을 더욱 세부적으로 다듬어야 한다고 생각했다. 1840년대와 1850년대에 다윈은 남아메리카의 지질 현상에 관한 논문이나 갑각류의 일종인 따개비에 관한 논문을 발표하는 한편 진화론에 대한 연구를 보완하는 작업을 추진했다.

1842년에 다윈 가족은 런던 외곽의 켄트에 있는 다운하우스(Down House)로 이사를 갔다. 다윈과 엠마는 오랫동안 행복한 결혼생활을 했지만, 이따금 다윈의 건강이 나빠지고 세 명의 아이들이 일찍 죽는 바람에 상처를 받기도 했다. 다윈은 다운하우스에서 세계 각지의 과학자들과 매우 많은 편지를 주고받았다. 필요한 자료를 의뢰하는 경우도 있었고, 풀리지 않는 질문을 제기하는 경우도 있었다. 다윈은 이러한 네트워크를 잘 활용했기 때문에 런던에 거주하지 않으면서도 많은 과학적 업적을 낼 수 있었다.

『종의 기원』을 출간하기까지

그러던 중 1858년 6월 18일에 다윈은 말레이 군도의 생태계를 조사하고 있던 월리스(Alfred R. Wallace)로부터 매우 충격적인 편지를 받았다. 월리스는 자신이 출간하려는 논문의 요지를 설명하면서 솔직한 논평을 보내달라고 요청했는데, 그 내용이 다윈의 생각과 놀랄 만큼 똑같았던 것이다. 곤혹스러운 상황에 빠진 다윈은 라이엘에게 다음과 같은 편지를 썼다. "제가 추월을 당할 것이라던 당신의 말이 글자 그대로 사실이 되어버렸습니다. … 이렇게 놀라운 우연의 일치를 본 적이 없습니다. 설사 내가 1842년에 쓴 원고를 월리스가 입수했다 해도 이보다 더 훌륭하고 간략하게 요약하지는 못했을 것입니다! … 물론 나는 [월리스의] 이 논문을 학술지에 보내라고 권하는 편지를 곧바로 쓰려고 합니다."

라이엘은 후커와 함께 중재에 나섰다. 그들은 다윈에게 우선권에 대한 문제에서 손을 떼게 하고 다윈은 그 문제를 기꺼이 그들에게 맡겼다. 라이엘과 후커는 다윈이 1844년에 자신의 이론을 정리해둔 것을 월리스의 논문과 함께 공동 출판물의 형태로 린네학회에 보내기로 했다. 결국 1858년 7월 1일에 개최된 린네 학회에는 「변종을 형성하려는 종의 경향 및 자연선택에 의한 종과 변종의 영속성에 대하여」라는 논문이 제출되었다. 저자는 다윈과 월리스였고, 전달자는 라이엘과 후커였다.

당시의 린네학회에 다윈과 월리스가 모두 참석하지 못했다는 점도 흥미로운 사실이다. 다윈은 아이가 죽는 바람에 발표장에 올 수 없었고, 윌리스는 공동 발표가 있다는 사실조차 발표 후 3일이 지나서야 듣게 되었다. 윌리스로서는 억울한 일일 수도 있었지만, 그는 아무런 불평을 하지 않았다. 오히려 "다윈 선생 같은 대가와 공동으로 논문을 발표할 수 있다는 사실만으로도 큰 기쁨"이라고 했다. 사실상 윌리스는 이전부터 다윈과 교류해 오면서 다윈을 평생의 멘토로 여기고 있었다. 윌리스는 1869년에 발간한 『말레이 제도』에서 다윈에게 헌정사를 썼으며, 1889년에 발간한 『다윈주의』를 통해 다윈에 대한 깊은 존경심을 표시했다. 후대의 역사가들은 윌리스에게 '다윈의 달(Darwin's moon)'이라는 별명을 붙여주기도 했다.

과학의 역사에는 수많은 동시발견이 있었고, 최초의 발견자가 누구인가를 둘러싸고 우선권 논쟁이 벌어지는 경우도 적지 않았다. 그런데 다윈과 윌리스의 동시발견은 별다른 우선권 논쟁 없이 매우 신사적으로 마무리될 수 있었다. 그것은 다윈과 윌리스가 같은 과학자

그림 4-8

1908년부터 린네 학회가 수여하고 있는 다윈-월리스 메달

사회에 속해 있었다는 점, 두 사람이 상대방의 권위와 기여를 인정해 주었다는 점, 몇몇 과학자들이 중개인의 역할을 지혜롭게 수행했다는 점 등이 어우러진 결과였다.

1859년 11월 24일, 드디어 다윈은 우리에게 『종의 기원(On the Origin of Species)』으로 알려져 있는 『자연선택에 의한 종의 기원, 또는 생존을 위한 투쟁에서 선호되는 종족의 보존에 관하여』라는 책자를 발간했다. 『종의 기원』의 초판은 400페이지에 달하는 방대한 서적이었으며, 출간되자마자 절찬리에 판매되었다. 처음에 1,250부를 발간했지만 금방 바닥이 나는 바람에 1860년 1월에 3,000부를 더 찍었을 정도였다. 『종의 기원』의 목차는 다음과 같다. 서론, 제1장 사육과 재배과정에서 발생하는 변이, 제2장 자연 상태에서 발생하는 변이, 제3장 생존을 위한 투쟁, 제4장 자연선택, 제5장 변이의 법칙, 제6장 학설의 난점, 제7장 본능, 제8장 잡종, 제9장 불완전한 지질학적 기록, 제10장 생명체의 지질학적 천이, 제11장 지리적 분포, 제12장 지리적 분포(제11장에 이어), 제13장 생명체의 유사성, 형태학, 발생학, 흔적기관, 제14장 요약과 결론.

『종의 기원』은 과학의 역사에서 뉴턴의 『프린키피아』나 유클리드의 『기하학 원론』에 버금가는 지위를 인정받고 있다. 흥미롭게도 1859년에는 마르크스(Karl Marx)의 『정치경제학 비판』, 밀(John S. Mill)의 『자유론』, 바그너(Richard Wagner)의 『트리스탄과 이졸데』와 같은 불멸의 고전들이 쏟아져 나온 해이기도 했다. 『종의 기원』은 1872년까지 판본을 6번이나 바꾸었는데, 1869년에 발간된 5판부터 '적자생존(survival of the fittest)'이라는 용어가 사용되었다. 또한 다윈은 줄곧 '변형을 동

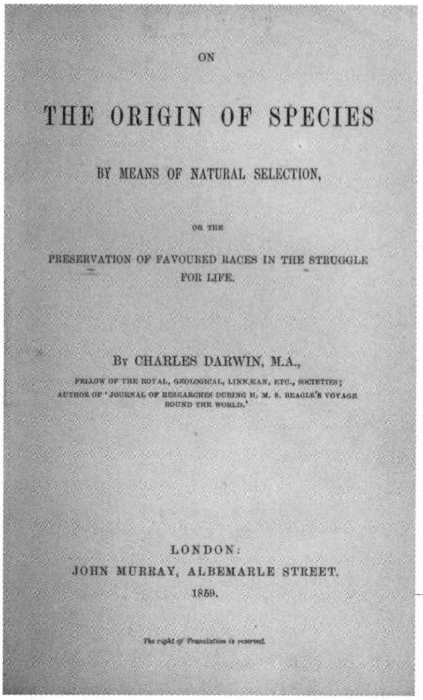

ON

THE ORIGIN OF SPECIES

BY MEANS OF NATURAL SELECTION,

OR THE

PRESERVATION OF FAVOURED RACES IN THE STRUGGLE FOR LIFE.

By CHARLES DARWIN, M.A.,

FELLOW OF THE ROYAL, GEOLOGICAL, LINNÆAN, ETC., SOCIETIES;
AUTHOR OF 'JOURNAL OF RESEARCHES DURING H. M. S. BEAGLE'S VOYAGE ROUND THE WORLD.'

LONDON:
JOHN MURRAY, ALBEMARLE STREET.
1859.

The right of Translation is reserved.

그림 4-9
1859년에 발간된 『종의 기원』의 표지

반한 계승(descent with modification)'이란 표현을 써 오다가 6판에 가서야 '진화'로 대체했다.

흥미롭게도 다윈은 『종의 기원』의 마지막 부분에서 다음과 같이 적었다. "나는 이 책에서 제시된 견해들이 진리임을 확신하지만, … 오랜 세월 동안 나의 견해와 정반대의 관점에서 보아 왔던 다수의 사실들로 머릿속이 꽉 채워진 노련한 자연사학자들이 이것을 믿어 주리라고는 전혀 기대하지 않는다. … 그러나 나는 확신을 갖고 미래를 바라본다. 편견 없이 이 문제의 양면을 모두 볼 수 있을 젊은 신진 자연사학자들에게 기대를 건다." 과학혁명이 일종의 세대교체를 수반한다는 토머스 쿤의 주장을 잘 보여주는 대목이다.

진화론의 파문

『종의 기원』은 출간과 동시에 큰 파문을 일으켰다. 종이 진화한다는 사실 자체는 당시로서는 상당히 퍼져 있었고 따라서 크게 새로울 것이 없었지만, 경쟁에 의한 자연선택이라는 진화의 메커니즘을 체계적으로 규명했다는 점이 이목을 집중시켰다. 특히 다윈은 『종의 기원』에서 종의 진화를 뒷받침하는 방대한 증거를 제시했고 그것은 다윈의 진화론에 커다란 과학적 무게를 실어주었다. 거의 20년 전부터 다윈의 주장을 알고 있었던 측근들도 『종의 기원』이 제시한 방대한 증거에 접하고 나서야 다윈의 진화론을 기꺼이 수용할 수 있었다. 다윈의 지지자였던 헉슬리(Thomas Huxley)는 1887년에 다음과 같이 썼다. “뉴턴의 『프린키피아』가 출간된 이후 자연에 관한 지식의 영역을 확장하기 위한 가장 강력한 수단은 다윈의 『종의 기원』이다.”

진화론에 대한 가장 유명한 논쟁은 1860년에 영국과학진흥협회의 모임에서 벌어졌다. 옥스퍼드 성당의 주교 윌버포스(Samuel Wilberforce)는 헉슬리에게 “당신은 원숭이를 조상으로 믿는 모양인데, 그렇다면 그 원숭이는 할아버지 쪽입니까, 아니면 할머니 쪽입니까?”라고 물었다. 이에 대해 헉슬리는 다음과 같이 응수했다. “사람이 원숭이 할아버지와 할머니를 가졌다고 해서 부끄러워해야 할 아무런 이유도 없습니다. 만약 나에게 학문적 훈련을 받은 사람으로서 무지한 군중을 오도하기 위해 자기 논리를 사용하고, 논쟁을 하는 것이 아니라 사실을 왜곡하며, 나아가 심각하고 중대한 철학적 문제를 뒷받침하기 위한 합리적 사고를 우롱하는 사람과 원숭이 중 어느 쪽을 조상으로 택하겠느냐고 묻는다면, 나는 잠시도 망설이지 않고 원숭이 쪽을 택할 것입니다." 이 논쟁을 통해 헉슬리는 다윈의 입장으로 상대방을 집요하게 물고 늘어졌다고 해서 '다윈의 불도그'라는 별명을 얻었다.

이처럼 『종의 기원』이 발간된 직후에는 진화론자와 창조론자 사이에 상당한 대립이 있었지만, 1875년경에 이르자 대부분의 지식인들은 기독교 신자이건 아니건 간에 진화가 사실임을 받아들이기 시작했다. 특히 진보적 성직자들은 성경을 글자 그대로 옹호할 필요가 없었기 때문에 진화론을 비롯한 새로운 과학을 비교적 쉽게 수용할 수 있었다. 물론 간헐적인 논쟁은 있었지만 1900년부터 진화론과 창조론의 갈등은 더 이상 중요한 문제로 다루어지지 않았다. 그것은 진화론과 같은 과학이 다루는 영역과 종교가 다루는 영역이 서로 다르다는 판

그림 4-10
1871년 3월 22일자 ≪호네트≫에 실린 다윈의 진화론에 대한 풍자화

단에 입각하고 있었다. 종교는 마음이나 양심과 같은 내적 증거를 다루며 자연의 외적 증거는 더 이상 종교의 영역이 아닌 것으로 간주되었던 셈이다.

오히려 다윈의 진화론은 종교계보다는 과학계에서 더욱 큰 문제가 되었다. 다윈의 진화론에 대한 비판 중의 하나는 화석상의 증거를 볼 때 종과 종 사이의 중간적인 형태가 발견되지 않는 경우가 많다는 데 있었다. 이에 대하여 다윈은 명확하게 설명하지 못했지만, 굴드(Stephen Jay Gould)와 같은 후대의 학자들은 종이 비교적 오랫동안 안정적인 상태에 있다가 환경의 변화에 따라 갑자기 종 분화가 이루어진다고 봄으로써 중간 형태의 결여를 설명할 수 있었다.

또 다른 비판은 잘 발달된 기관이 초기에 어떻게 형성되었는지를 설명하기 어렵다는 것이었다. 예를 들어 깃털이 잘 발달되어 있을 때에는 그것의 유용성을 쉽게 설명할 수 있지만, 깃털이 처음에 불완전한 형태로 생겨나기 시작했을 때에는 오히려 깃털의 존재가 자연선택에 불리하게 작용한다는 것이다. 이에 대해 다윈은 깃털이 처음 생겼을 때에는 체온 조절과 같은 기능을 했을 것이며, 이후에 다른 용도가 우연하게 발견되었을 것이라고 설명했다.

과학적 측면에서 가장 큰 문제는 변이가 어떻게 계승되는가 하는 유전의 문제였다. 다윈은 『종의 기원』에서 변이를 일으킬 수 있는 요인 중의 하나로 라마르크의 용불용설을 꼽았다. 아직 유전의 법칙이나 유전자의 존재가 알려지지 않았던 상태에서 다윈으로서도 변이가 어떻게 생기는지를 달리 설명할 도리가 없었던 것이다. 특히 다윈이 1868년의 『사육 동식물의 변이』에서 제시한 판제너시스(pangenesis) 가설은 분명히 획득형질의 유전을 지지하고 있었다. 그 가설은 각 체세포에 퍼져 있는 제뮬(gemmule)이 체세포에서 떨어져 나가 정소나 난소에 모여 생식세포를 형성한다는 것으로서 체세포가 획득한 형질이 생식세포를 통해 유전된다는 의미를 함축하고 있었다.

그러나 다윈과 라마르크의 진화론은 여전히 커다란 차이를 가지고 있었다. 가장 큰 차이점은 라마르크가 생물은 하등한 것에서 고등한 것으로 일방적인 진화를 보인다는 목적론적 주장을 폈다는 데 있다. 이에 반해 다윈은 진화의 방향은 자연선택에 의해 결정될 뿐이며 나무에서 가지가 뻗어나가는 것처럼 하나의 공통 조상에서 여러 종이 진화되어 나간다고 생각했다. 비유적으로 말하자면, 진화론의 모형이 사다리 모형에서 나무 모형으로 바뀐 것이다. 이로써 우리는 침팬지, 고릴라, 오랑우탄이 아무리 시간이 지나도 인간이 될 수 없다는 사실을 명확히 이해하게 되었으며, 가지의 끝에 있는 모든 종들은 자신의 서식지에서 잘 적응한 성공적인 존재들이라는 점을 인식할 수 있게 되었다.

다윈의 생물학적 진화론이 나온 시기에 스펜서(Herbert Spencer)는 사회진화론(social Darwinism)을 제창하여 주목을 받았다. 스펜서는 모든 사회가 한 방향으로 진보하며 동일한 발전 단계를 거친다고 주장했다. 사회진화론은 서구 사회가 가장 진보한 사회임을 주장함으로써 이후에 제국주의나 인종주의를 정당화하는 논거로 활용되기도 했다. 당시에는 다윈의 진화론이 사회진화론과 종종 혼동되기도 했지만 사실상 두 이론은 상당한 차이점을 가지고 있다. 다윈이 제창한 진화론은 정해진 방향으로 진화한다는 목적론적 진화론이 아니었고, 다윈은 자신의 이론이 인간 사회에 그대로 적용될 수 있다고 생각하지도 않았다.

사회진화론의 분위기 속에서 등장한 학문으로는 우생학(eugenics)을 들 수 있다. 우생학의 아버지로는 다윈의 외사촌인 골턴(Francis Galton)이 꼽힌다. 골턴은 1869년에 『유전적 천재』라는 글에서 유전적으로 우수한 남녀들끼리 계속 짝을 이루면 천재적인 인간이 태어날 수 있을 것으로 예상했다. 그는 1883년에 '우생학'이란 용어를 사용하면서 우생학을 두 종류로 구분했다. 좋은 형질의 유전을 극대화하는 긍정적 우생학(positive eugenics)과 나쁜 형질의 유전을 최소화하는 부정적 우생학(negative eugenics)이었다. 부정적 우생학이 창궐한 국가로는 미국과 독일을 들 수 있다. 미국에서는 1907년에 인디애나 주가 불임법(sterilization act)을 제정하는 것을 시작으로 정신병자, 범죄자, 기

그림 4-11

1938년 독일의 우생학 포스터. "유전병으로 고통받는 이 사람을 평생 치료하기 위해 국가의 돈 6만 마르크가 쓰입니다. 동지여 바로 당신의 돈입니다."

자료: 홀로코스트 백과사전

형아 등에게 강제불임시술이 시행되었다. 독일에서는 아리안 족이 강인하고 우월하다는 인종우생학이 유행했는데, 이러한 주장은 히틀러의 나치즘에도 녹아들었다. 그 결과 1945년까지 독일에서는 무려 30만 명의 사람들이 불임시술을 받았으며, 수백만 명의 유대인과 정신질환자들이 살해당했다. 우생학은 '좋은 탄생(good in birth)'이란 어원을 가졌지만 실제로는 나쁜 과학(bad science)이 되었던 셈이다.

대단한 열정의 소유자

다윈은 『종의 기원』을 출간한 이후에도 책을 무려 10권이나 더 냈을 정도로 대단한 열정을 가지고 있었다. 그 중에서 유명한 것으로는 1871년에 발간된 『인간의 유래와 성선택』과 1872년에 발간된 『인간과 동물의 감정 표현』을 들 수 있다. 두 책은 『종의 기원』과 함께 '다윈 3부작'으로 평가되기도 한다.

다윈은 『인간의 유래와 성선택』에서 인류의 진화 문제와 성선택(sexual selection)의 의미에 대해 다루었다. 그는 인류가 현존하는 영장류에서 진화한 것이 아니라 과거의 영장류 조상으로부터 진화했다는 사실을 밝혔다. 성선택에 대해서는 짝짓기를 위한 경쟁이 생존을 위한 경쟁만큼이나 중요하다는 점을 설명했다. 생존경쟁에서 살아남았다 하더라도 짝짓기를 제대로 하지 못한다면 진화의 측면에서는 실패라는 것이었다. 이를 통해 다윈은 오랫동안 자신을 괴롭혀 왔던 소위 '공작새의 날개'에 대한 문제를 해결할 수 있었다.

『인간과 동물의 감정 표현』에서 다윈은 인간과 동물의 감정 표현이 어떻게 진화했는지에 대해 면밀히 검토했다. 그는 침팬지와 인간의 웃음, 찡그림, 화냄, 분노 등과 같은 감정 표들이 어떻게 서로 닮았고 다른지를 상세히 비교하기도 했다. 그 책은 당시의 첨단기술인 사진을 과학적 논의에 폭넓게 사용한 것으로 유명하며, 최근에 많이 논의되고 있는 진화심리학을 선구적으로 논의한 것에 해당한다.

다윈은 1882년 4월 19일에 73세의 일기로 세상을 떠났다. 『비글호 항해기』를 쓸 당시에는 유신론자였지만 나중에는 불가지론자가 되었다. 특히 다윈은 자신이 아끼던 딸 앤이 10살의 나이로 1851년에 세상을 떠나자 신의 존재에 강한 의문을 품었다. 그럼에도 불구하고 다윈은 기독교 의식으로 웨스트민스터 사원에 묻힐 수 있었다. 그것은 진화론에 대한 종교적 논쟁이 일단락되었음을 상징하는 사건이었다.

1884년 2월 11일에 ≪한성순보≫는 다윈의 진화론을 소개하는 기사를 실었다. 그 기사에서 다윈은 '달이온(達爾溫)'으로, 진화론은 '순화설(醇化設)'로 표기되었다. 1908년에는 ≪태극학보≫에 장응진이 『진

그림 4-12
다윈이 『인간과 동물의 감정 표현』에서 공포와 고통을 표현하기 위해 사용한 사진

화학상(進化學上) 생존경쟁의 법칙』이란 글을 썼는데, 이를 전후하여 진화는 생존경쟁과 약육강식을 상징하는 개념으로 간주되었다. 이어 1934년에는 김용관을 비롯한 식민지 조선의 지식인들이 다윈의 기일인 4월 19일을 '과학데이'로 정하면서 과학으로 조선을 부흥시키자는 과학운동을 대대적으로 벌였다.

다윈의 약점으로 남아 있던 유전의 문제는 멘델(Gregor Johann Mendel)과 모건(Thomas Hunt Morgan)에 의해 해결되기 시작했다. 멘델이 1866년에 완두콩 실험을 통해 정립한 유전의 법칙은 1900년에 재발견되었고, 1915년에는 모건이 초파리 실험을 통해 염색체가 유전정보를 전달한다는 사실을 입증했던 것이다. 처음에는 유전학의 성과들이 다윈의 진화론과 대립하는 입장에 놓여 있었지만, 1930년대에는 근대적 종합(modern synthesis)을 내세우며 등장한 신(新)다윈주의(Neo-Darwinism)가 진화론과 유전학을 통합하기에 이르렀다.

신다윈주의의 대표자로는 피셔(Ronald Fisher), 도브잔스키(Theodosius Dobzhansky), 마이어(Ernst Mayr) 등을 들 수 있다. 그들은 적응도에서 미세한 차이를 보이는 변이들이라 하더라도 그것들이 여러 세대를 거치면서 선택될 때에는 결국 매우 이질적인 것들로 변할 수 있다는 사실을 통계적 방법으로 보여주었다. 신다윈주의자들은 다윈과 달리 획득형질의 유전을 거부하고 유전자의 변화만이 자손에게 물려진다고 본다. 그러나 가장 중요한 진화의 원동력은 역시 자연선택에서 찾고 있기 때문에 다윈의 진화론에서 핵심적인 부분은 그대로 계승하고 있다.

그러던 중 진화론과 창조론이 정면으로 충돌하는 사건이 1925년 미국의 테네시 주에서 터졌다. 개신교 근본주의자들이 장악하고 있던 테네시 주의회는 1925년 3월에 공립학교에서 진화론 교육을 금지한다는 '버틀러 법'을 통과시켰다. 이에 대응하여 센트럴 고등학교의 생물 교사 스콥스(John Scopes)는 미국시민자유연맹(American Civil Liberties Union)과 연합하여 불복종 운동을 전개했다. 1925년 5월에는 스콥스가 진화론을 가르친다는 죄목으로 고발되었고, 7월에는 일명 '원숭이 재판'으로 불린 스콥스 재판이 데이턴에서 열렸다. 재판 중에 원고 측의 변호인인 브라이언(William J. Bryan)은 성경에 설명할 수 없는 부분이 있다는 점을 시인하는 자기모순을 범하고 말았지만, 배심원들은 스콥스에게 100달러의 벌금형을 부과하는 판결을 내렸다. 피고 측 변호인은 즉각 항소했고 2년 뒤에 테네시 주 대법원은 무죄를 선고했다. 이후에도 진화론은 미국 교육계의 뜨거운 감자가 되었으며, 1968년에 미국 연방대법원은 진화론에 반대하는 법률이 정치와 종교를 분리하는 헌법에 어긋난다고 판결했다.

1996년에는 당시의 교황이던 요한 바오로 2세는 기독교와 진화론이 상충되지 않는다고 선언함으로써 잔잔한 파문을 일으켰다. "오늘날 새로운 지식은 진화론을 하나의 가설 이상으로 인정하도록 하고 있다. … 서로 독자적으로 이루어진 작업의 결과가 수렴되는 것은 그 자체가 이 이론을 지지하는 의미심장한 증거이다. … 생명의 기원에 관해 과학적으로 도달된 결론들과 계시가 담고 있는 결론들이 서로 상충하는 것처럼 보이지만 결국 진리는 진리와 모순되지 않는다는 것을 우리는 알고 있다. … 진화의 이론들에는 유물론적이고 환원주의적인 해석도 있고 영적인 해석도 있다. … 영(靈)이 생명체의 힘으로부터 출현한다고 보거나 또는 이 생명체의 부수 현상이라고 보는 진화 이론들은 인간에 관한 진리와 양립할 수 없다."

5장 백신을 개발한 프랑스 과학자

루이 파스퇴르

루이 파스퇴르(Louis Pasteur, 1822~1895)는 '미생물학의 아버지'로 불리는 프랑스 국적의 저명한 과학자이다. 우리나라에서는 어떤 유제품 회사가 요구르트(요거트)와 우유의 이름에 사용하면서 대중적으로 널리 알려졌다. 그것은 부패성 식품에 사용되는 저온살균법의 공식 명칭이 파스퇴르화 공정 혹은 파스퇴르법

그림 5-1
미생물학을 개척한 루이 파스퇴르

(pasteurization process)이기 때문이다. 또한 파스퇴르는 "과학에는 국경이 없지만 과학자에게는 국적이 있다(If science has no country, the scientist should have one)."라는 명언을 남겼다. 그의 이름은 1888년에 설립되어 세계적인 미생물 연구기관으로 성장한 파스퇴르 연구소(Institut Pasteur)에도 남아 있다.

학습 속도가 느린 까닭

파스퇴르는 1822년에 스위스 접경지역에 있는 프랑스의 돌에서 태어났다. 아버지는 나폴레옹의 군대에서 하사관으로 복무하다 고향으로 돌아와 동물의 껍질로 가죽을 만드는 조그만 공장을 차렸다. 할아버지와 증조할아버지도 역시 무두장이였다. 무두질은 매우 힘들고 더럽고 냄새나는 작업이었기 때문에 파스퇴르의 부모는 자식이 가업을 잇는 것을 원치 않았다. 파스퇴르의 부모는 여건이 허락되는 한 외아들에게 최고의 교육을 시키고자 했다. 파스퇴르 가족은 1827년에 포도주로 유명한 아르부아로 이사를 했다.

파스퇴르는 9세가 되던 1831년에 초등학교에 들어갔다. 초등학교 시절에 그의 성적은 그다지 좋지 못했다. 당시에 파스퇴르가 좋아했던 것은 낚시와 미술이었다. 특히 그는 주변 사람들의 초상화를 잘 그렸는데, 부모님을 그린 초상화는 지금도 파스퇴르 연구소에 보관되어 있다. 1887년에 파스퇴르의 초상화를 그렸던 핀란드의 화가 알베르트 에델펠트(Albert Edelfelt)는 다음과 같이 말했다. "만약 파스퇴르가 과학 대신 예술을 선택했더라면 프랑스는 오늘날 뛰어난 화가를 한 명

더 가지게 되었을 것이라 확신합니다."

파스퇴르는 중등학교 시절에도 열심히 공부했지만 다른 급우들보다 배우는 속도가 느렸다. 그의 잠재력을 알아본 사람은 교장선생님이었다. 교장선생님은 파스퇴르가 문제를 정확하게 따져보기 때문에 학습 속도가 느리다는 점을 알아차렸다. 교장선생님은 파스퇴르에게 파리의 고등사범학교인 에콜 노르말 쉬페리외르(École normale supérieure, ENS)에 진학하라고 권했다. 아버지는 아들의 입시 준비를 위해 파리에 있는 기숙학교로 보냈다. 그러나 파스퇴르는 대도시의 생활에 적응하지 못하고 6주 만에 아르부아로 돌아왔다.

파스퇴르는 17세가 되던 1839년에 브장송 대학에 진학했다. 그는 조교를 하면서 학업을 이어갔다. 과학 성적은 중상위권이었지만 다른 과목의 성적은 하위에 머물렀다. 1842년에는 브장송 대학을 졸업한 후 에콜 노르말의 입학시험을 봤는데, 정원 22명 중에 15위를 차지했다. 파스퇴르는 이러한 성적에 만족하지 못했는지 합격 통지를 거절하고 말았다. 대신에 그는 파리에 있는 '리쎄 상 루이(Lycée Saint-Louis)'라는 입시전문학교에서 1년 더 공부했다. 파스퇴르는 거기서 두각을 드러내기 시작하여 졸업 때에는 우등상을 받았다.

그림 5-2

에콜 노르말 쉬페리외르의 로고

자료: Wiki revolution, Wikimedia Commons

파스퇴르는 입시전문학교에 다니는 동안 프랑스의 유명한 화학자로 당시 소르본 대학의 교수이던 뒤마(Jean-Baptiste Dumas)의 강의를 들을 수 있었다. 파스퇴르는 뒤마의 강의에 대해 다음과 같이 기록했다. "나는 뛰어난 화학자 뒤마의 강의에 출석하고 있다. 이 강의에 얼마나 많은 사람들이 모였는지 상상할 수 없을 정도이다. 넓은 강의실은 600~700명으로 항상 만원이다. 좋은 자리를 차지하기 위해서는 마치 극장처럼 30분 전에 도착하지 않으면 안 된다. 뒤마의 강의는 언제나 박수갈채를 받았다."

입체화학의 길을 열다

파스퇴르는 19살이 되던 1843년에 4위의 성적으로 에콜 노르말에 입학했다. 에콜 노르말에서 학업 성적은 중간 정도에 불과했지만 과학 실험에는 매우 성실한 자세를 보였다. 과학 실험을 할 때에는 매우 강한 집중력을 보여 '실험실 벌레'라는 별명을 얻기도 했다. 파스퇴르는 에콜 노르말을 다니면서도 뒤마의 강의를 찾아 들었고, 뒤마는 파스퇴르에게 훌륭한 과학자가 되라고 격려했다. 유명한 과학저술가 아이작 아시모프(Isaac Asimov)는 이렇게 썼다. "뒤마도 중요한 과학자였지만 그의 제자 파스퇴르는 훨씬 더 위대한 과학자였다. 뒤마의 과학 인생에서 가장 중요한 업적은 파스퇴르가 그의 길을 제대로 갈 수 있도록 이끈 것이었다."

파스퇴르는 1845년 여름에 이학 석사학위를 받은 후 1846년부터 중등교사의 길을 걷기 시작했다. 그러던 중 에콜 노르말의 바랄

(Antoine Jérôme Balard) 교수가 파스퇴르에게 실험조교를 부탁했다. 파스퇴르는 모교로 돌아와 바랄과 함께 결정학에 관해 연구했다. 파스퇴르는 1847년 말에는 화학과 물리학에 관한 두 편의 논문을 제출하여 박사학위를 받았다. 1848년 2월 혁명이 일어나자 자유 수호를 위한 재단에 가입하여 군주제 폐지 운동에 참여하기도 했다.

1848년에 파스퇴르는 디잔 중등학교의 교사로 잠깐 근무한 후 스트라스부르 대학의 화학 교수가 되었다. 당시에 파스퇴르는 타르타르산과 라세미산의 결정을 조사했는데, 그것은 입체화학(stereochemistry)의 시초가 된 위대한 발견으로 이어졌다. 타르타르산의 반면상은 모두 같은 방향인데 반해 라세미산의 경우에는 어떤 것은 오른쪽에, 어떤 것은 왼쪽에 반면상이 나타났고, 좌선성(左旋性) 물질과 우선성 물질을 같은 비율로 혼합하면 편광 현상이 나타나지 않았다. 그때까지 라세미산은 편광성이 없는 것으로 알려졌으나 파스퇴르는 라세미산이 좌선성 물질과 우선성 물질로 이루어져 있음을 밝혀냈던 것이다. 그것은 분자의 물성이 구성 성분뿐만 아니라 구조에 의해서도 영향을 받는다는 점을 의미했다.

파스퇴르의 연구결과는 곧 파리의 과학계로 퍼져나갔다. 당시 프랑

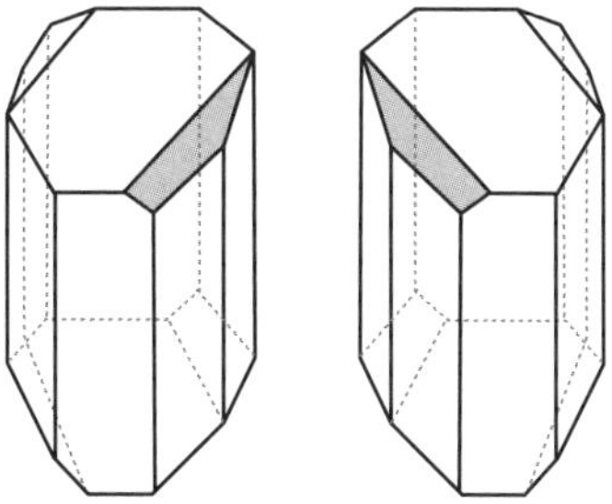

그림 5-3
입체화학의 출발점이 된 라세미산의 결정 구조

스 과학계의 거물인 비오(Jean Baptiste Biot)는 파스퇴르를 불렀다. "비오가 나를 불러 그가 보는 앞에서 여러 가지 실험을 반복하게 했다. … 그가 보는 앞에서 나는 우선성 및 좌선성 결정을 한데 모아 결정학적 특징에 따라 그것들을 분리하였다. … 이것이 끝나자 그는 나머지 것들은 직접 하겠다고 말했다. … 두 개의 절반 영역에 색깔이 나타나자 비오는 거기에 강력한 좌측 회전이 있음을 인식하였다. 그리고 나서 그 걸출한 노인은 큰 동작으로 다가와 내 손을 잡고 말했다. 자랑스러운 [프랑스의] 아들아, 과학을 너무도 사랑하는 내게 발견은 정말로 심장을 벌떡벌떡 뛰게 하는구나."

1849년에 들어와 파스퇴르는 또 다른 연구에 몰두했다. 그것은 스트라스부르 대학 총장의 딸인 마리 로랑(Marie Roran)에 대한 연구였다. 파스퇴르는 마리의 아버지, 어머니, 그리고 마리 본인에게 절절한 구혼의 편지를 보냈고, 결국 5월 29일에 결혼식을 올릴 수 있었다. 마리는 파스퇴르에게 최고의 아내였다. 그녀는 남편의 학문에 대한 열정을 깊이 이해했으며 남편이 연구를 하고 글을 쓰는 것을 적극적으로 도왔다. 두 사람은 슬하에 5명의 자녀를 두었는데, 안타깝게도 2명만이 성인이 될 때까지 살아남았다. 그 시절 사람들은 아직까지 전염병을 어떻게 예방해야 하는지를 몰랐던 것이다.

결정학에서 미생물학으로

파스퇴르는 1854년에 신설된 릴 대학에 초빙되어 자연과학부 학장으로 부임했다. 32세의 젊은 나이로 학장이 된 것은 이례적인 일이었다. 그는 과학의 가치를 주제로 한 대중 연설에서 “과학이야말로 인간에게 최악으로 여겨지는 문제들도 해결할 수 있다는 희망을 일깨워준다.”고 말했다. 또한 그는 새로운 도약이 언제 일어날지 아는 것은 불가능하며 많은 과학적 발견에서 행운이 중요한 역할을 한다는 점을 인정했다. 파스퇴르는 좋은 과학자라면 항상 자신의 눈을 열어놓고 있어야 한다고 역설하면서 “관찰의 세계에서 기회는 준비된 마음만이 잡을 수 있다(In the field of observation, chance favors only the prepared mind).”고 결론지었다.

릴 대학 시절에 파스퇴르는 자신의 관심사를 결정학에서 미생물학으로 바꾸었으며, 상아탑에만 머물지 않고 실용적인 문제에도 깊은 관심을 기울였다. 한번은 양조업자가 사탕무에서 만든 알코올에 결함이 생기는 이유를 물어왔다. 같은 맥아즙에서 두 가지 시료를 채취하여 따로따로 발효시키면 때때로 전혀 다른 생성물이 생긴다는 것은 이전부터 알려져 왔다. 파스퇴르는 현미경으로 발효액을 관찰하여 작은 효모균이 존재하는 것을 확인했고 효모의 품종이 다르면 생성물도 달라진다는 점을 밝혔다. 그는 1857년에 발표한 『젖산 발표에 관한 보고』에서 발효가 미생물의 작용 때문에 일어나는 현상이라고 결론지었다.

1857년에 파스퇴르는 모교인 에콜 노르말로 자리를 옮긴 후 그곳에서 평생을 보냈다. 파스퇴르가 에콜 노르말에서 본격적으로 연구한 첫 번째 주제는 자연발생설(spontaneous generation)에 관한 것이었다. 푸셰(Félix Pouchet)를 비롯한 당시의 몇몇 과학자들은 생명체가 생명이 없는 물질에서 자연적으로 발생한다고 믿었다. 이에 반해 파스퇴르는 부패나 발효에 관련된 미생물이 썩고 있는 물질에서 저절로 생기는 것이 아니라 공기 속의 먼지를 통해 묻어 왔다고 생각했다. 1860년에 프랑스의 과학아카데미는 훌륭한 실험을 통해 자연발생설의 문제에 새로운 빛을 비춘 사람에게 현상금을 주겠다고 발표했다.

파스퇴르는 공기가 깨끗할수록 더 적은 수의 미생물이 포함되어 있을 것이라는 가설을 세웠다. 이를 검증하기 위해 그는 20개의 플라스크를 아르부아 지방 근교에서 공기에 노출시키고 20개의 다른 플라스크는 몽블랑 산꼭대기의 차가운 공기에 노출시킨 다음, 플라스크들을 모두 밀봉해 연구실로 가져와서 배양했다. 그 결과 아르부아에서 노출시킨 20개의 플라스크 중 8개에서 미생물이 번식해 플라스크가 흐려졌으나, 산꼭대기에서 노출시킨 것에서는 단 1개에만 미생물이 번식했다. 그러나 몇몇 사람들은 파스퇴르의 실험에 대하여 공기 중에 떠다니는 생명체가 있는 것이 아니라 공기 중에 생명을 일으키는 구성요소가 있을 것이라고 반박했다. 그들은 플라스크를 가열하면 플라스크 안에 있던 공기가 가진 생명력이 사라진다고 생각했다.

파스퇴르는 미생물이 배양배지에서 저절로 생기는 것이 아니라 기존에 존재하던 미생물의 번식으로 생긴다는 것을 증명하기 위해 백조의 목처럼 가늘고 길게 구부러진 관을 단 플라스크를 사용했다. 그 플라스크는 독특한 형태로 설계되었는데, 공기는 들어갈 수 있으나 먼지입자는 플라스크의 아랫부분까지 도달할 수 없었다. 파스퇴르는 이미 존재하고 있던 모든 미생물이 죽도록 플라스크와 그 안에 든 액체를 충분히 가열한 후 플라스크를 방치했다. 그 결과는 자연발생설을 옹호하는 사람들의 예상과 달리 미생물이 배양되지 않는 것으로 나타났다. 이어 파스퇴르는 플라스크를 기울여 멸균된 고기 수프가 플라스크의 구부러진 부분에 닿게 했는데, 그러자 곧 미생물의 성장이 일어났다.

이를 통해 파스퇴르는 아무리 작은 미생물이라도 저절로 생겨나지 않는다는 사실을 주장할 수 있었다. 그는 1861년에 발간한 『자연발생설에 대한 검토』에서 아리스토텔레스 이후에 지속되어 온 자연발생설에 일격을 가하면서 발효가 미생물의 증식 때문에 생기는 현상이라는

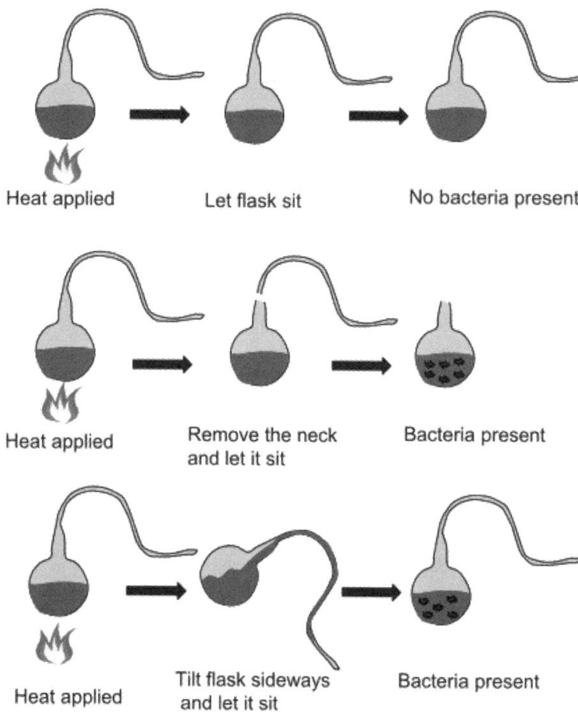

그림 5-4

파스퇴르의 백조목 플라스크(swan-neck flasks) 실험에 대한 개념도

자료: Kgerow16, Wikimedia Commons

사실을 입증했다. 19세기 후반에는 자연발생설이 점차적으로 과학계에서 자취를 감추었고, 파스퇴르가 제창한 생물속생설(biogenesis)이 지배적인 견해로 자리 잡게 되었다.

그러나 20세기의 몇몇 학자들은 파스퇴르가 자연발생설을 충실히 반박했는지에 대해 의문을 제기했다. 당시에는 무균 실험장치가 불가능하여 세균에 의해 오염된 상태와 그렇지 않은 상태를 엄밀하게 구분할 수 없었다. 푸셰와 파스퇴르가 실험에서 사용한 영양 배양물이 동일하지 않았다는 점에도 주목해야 한다. 푸셰는 풀죽을, 파스퇴르는 누룩을 사용했는데, 누룩이 발효하면서 생성되는 세균은 고열을 견디지 못하지만 풀죽에 담긴 세균은 상당한 고열을 견뎌낼 수 있다. 게다가 파스퇴르는 풀죽으로 실험을 한 후 만족할 만한 결과를 얻지 못하자 이를 은폐하는 모습까지 보였다.

이런 상황에서 파스퇴르가 푸셰와의 논쟁에서 승리할 수 있었던 이유는 무엇일까? 당시 프랑스 과학계에서는 진화론에 반대하는 과학자들이 우세를 보이고 있었는데, 그들은 자연발생설이 진화론의 근거가 된다고 간주했다. 이에 따라 프랑스 과학계는 진화론과 자연발생설을 중요하게 여겼던 푸셰보다 진화론에 반대했던 파스퇴르를 적극적으로 지지했다. 사실상 두 사람의 논쟁을 판정하기 위해 설치된 과학아카데미의 위원회도 이미 자연발생설에 부정적인 인물들로 구성되었다.

조국을 위한 실용적 연구

파스퇴르의 다음 연구주제는 포도주에 관한 것이었다. 당시에 프랑스의 양조업자들은 포도주가 시어지는 현상으로 인해 1년에 수백만 달러의 손해를 입고 있었다. 그중에는 파스퇴르의 어릴 적 친구들도 있었는데, 그들은 아르부아에 포도주 저장실을 가지고 있었다. 이를 활용하여 변질된 포도주를 세밀히 조사한 결과, 파스퇴르는 발효액에 있는 세균이 알코올을 젖산으로 변하게 한다는 점을 알아냈다. 계속해서 그는 포도주의 질은 손상시키지 않고 세균만 죽이는 방법을 탐구했다. 여러 종류의 살균제를 써 보았으나 원했던 효과를 얻지 못했다.

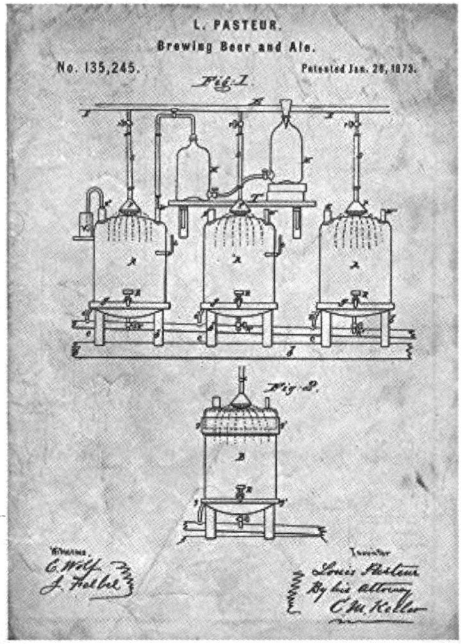

그림 5-5
저온살균법에 관한 파스퇴르의 특허(1873년)

파스퇴르는 1863년에 온도를 달리하여 포도주를 가열하는 실험을 하면서 엄청난 사실을 발견했다. 포도주를 섭씨 55도로 가열하면 포도주의 질은 보존되면서 세균의 독성은 파괴되었던 것이다. 이것은 오늘날 광범위하게 사용되는 저온살균법의 시초에 해당하며, 포도주나 맥주와 같은 발효주뿐만 아니라 우유나 크림과 같은 부패성 식품에 널리 적용되고 있다. 파스퇴르가 저온살균법에 대한 특허를 모든 사람들이 사용할 수 있도록 내놓았다는 점도 주목할 만하다.

1864년에 파스퇴르는 농업부와 과학아카데미의 위촉을 받아 누에의 병을 연구하게 되었다. 누에가 원인모를 질병으로 죽어감에 따라 당시 프랑스의 생사업계는 몰락의 위기에 직면했고 농민들의 불평은 점점 거세졌다. 누에 병을 연구하는 동안 파스퇴르는 감당하기 힘든 어려움을 이겨냈다. 그는 농민들이 비아냥거리는 것을 참아야 했고 셋째 아이의 죽음을 지켜보아야 했으며 마비성 뇌졸중으로 쓰러지기도 했다. 그럼에도 그는 결국 누에 병의 원인이 되는 두 가지 세균을 분리하는 데 성공했다. 파스퇴르의 처방은 널리 활용되어 기대 이상의 성과를 거두었고 농민들은 파스퇴르의 동상을 세워 감사의 뜻을 전했다.

파스퇴르는 애국자였다. 1870년에 독일군이 프랑스를 침공했을 때 그는 48세의 나이로 민병대에 지원하면서 "과학에는 국경이 없지만 과학자에게는 국적이 있다."는 말을 남겼다. 파스퇴르는 마비증세 때문에 실격을 당하고 말았는데, 자신의 의지를 보여주기 위해 다른 방법을 찾아 나섰다. 1871년 1월, 그는 3년 전에 독일의 본 대학으로부터 받았던 명예 의학박사학위를 반납했다. "요즘에 학위 증서를 보는 것은 나에게 진실로 혐오감을 느끼게 한다. 나의 조국을 증오하고 있는 빌헬름 황제의 명령에 따라 과학자에게 수여되는 칭호를 받는 사람들 중에 나의 이름이 들어 있는 것은 참으로 불쾌하다. … 귀 대학의 기록에서 내 이름을 삭제할 것을 요청하며, 이 학위를 되돌려 보내니 받아들여주기 바란다."

프로이센-프랑스 전쟁(보불전쟁)은 프랑스의 패배로 끝났다. 파스퇴르는 우수한 과학연구체제를 보유한 독일이 승리하고 과학정책이 빈곤한 프랑스가 패배한 것은 당연한 일이라고 생각했다. 그는 1871년 7월에 『프랑스 과학에 대한 성찰』이라는 소책자를 작성했다. 그는 프랑스의 과학연구가 얼마나 열악한 조건에서 수행되고 있는가를 폭로한 후 이에 대한 해결책으로 과학연구에 대한 지원의 강화, 젊은 연구자의 육성, 지방 대학의 발전 등을 제시했다.

1867년 9월 5일에 파스퇴르가 나폴레옹 3세에게 보낸 편지도 주목할 만하다. "폐하! 저의 연구는 농업과 의학에서 실제적인 활용법을 찾기 시작한 생리화학 분야에 새로운 비전을 제시하였습니다. 그러나 이 분야는 크나큰 투자를 필요로 합니다. 제가 바라는 바는 연구에 필요한 시설이나 재료가 계속해서 활발히 공급되는 것입니다. 안심하고 전염성 질병을 연구할 수 있도록 옆방이 딸린 보다 큰 실험실을 원합니다. … 감히 바라옵건대 폐하, 저의 사업계획을 승인해 주시지 않으시렵니까?" 나폴레옹 3세는 파스퇴르의 요청을 즉시 수락하고 새로운 실험실을 짓도록 지시했다.

일반화된 백신의 원리

파스퇴르는 프랑스 과학의 진흥에 관여하면서도 자신의 연구를 게을리 하지 않았다. 포도주의 발효와 누에 전염병의 문제를 연구하면서 그는 한 가지 중요한 원칙을 발견했다. 각종 질병은 해로운 미생물 혹은 세균 때문에 발생한다는 것이었다. 1873년 여름에 파스퇴르는 이러한 원칙을 확인할 수 있는 기회를 맞이할 수 있었다. 당시에 양계장에서 콜레라가 유행하여 닭 100마리 중에서 90마리가 죽는 바람에 농민들은 깊은 근심에 빠졌다. 파스퇴르는 병에 걸린 수평아리의 피에서 닭 콜레라균을 채취하여 인공적으로 배양함으로써 병의 원인을 밝힐 수 있었다.

얼마 후 파스퇴르는 비슷한 실험을 실시했는데 이번에는 따로 콜레라균을 배양하지 않고 먼저 쓰다 남은 것을 사용했다. 그러나 암탉이 죽으리라는 예상과 달리 암탉은 약간 아픈듯하다가 곧 원래의 상태로 회복되었다. 여기서 그는 제너(Edward Jenner)의 우두법에 관한 원리가 다른 감염에도 적용된다고 생각한 후 이를 확인하기 위한 실험에 착수했다. 며칠 간격을 두고 배양균을 암탉에게 주입한 결과, 배양균이 오래될수록 죽는 암탉의 수는 점점 줄어들고 마지막에는 암탉이 가벼운 병에만 걸린 후 곧 회복되었다. 또 다른 실험에서 그는 닭 콜레라 면역의 가능성을 타진했다. 그는 암탉에게 오래된 배양균을 주입하여 면역을 얻게 한 다음 새로 만든 맹독의 균을 주입했다. 예상대로 암탉은 죽지 않고 살아남았다.

이처럼 파스퇴르의 실험은 제너의 업적에서 비롯되었고, 이러한 점을 감안하여 파스퇴르는 가벼운 병을 일으키고 면역을 얻게 하는 배양균을 '백신(vaccine)'이라고 불렀다. 제너는 천연두를 예방하기 위해서 암소의 고름을 사용했는데, 백신의 어원인 배카(vacca)는 라틴어로 암소를 지칭하는 것이었다. 그러나 파스퇴르의 업적이 우두법의 복사판이라고 할 수는 없다. 제너는 천연두라는 단 하나의 병을 막는 백신만을 발견한 데 반해 파스퇴르는 백신의 원리를 일반화하고 다른 전염병의 예방에도 확장시켰던 것이다. 파스퇴르도 이러한 점을 잘 알고 있었다. "저는 제너 선생이 천연두에서 할 수 없었던 일을 하나 해냈습니다. 동물을 죽이는 미생물과 죽음에서 지켜내는 미생물이 동일하다는 것을 알아낸 겁니다."

파스퇴르와 비슷한 시기에 전염병 예방에 크게 기여한 사람은 독일의 코흐(Robert Koch, 1843~1910)였다. 그는 1882년에 결핵균을, 1883년에 콜레라균을 발견하는 데 성공했으며, 1884년에는 오늘날 세균학의 가장 기초적인 원리가 되는 '코흐의 공리(Koch's postulates)'를 정식화했다. 코흐의 공리에 따르면, 특정한 세균이 특정한 질병을 일으킨다는 사실을 증명하기 위해서는 다음과 같은 네 가지 단계가 필요하다. 첫째, 문제시되는 질병의 모든 경우에 그 세균이 발견되어야 한다. 둘째, 그 세균을 실험실에서 배양할 수 있어야 한다. 셋째, 배양한 그 세균을 실험동물에 투입했을 때 똑같은 질병이 생겨야 한다. 넷째, 그 병에 걸린 실험동물에서 다시 그 세균을 분리할 수 있어야 한다.

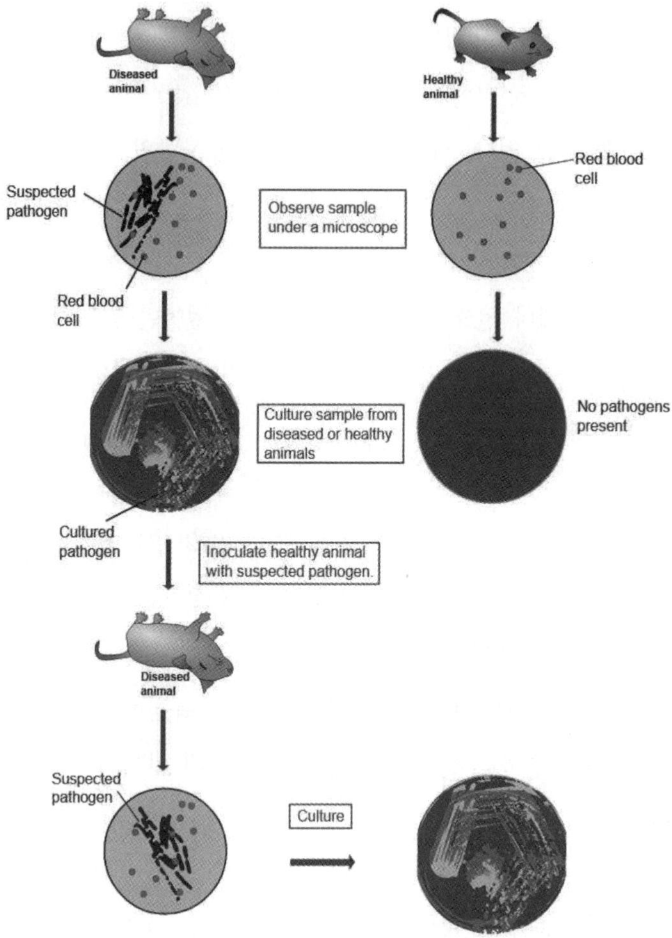

그림 5-6

코흐의 공리에 대한 개념도

자료: mike jones, Wikimedia Commons

프랑스의 파스퇴르화?

1873년부터 1881년까지 파스퇴르는 탄저병을 연구했다. 당시에 프랑스에서는 탄저병이 발생하여 양과 소들이 떼죽음을 당했다. 탄저병의 원인이 되는 세균은 이미 1850년에 죽은 양의 피에서 발견된 바 있었다. 파스퇴르는 실험을 통해 그 세균이 실제로 탄저병의 원인이었음을 밝혔고 더 나아가 탄저병을 예방할 수 있는 백신을 개발하는 데 성공했다. 흥미롭게도 1881년에 파스퇴르는 푸이 르포르의 농장에서 탄저병 백신의 유용성을 검증하기 위한 실험을 공개적으로 실시했다. 그 결과 백신을 접종한 양과 소는 모두 건강했지만 그렇지 않은 경우에는 발열 상태를 보이거나 죽어버리고 말았다. 이제는 파스퇴르가

그림 5-7

파스퇴르가 푸이 르포르 농장에서 공개 실험을 하는 광경(1881년)

잘난 척한다고 비웃으며 비난했던 사람들도 새로운 백신의 놀라운 효과를 부인하기 어렵게 되었다.

파스퇴르의 공개 실험 이후 2년 동안 10만 마리에 달하는 동물이 접종을 받았고, 그 가운데 탄저병으로 죽은 것은 단지 650마리에 불과했다. 이에 반해 접종을 받지 않았던 시기에는 매년 10만 마리당 약 9천 마리가 탄저병으로 죽었다. 1892년까지 탄저병 백신을 접종한 동물의 수는 300만 마리를 넘어섰다. 파스퇴르의 탄저병 백신이 가져온 경제적 효과에 대해서는 다음과 같은 추산이 있다. "파스퇴르의 방법으로 얻어진 프랑스 농업이 절약한 금액은 적어도 면양의 경우 500만 프랑, 소와 그 밖의 뿔 달린 가축의 경우에 대해서는 200만 프랑이었다."

파스퇴르의 탄저병 백신에 대해 유명한 과학기술학자인 라투르(Bruno Latour)는 1988년에 출간한 『프랑스의 파스퇴르화(The Pasteurization of France)』에서 독특한 해석을 내린 바 있다. 라투르는 파스퇴르가 세균에 대한 자신의 이론을 프랑스 전역에 확장시킨 사건은 단순히 세균에 대한 연구를 열심히 수행한 것만으로는 설명될 수 없다고 주장했다. 파스퇴르의 이론이 수용되고 백신이 만들어지고 접종이 실시되는 과정에서는 프랑스 사회를 일종의 실험실로 만들고 다양한 차원의 사람, 집단, 생명체, 사물 등을 동원하여 효과적인 행위자-연결망(actor-network)을 구성하는 작업이 필수적이었다는 것이다. 특히, 라투르는 과학의 생산, 전파, 발전 과정을 이해하기 위해서는 관련된 과학자나 이해집단과 같은 인간 행위자(human actors)뿐만 아니라 병원균이나 교통수단과 같은 비(非)인간 행위자(non-human actors)도 동일한 비중으로 다루어야 한다고 역설했다.

파스퇴르는 탄저병에 대한 대책을 세우기 위해 농촌으로 나가 현장 연구를 하지 않았다. 파스퇴르가 한 일은 소들이 자유롭게 풀을 뜯는 들판에서 탄저병을 적절한 방식으로 채집하여 잘 통제된 자신의 실험실로 '번역(translation)'해 들여오는 것에서 시작되었다. 그리고 다양한 분석기법을 사용하여 탄저병의 특징을 추출해 냄으로써 그 병을 통제 가능한 상태, 즉 백신의 형태로 만들 수 있는 방법을 알아냈다. 그런 다음에야 파스퇴르는 다시 소들과 축산업자들에게로 돌아갔는데, 그때 파스퇴르는 자신이 만든 통제된 탄저병을 플라스크에 안전하게 담아 프랑스 전역에 퍼뜨릴 준비가 되어 있었다.

파스퇴르는 자신의 이론과 플라스크가 제대로 작동하기 위해서는 프랑스의 농촌을 자신의 잘 통제된 실험실과 비슷해지도록 변화시켜야 한다는 점을 잘 알고 있었다. 놀라운 기능을 수행하는 인공물일수록 그것이 제 기능을 발휘하기 위해서는 상대적으로 까다로운 작동환경을 보장해 주어야 하는 것이다. 이와 함께 파스퇴르는 프랑스 농촌의 변화를 실현하기 위해 인상적인 행사와 정치적인 수완을 발휘하여 수많은 이해집단들을 적극적으로 설득해 나갔다. 이처럼 파스퇴르는 탄저균과 축산업자를 비롯한 다양한 행위자들을 동원하면서 과학적 지식이 적절히 작동할 수 있는 일종의 연합체를 만들어 냄으로써 프랑스를 '파스퇴르화'시키는 데 성공할 수 있었던 것이다.

라투르에게 실험실은 지렛대와 같은 추축점(樞軸點)의 역할을 하는 것이었다. 이와 관련하여 그는 1983년에 「나에게 실험실을 달라, 그러면 세상을 들어 올리리라」라는 논문을 출간하기도 했다. 라투르는 오늘날 과학의 막강한 힘이 실험실에서 비롯되고 있다고 진단했다. 세상을 바꾸는 전략적 장소가 중세 사회에서는 성당이었고, 근대 사회에서는 공장이었다면, 현대 사회에서는 실험실이라는 것이다. 이와 동시에 그는 실험실이 다른 사회적 공간과 달리 비인간 행위자로 가득 차 있다는 점에 주목했다. 다시 말해서 라투르는 실험실에서 구성되는 인간 행위자와 비인간 행위자의 동맹이 오늘날 과학의 핵심적인 특징이며, 그것이 과학을 다른 활동과 구별해 주는 기준이 된다고 보고 있다. 라투르는 이와 같은 실험실의 기원을 파스퇴르의 사례에서 찾고 있는 셈이다.

위험을 무릅쓴 과학자의 인간적 승리

탄저병 다음의 연구주제는 광견병이었다. 파스퇴르는 수많은 실험 끝에 광견병이 감염되는 것은 그 병에 걸린 짐승에게 물릴 때 침을 통해 전염되기 때문이고, 상처를 통해 들어온 광견병이 환자의 뇌를 공격한다는 점을 알아냈다. 파스퇴르는 광견병에 걸린 짐승의 뇌를 건조시킨 뒤 그것을 가루로 만들어 용액에 녹인 후 그 용액 속의 병원체를 약화시켜 개에게 주사했다. 그러한 시도는 개에게 효력이 있는 광견병 백신을 개발하는 것으로 이어졌다.

광견병을 연구하던 도중 파스퇴르는 자신의 일생에서 가장 극적인 사건들을 경험했다. 그는 미친개의 침을 건강한 토끼의 몸에 접종하는 실험을 했는데, 한번은 몸집이 큰 불도그가 사납게 으르렁거릴 뿐 토끼를 물려고 하지 않았다. 그러자 그는 개를 탁자에 단단히 맨 후 개의 입 가까이로 몸을 굽혔다. 파스퇴르의 목숨이 위태로웠던 순간이었다. 그러나 그는 죽음의 위험에 직면한 사실을 잊은 듯이 매우 침착하게 개의 침을 시험관에 받아냈다.

이와 같은 실험을 한 지 두 달이 가기도 전에 파스퇴르에게는 또 한 번의 위험스러운 과제가 다가왔다. 1885년 7월에 조제프 마이스터(Joseph Meister)라는 소년이 미친개에게 물렸는데, 그의 어머니가 파스퇴르에게 치료를 부탁했던 것이었다. 파스퇴르는 주저했다. 자신의 치료법이 성공하리라고 어떻게 장담할 수 있을까? 개에게는 효력이 있지만 인간에게도 효력이 있으라는 보장이 있는가? 백신을 접종하는 것이 환자의 목숨을 구하기는커녕 더 지독한 균을 몸에 넣어 주는 결과가 되지는 않을까? … 파스퇴르는 모험을 택하기로 결심했다. 마지막 접종을 하던 날 밤은 파스퇴르에게 잠을 이룰 수 없는 공포의 밤이었다. 그러나 한 달이 지나도 소년의 병은 재발하지 않았다. 위험을 무릅쓴 과학자의 인간적 승리였던 것이다.

1885년 10월에 파스퇴르는 한 통의 편지를 받았다. 장 바티스트 쥐필(Jean Baptiste Jupille)라는 양치기 소년의 용감한 행동을 담은 편지였다. 수상한 걸음걸이를 하는 사나운 개가 아이들에게 접근했는데, 쥐필은 그 개가 미쳤다는 것을 알아보고 채찍으로 개를 막았다. 미친개는 돌진해서 쥐필의 왼쪽 손을 물었고, 격렬한 싸움 끝에 쥐필은 채찍으로 개의 주둥이를 묶을 수 있었다. 그러나 그동안 미친개는 쥐필을 대여섯 차례 깊게 물었다. 이 소식을 들은 파스퇴르는 팔을 걷고 나섰다. 쥐필은 미친개에게 물린 후 6일이 지나서 파리에 도착했다. 소년이 도착하자마자 파스퇴르는 점차적으로 백신의 독성을 높이는 실험을

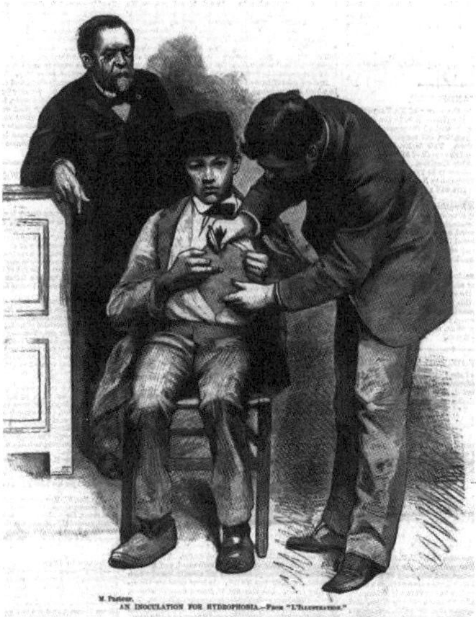

그림 5-8
파스퇴르가 지켜보는 가운데 백신 치료를 받고 있는 쥐필

실시했다. 상황은 급박하게 돌아갔지만, 한 달이 지난 후에는 위험한 고비를 넘길 수 있었다.

파스퇴르의 문지기

파스퇴르에게는 여러 가지 상들이 쏟아져 들어왔고, 그에 대한 재정적 지원도 증가했다. 파스퇴르가 백신 연구소를 설립하는 계획을 발표하자 귀족에서 상인, 학생에 이르기까지 수천 명이 돈을 기증했다. 그 결과 1888년 11월에는 파스퇴르 연구소가 파리에서 문을 열 수 있게 되었다. 파스퇴르는 노구를 이끌고 죽을 때까지 그 연구소의 소장으로 일했다.

1892년에 파스퇴르는 70세 생일을 맞이했다. 그는 소르본 대학에

그림 5-9

파스퇴르 연구소의 전경

자료: Lamiot, Wikimedia Commons

서 대통령의 팔에 의지해 다리를 절뚝거리며 연단에 서서 학생들을 향해 외쳤다. “아무 쓸모없는 회의론에 빠져 여러분 자신을 더럽히지 마십시오. … 실험실과 도서관의 고요한 평화 속에 사십시오. 먼저 여러분 자신에게 물으십시오. ‘배움을 위해 나는 무엇을 했는가?’ 그리고 여러분이 점차 성장하면서 ‘배움을 위해 나는 무엇을 했는가?’라고 물으십시오. 여러분이 어떤 방식으로든 인류의 발전과 복지에 기여했다고 생각하면서 무한한 행복을 느낄 때까지.”

그로부터 3년 뒤인 1895년에 파스퇴르는 전신마비로 세상을 떠났다. 파스퇴르의 라이벌이자 세균학의 창시자로 불리는 코흐가 1905년 노벨 생리의학상을 받았다는 점에 비추어 볼 때, 파스퇴르가 좀 더 오래 살았더라면 노벨상 수상의 영광을 누렸을지도 모른다. 파스퇴르의 장례식은 수많은 사람이 결집한 가운데 베르사유 궁전에서 대규모로 진행되었다. 그의 시신은 파스퇴르 연구소의 지하에 묻혔으며, 현재 연구소의 일부는 그를 기념하는 박물관으로 활용되고 있다.

파스퇴르 연구소는 이후에 세계적으로 확장되어 30여 개의 거점을 확보하고 있다. 연구소는 1907년 라브랑(Charles Louis Laveran)을 시작으로 2008년 바레-시누시(Francoise Barre-Sinoussi)에 이르기까지 모두 9명의 노벨상 수상자를 배출했다. 광견병 백신을 최초로 접종받았던 마이스터는 제2차 세계대전 중에 독일이 프랑스를 점령할 때까지 45년간 파스퇴르 연구소의 문지기로 근무했다. 전해오는 이야기에 따르면, 마이스터는 1942년에 파스퇴르의 무덤을 열라는 독일 장교의 명령을 따르지 않고 자살을 선택했다고 한다.

연구소가 설립되기 직전인 1888년 6월에 파스퇴르는 다음과 같이 말했다. "새로운 과학이 탄생했습니다. 그것은 독성이 있는 전염병에 대한 우리의 지식에 진정한 혁명을 가져왔습니다." 사실상 19세기 마지막 20년 동안에는 거의 해마다 중요한 감염성 질환의 비밀이 풀렸고, 인류 사회는 역사상 처음으로 전염병의 원인과 경로를 올바르게 이해할 수 있었다. 『왜 하필이면 세균이었을까』를 쓴 월러(John Waller)는 파스퇴르의 발언을 바탕으로 '세균혁명'이란 개념을 사용했다. 세균혁명 덕분에 수술은 거의 완벽한 멸균 상태에서 진행되었고, 주요 상수도원은 염소로 소독되었으며, 유제품은 저온으로 살균되어 유통되었다. 세균의 위협은 일반 대중에게도 큰 영향을 미쳤는데, 그 중에는 히스테리에 가까운 반응도 있었다. 키스와 같은 신체적 접촉이나 옷과 이불을 함께 쓰는 일이 금기시되었으며, 성찬식에서 잔을 돌리는 것도 위험한 행위로 간주되었다.

1890년대에는 일부 질병이 세균보다 더 작은 병원체를 가지고 있다는 점도 밝혀졌다. 담배로 인한 전염병에 해당하는 모자이크병이 그 대표적인 예이다. 1892년에 러시아의 식물학자인 이바노프스키(Dmitri Ivanovsky)는 모자이크병에서 얻는 액체를 필터를 통해 걸러낸 뒤에도 그 액체를 건강한 담배에 묻혀주면 병에 걸린다는 점을 밝혔다. 이로부터 6년 뒤인 1898년에는 네덜란드의 미생물학자인 베이예링크(Martinus Beijerinck)가 이바노프스키와 비슷한 실험을 하면서 문제의 병원체를 '바이러스'로 칭했다. 그 후에는 천연두, 홍역, 광견병, 출혈열, 소아마비 등도 바이러스에 의한 질병으로 확인되었다.

파스퇴르에 대한 다양한 평가

파스퇴르를 평가하는 시선은 다채롭다. 『천재들의 과학노트』의 저자인 캐서린 쿨렌(Katherine Cullen)은 파스퇴르에 대해 다음과 같이 썼다. "파스퇴르는 자기가 공부했던 물리학과 화학 분야에 국한하지 않고 자신을 그저 '과학자'로 인식했다. 또한 관찰과 과거의 자료로부터 실험에 관한 가설을 세우는 것이 주어진 분야의 모든 정보를 아는 것보다 중요하다는 사실을 잘 알고 있었다. 그는 자신이 연구하고 있는 주제에 대한 세부사항은 언제든 찾아볼 수 있다는 것을 알고 있었고, 날카로운 직감과 감히 필적할 수 없는 추진력을 가진 실험가였다. 그래서 그는 살아 있는 동안에도 신화적인 존재가 될 수 있었다."

1986년에 파스퇴르에 대한 전기를 발간했던 르네 뒤보(René Dubos)는 다음과 같이 평가했다. "파스퇴르가 살았던 19세기 후반은 실험과학의 발견이 대규모의 실제적인 응용으로 바뀌고 있을 때였다. 19세기를 살아가는 한 사람으로서 그는 자신의 연구를 눈에 보이는 구체적인 결과를 이끌어내는 데 집중시켰다. 파스퇴르는 매우 생산적인 사람으로 이론을 기술로 바꾸는 데 탁월한 능력을 가졌다. 거의 무의식적으로 생물학과 생화학에서 알려진 사실을 발효와 질병에 관한 독창적인 개념으로 합성해 냄으로써 그는 사회에서 긴박하게 필요로 하는 것들을 새로운 과학으로 만들어냈다."

이와 관련하여 미국의 과학정책에 오랫동안 관여했던 스토크스(Donald E. Stokes)는 1997년에 『파스퇴르 쿼드런트(Pasteur's Quadrant)』라는 요상한 제목의 책을 발간했다. 스토크스는 연구를 수행하는 동기로 원천적 이해의 추구를 한 축에 놓고 사용에 대한 고려를 다른 한 축에 놓은 후, 연구 활동의 유형을 순수기초연구(pure basic research), 사용을 고려한 기초연구(use-inspired basic research), 응용연구(applied research)로 구분했다. 이를 바탕으로 그는 각 사분면의 영역에 해당하는 연구자 혹은 과학자의 유형을 보어형, 파스퇴르형, 에디슨형으로 칭하고 있다. 보어형은 아직까지 확실히 밝혀지지 않은 현상을 규명하는 것을 추구하고, 에디슨형의 주된 연구 목적은 실생활의 문제를 해결하는 데 있는 반면, 파스퇴르형의 경우에는 이해의 폭을 확장함과 동시에 실제적 사용도 염두에 두고 연구를 수행한다.

1995년에 『루이 파스퇴르의 사적 과학(The Private Science of Louis Pasteur)』을 발간한 과학사학자 제럴드 기슨(Gerald Geison)은 파스퇴르에 대해 비판적 입장을 보이고 있다. 기슨에 따르면, 파스퇴르가 1881년에 푸이 르포르에서 극적인 시연을 한 것은 투생(Jean Joseph Toussaint)이라는 수의사를 상대로 한 경쟁심 때문이었다. 투생은 파스퇴르처럼 탄저병 백신에 도전했으며, 파스퇴르보다 앞선 1880년에 병

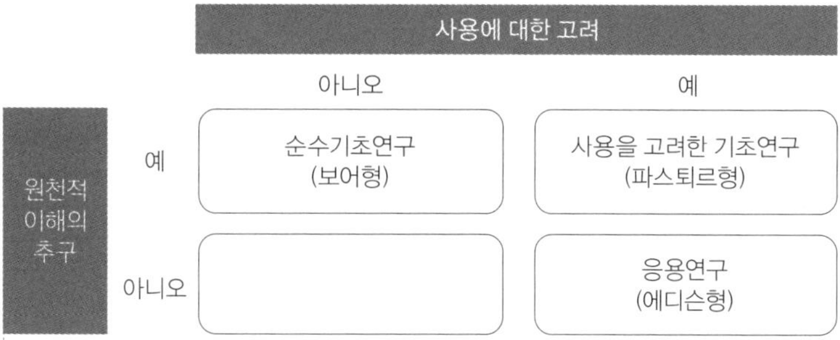

그림 5-10

연구 활동의 유형에 관한 스토크스의 분류

균을 화학약품으로 처리해 독성을 없앤 백신을 만들었다. 하지만 파스퇴르는 이러한 방법으로는 제대로 된 백신을 만들 수 없고 세균을 공기 중에 오랫동안 노출시켜 약화시키는 방법을 사용해야 한다고 비판했다. 푸이 르포르의 시연이 성공적으로 마무리되자 사람들은 투생이 틀렸고 파스퇴르가 옳다고 믿게 되었다. 그런데 당시에 파스퇴르는 세균을 공기에 노출시키는 방법이 아니라 사실은 투생과 같이 화학약품으로 처리하는 방법을 사용했다. 자신이 주장한 방법은 아직 미완성이었기 때문에 경쟁자의 방법을 채택하되 투생이 사용한 것과는 다른 약품을 쓴 것뿐이었다.

기슨은 파스퇴르의 광견병 백신에 대해서도 비판적인 견해를 피력했다. 파스퇴르와 함께 광견병 백신을 개발했던 에밀 루(Emile Roux)는 추가적인 실험이 필요하다고 주장했지만, 파스퇴르는 사람을 대상으로 한 실험을 재촉했다. 루의 반대에도 아랑곳하지 않고 파스퇴르는 마이스터와 쥐필에게 광견병 백신을 주사했던 것이다. 기슨의 분석에 따르면, 두 소년을 물었던 개들이 광견병에 걸렸다는 증거가 없었다. 만약 광견병에 걸린 개가 아니라면 멀쩡한 아이에게 백신을 주사한 셈이고, 개가 광견병에 걸렸더라도 백신에 부작용이 있었다면 아이의 상태가 더 위험해질 수도 있었다. 파스퇴르에게는 다행스럽게도 광견병 백신 접종이 성공적으로 마무리되었지만, 그는 아직 연구가 덜 된 백신을 사람에게 직접 사용하는 비윤리적인 행보를 보였던 셈이다. 이와 같은 기슨의 비판적 평가에 대해 페루츠(Max Perutz, 1962년 노벨 화학상 수상자)를 포함한 몇몇 과학자들은 불편한 심기를 드러내 보이기도 했다.

6장

발명왕을 보는 다양한 시선

토머스 에디슨

토머스 에디슨(Thomas Alva Edison, 1847~1931)은 우리에게 매우 친숙한 인물로 여러 이미지가 떠오른다. 달걀을 품었던 호기심 많은 소년, 초등학교를 중퇴한 철도 급사, 며칠 동안 밤샘을 할 정도로 발명에 몰입했던 사람, 떠돌이 기술자에서 대기업 경영진으로 자수성가한 인물 등이 그것이다. 그가 남긴 명언으로는

그림 6-1
전기의 시대를 연 발명왕 에디슨

"천재는 1%의 영감과 99%의 노력(Genius is one percent inspiration and ninety–nine percent perspiration)"이 있다. 이 말의 진정한 의미가 무엇인지를 놓고 많은 논쟁이 벌어지기도 했는데, 그 의미는 99퍼센트의 노력 끝에 1퍼센트의 영감이 찾아온다는 것으로 풀이할 수 있다.

에디슨은 미국에서 1,093개의 특허를 받았고, 다른 나라에서 1,239개의 특허를 받았던 것으로 집계되고 있다. 그의 미국 특허에 대한 기록은 2007년에야 깨졌다. 이처럼 에디슨이 오랫동안 특허 수에서 세계 1위를 차지했기 때문에 그에게는 줄곧 '발명왕'이란 칭호가 따라붙는다. 양적인 면뿐만 아니라 질적인 면에서도 에디슨의 발명은 중요하다. 그의 대표적인 발명품인 백열등, 축음기, 영화 등은 오늘날 과학기술문명을 여는 데 중요한 역할을 담당했다.

문제아에서 전신기술자로

에디슨은 1847년 2월 11일에 미국 오하이오 주의 밀란에서 일곱 남매 중 막내로 태어났다. 아버지 새뮤얼(Samuel Ogden Edison Jr.)은 손재주가 좋은 목수이자 농부였고 어머니 낸시(Nancy Matthews Elliott)는 이전에 교사로 활동한 바 있었다. 어린 시절에 에디슨은 상상력이 매우 풍부하고 기발한 호기심을 가졌던 것으로 전해진다. 달걀을 품어 병아리를 만들려고 했다는 일화 이외에도 숱한 이야기가 에디슨과 결부되어 있다. 한번은 에디슨이 양곡기가 너무 궁금해서 가까이 갔다가 그 속으로 떨어지는 바람에 죽을 뻔했다고 한다. 하늘을 날 수 있게 해주는 알약을 만들어 친구에게 먹게 했으나 그 친구는 하늘을 날기는커녕 며칠 동안 배가 아파 고생했다는 이야기도 있다.

에디슨이 7살이 되었을 때, 그의 가족은 미시건 주 포트휴런으로 이사를 갔다. 그곳에서 에디슨은 정규 교육을 받기 시작했지만, 그에게 틀에 박힌 학교 교육은 별다른 의미가 없었다. 그는 수업 시간에 선생님의 말씀은 듣지 않고 갖은 공상의 나래를 펴면서 노트에다 이상한 기계를 그리곤 했다. 에디슨의 학교 성적은 밑바닥을 헤맸고 그에게는 말썽꾸러기 혹은 문제아라는 낙인이 찍혔다. 에디슨의 출석률은 점점 낮아졌으며, 결국 그는 학교를 그만두고 말았다. 실제 에디슨이 학교에 열심히 출석한 기간은 3개월 정도에 지나지 않았다고 한다.

이러한 모습으로 인해 어린 시절의 에디슨은 오늘날 교육심리학에서 말하는 ADHD(attention deficient hyperactivity disorder) 아동, 즉 주의력이 결핍되어 있고 과잉 행동을 하는 장애를 가진 아동으로 평가되기도 한다. 호기심이 왕성했지만 이상한 행동이 많았고 집단생활에 잘 적응하지 못했으며 정서불안의 증세를 보였던 것이다.

정규 교육을 제대로 받지 못한 에디슨에게는 가정교육이 매우 중요한 역할을 담당했다. 에디슨의 어머니는 시간적 여유를 가지고 읽기, 말하기, 셈하기를 가르쳤다. 또한 아들이 흥미를 느끼는 분야를 중심으로 공부를 시키면서 그 범위를 점차 확장시켜 나갔다. 훗날 에디슨은 어머니에 대해 다음과 같이 회고했다. "어떤 일이 있어도 전폭적으로 나를 지원해 준 어머니가 계셨기에 지금의 내가 있다. 다른 사람은 몰라도 어머니만은 있는 그대로의 나를 이해해 주셨다. 아무리 괴로워도 어머니를 기쁘게 해드리고 싶었기 때문에 계속 노력할 수 있었다. 모든 것은 어머니 덕분이다."

특히 에디슨의 어머니는 아들에게 독서에 대한 애정을 키워주었다. 에드워드 기번의 『로마제국 흥망사』와 데이비드 흄의 『영국사』를 비롯한 역사책을 건네주었고, 셰익스피어에서 디킨스에 이르는 고전문학 작품을 함께 읽었다. 9살 때 에디슨은 파커(Richard Parker)의 『자연과학과 실험과학 입문』이라는 청소년용 도서를 읽으면서 과학에 깊은 관심을 가지게 되었다. "자연 속에는 새로운 발견을 기다리는 신기한 일들이 우리가 상상할 수 없을 만큼 많다."는 파커의 말을 마음속에 깊이 새겼다. 에디슨은 파커가 책에서 설명된 실험들을 직접 실행해보면서 과학 분야의 책들을 집중적으로 찾아 읽었다. 10살 때 에디슨은 부모님의 허락을 받아 지하실에 자신만의 연구실을 차렸고 대부분의 시간을 과학 실험으로 보냈다.

에디슨은 12살이 되던 1859년에 그랜드 트렁크 철도회사의 급사가 되었다. 당시에 그가 한 일은 포트휴런과 디트로이트를 왕복으로 운행하는 열차에서 신문과 음식물을 파는 것이었다. 열차는 오전 7시에 포트휴런을 출발하여 10시에 디트로이트에 도착했고, 다시 오후 6시에 디트로이트에서 출발했다. 에디슨은 열차의 짐칸 중 하나가 항상 비어 있다는 것을 발견하고는 그곳에서 실험을 하는 것이 좋겠다고 생각했다. 그는 차장의 허락을 얻은 뒤 실험실을 만들어 틈틈이 화학에 관한 실험을 했다. 또한 디트로이트에서 정차하는 시간을 활용하기 위해 시립도서관의 회원으로 등록해 독서를 즐겼다. 1861년부터 미국에서 남북전쟁이 진행되면서 전쟁의 소식을 담은 신문이 불티나게 팔리자 에디슨은 헌 인쇄기를 구입한 후 ≪위클리 헤럴드≫라는 신문을 제작하여 상당한 수입을 올리기도 했다.

그림 6-2

포트휴런의 철로 인근에 설치되어 있는 젊은 에디슨의 동상
자료: Highsmith, C. M., photographer., 2019

에디슨이 만든 신문의 인기가 점점 좋아지고 있을 때 열차 안 실험실에서 화재 사고가 발생했다. 차장의 수습으로 불은 곧 꺼졌지만 차장은 에디슨의 실험용 기기와 약품을 모두 밖으로 던져버렸다. 이에 대하여 당시에 차장이 에디슨의 따귀를 심하게 때리는 바람에 에디슨에게 청각 장애가 생겼다는 얘기도 전해진다. 그러나 에디슨은 선천적으로 반고리관에 장애가 있었다. 게다가 어릴 때 여러 번 심한 감기에 걸려 만성적인 기관지염을 앓았다. 이것이 귀에도 영향을 미쳐 차츰 귀가 들리지 않게 되었던 것이다.

1862년 어느 날, 에디슨은 탈선한 열차에 치일 뻔했던 한 남자아이를 구해주었다. 그 아이의 아버지는 마운트 클레멘스 역의 역장인 맥킨지(James MacKenzie)였다. 그 일로 에디슨에게 좋은 인상을 갖게 된 맥킨지는 에디슨에게 5개월 동안 전신기술을 가르쳐 주었다. 당시에 맥킨지는 다른 소년에게도 전신기술을 가르치고 있었기 때문에 에디슨과 그 소년은 서로 전신을 주고받는 연습도 할 수 있었다. 에디슨은 자신의 실력이 향상되자 스스로 전신기를 만든 후 친구에게 전신기술을 가르치기도 했다.

에디슨은 1863년부터 미국의 남부 및 중서부 지역을 떠돌아다니며 전신 분야의 견습 기사로 활동했다. 당시에 에디슨은 해당 지역의 도서관을 정기적으로 드나들면서 다양한 분야의 책을 섭렵했다. 과학과 기술에 관한 서적에는 『화학분석의 기초』, 『정량화학의 분석』, 『전기학 실험연구』, 『전신』 등이 있었고, 정치사상이나 경제사상에 대한 서적에는 페인(Thomas Paine)의 『이성의 시대』, 우어(Andrew Ure)의 『예술, 제조업, 광산』 등이 있었다. 훗날 에디슨은 청소년 시절의 독서에 대해 다음과 같이 말했다. "나는 책꽂이 바닥에서 첫 책을 집어든 다음, 그 책꽂이에 있는 책을 한 권씩 읽어 나갔다. 몇 권만 읽은 것이 아니다. 도서관을 통째로 읽었다."

1866년에 에디슨이 켄터키 주 루이스빌 전신국에서 일할 때였다. 그는 많은 시간을 자신이 좋아하던 독서와 실험에 할애하기 위해 야간 근무를 자청했다. 어느 날 밤, 에디슨은 근무 시간에 실험을 하던 중에 전지용 염산이 들어 있는 용기를 떨어뜨렸다. 염산이 바닥을 타고 들어가 상사의 책상 밑까지 흐르면서 카펫과 가구를 못 쓰게 만들었다. 다음 날 아침, 상사는 "회사에는 실험하는 사람이 아니라 전신 기사가 필요하다."고 다그쳤다. 에디슨은 곧바로 해고되었다. 그 후 에디슨은 새로운 기회를 찾아 브라질로 떠날 생각도 했다. 그러나 알고 지내던 사람이 브라질로 가다가 황열병에 걸렸다는 소식을 듣고 마음을 바꾸었다.

전업 발명가의 길

에디슨은 21세가 되던 1868년에 보스턴으로 향했다. 미국의 대표적인 전신회사인 웨스턴 유니온 전신(Western Union Telegraph)에서 정규 일자리를 얻었던 것이다. 당시에 에디슨은 자신의 업무를 수행하면서 패러데이(Michael Faraday)의 『전기와 자기에 대한 실험적 연구』 세 권을 열심히 섭렵했다. 가난한 제본공에서 출발하여 위대한 과학자로 성장한 패러데이는 에디슨의 영웅이 되기에 부족함이 없었다. 이와 함께 에디슨은 전등과 가스등에 대한 잡지와 책자를 구해 탐독하기도 했다.

웨스턴 유니온에서 1년 동안 근무한 뒤 에디슨은 회사를 사직하면서 '전업 발명가(full-time inventor)'의 길을 걷겠다고 선언했다. 1869년 6월에 에디슨은 웨스턴 유니온 시절에 개발했던 전기투표기록기로 자신의 첫 번째 특허를 받았다. 전기투표기록기는 투표자가 찬성 혹은 반대의 버튼을 누르면 투표결과가 자동으로 기록되는 기계였다. 그러나 의회 직원들이 사용할 필요를 느끼지 못했기 때문에 전기투표기록기는 실패작으로 끝났다. 에디슨은 여기서 큰 교훈을 얻었다. "사람들이 필요로 하는 것만을 발명하겠다."는 것이었다.

에디슨은 착잡한 마음을 추스르기 위해 뉴욕으로 가서 이전에 전신 일을 같이 했던 선배인 포프(Franklin Pope)의 집에 머물렀다. 포프는 훗날 미국전기공학회(American Institute of Electrical Engineers, AIEE)의 회장이 되는 인물로 당시에 골드 인디케이트 사(Gold Indicator Company)에 근무하고 있었다. 그 회사는 금의 시세에 대한 정보를 고객에게 알려주는 사업을 벌였는데, 한번은 금 시세를 알리는 장치가 완전히 작동을 멈추었다. 이때 에디슨은 두 시간 만에 문제를 해결하여 골드 인디게이트의 기술고문의 자리를 얻을 수 있었다.

1869년 10월에 포프와 에디슨은 의기투합하여 전신기술에 대한 자문을 담당하는 회사를 차렸다. 포프 앤 에디슨 사(Pope and Edison Company)였다. 얼마 뒤 웨스턴 유니온은 포프 앤 에디슨을 1만 5천 달러에 매수했고, 에디슨은 5천 달러라는 거금을 받았다. 1871년에 에디슨은 연봉 2천 달러의 조건으로 웨스턴 유니온의 계약 기사가 되었다. 그는 웨스턴 유니온을 비롯한 여러 기업의 의뢰를 받아 전신기의 발명이나 개량에 집중했다. 1870년대 초반에 에디슨이 개발한 전신기에는 인쇄전신기, 자동전신기, 사중전신기 등이 있었으며, 이러한 발명을 통해 에디슨은 상당한 자금을 축적할 수 있었다

1871년은 에디슨이 한 여인과 이별하고 다른 여인을 맞이한 연도이기도 했다. 4월에는 자신을 그토록 아끼셨던 어머니의 죽음을 맞이하여 슬픈 나날을 보냈다. 12월에는 메리 스틸웰(Mary Stilwell)이라는 16살의 소녀에게 사로잡혀 열렬한 구애 작전을 펼쳤다. 크리스마스에 에디슨은 메리와 결혼식을 올렸고, 에디슨 부부 사이에는 한 명의 딸

과 두 명의 아들이 태어났다. 전신에 푹 빠져 있었던 에디슨은 첫 딸과 큰 아들에게 모스 부호의 점과 선에 해당하는 '도트(dot)'와 '대시(dash)'라는 애칭을 붙였다.

그러나 신혼 생활의 즐거움도 잠깐이었다. 메리는 연애 시절에 에디슨이 보여주었던 배려가 결혼이라는 끈으로 묶이면서 사라졌음을 알고 크게 실망했다. 에디슨은 대부분의 시간을 작업장에서 보냈고 때로는 새벽까지 일하기도 했다. 남편의 사랑을 받지 못하고 외로움에 빠진 메리는 과소비로 마음을 달랬다. 에디슨이 터준 외상 거래 장부로 그녀는 여러 상점에서 사치품을 사 모으는 데 정신이 없었다. 두 사람의 결혼 생활은 행복하지 않았으며 에디슨은 더욱더 일에 파묻히면서 문제를 회피했다.

조직적 발명을 위하여

에디슨은 1876년에 멘로파크(Menlo Park)에 연구소를 차렸다. 그는 "열흘에 한 건씩 간단한 발명, 6개월에 한 건씩 굉장한 발명"을 해낼 것이라고 선언하면서 멘로파크 연구소에 우수한 인력과 최신 장비를 결집시키는 데 많은 노력을 기울였다. 기계공, 도구제작자, 수학자 등 20여 명의 전문인력을 고용했고, 기계공작소와 화학실험실은 물론 도서실까지 구비했던 것이다. 기계공작소에는 증기기관과 공작기계들이 구비되어 있었고, 화학실험실에는 각종 화학물질과 실험도구들이 갖춰져 있었으며, 도서실은 특허 문서와 기술 잡지로 가득

차 있었다. 에디슨이 총애했던 직원으로는 숙련된 기계공으로 유명했던 배철러(Charles Batchelor), 수학과 물리학에 뛰어났던 업턴(Francis Upton), 제도와 설계에 일가견이 있었던 크루지(John Kreusi), 연구소에 대한 회고록을 출판했던 제엘(Francis Jehl) 등이 있었다. 또한 로레이(Grosvenor Lowrey)는 에디슨의 자문역을 맡아 법률적, 재정적 문제를 해결하는 데 앞장섰다. 직원의 충원에 대하여 에디슨은 "수학자는 나를 고용할 수 없지만, 나는 수학자를 고용할 수 있다."고 말하기도 했다.

에디슨은 멘로파크 연구소를 통해 개인적 차원이 아닌 조직적 차원의 발명을 시도했다. 그는 풀어야 할 문제에 대한 전체적인 개념을 규정했으며, 직원들은 에디슨이 할당한 문제를 바탕으로 각종 실험과 계산을 담당했다. 이와 관련하여 제엘은 "에디슨은 사실상 집합명

그림 6-3
멘로파크 연구소에서 직원들이 함께 한 사진(1880년)

사로서 많은 사람의 이름을 대표한다."는 재치 있는 평가를 내리기도 했다. 또한 1910년에 에디슨에 관한 전기를 발간했던 다이어(Frank L. Dyer)와 마틴(Thomas C. Martin)은 "에디슨의 협력적 접근법은 당대의 다른 발명가들과 뚜렷한 차별성을 가지고 있었다."고 주장하면서 다음과 같이 썼다.

"에디슨의 수많은 성공을 설명하는 데 빠지지 않는 요인 중 하나는 그가 협력의 중요성을 알고 있었다는 점이다. 중요한 아이디어나 핵심 개념을 다룰 줄 아는 발명가들도 팀을 구성하는 데는 젬병인 경우가 많다. 심지어 공동연구팀의 연구원을 참아낼 수 없다면서 혼자서 비밀스럽게 작업하는 편을 택하는 이도 있다. 연구 결과를 자랑스럽게 선언할 기회를 빼앗길지도 모른다는 생각에서 동료를 경계하는 경우도 있고, 팀으로 작업하는 자체를 견뎌내지 못하는 이도 있다. 그러나 에디슨은 달랐다. 그는 언제나 동료들과 어깨를 나란히 하고 협력했다. 그리고 에디슨과 함께 하는 이들 중에서 리더가 누구인지, 영감의 원천이 어디인지에 의문을 제기하는 이가 아무도 없었다."

그러나 멘로파크 연구소를 오늘날과 같은 '산업적 연구(industrial research)'의 출발점이라 보기는 어렵다. 왜냐하면 멘로파크 연구소에서는 기술자들이 활동을 주도했고 과학자들은 이를 보조하는 데 머물렀기 때문이다. 공식적인 고등교육을 받은 과학자들의 연구를 바탕으로 발명이나 혁신을 이루어내는 단계에는 이르지 못했던 것이다. 사실상 에디슨 자신도 멘로파크를 연구소로 내세우지 않았으며 주로 '발명 공장(invention factory)'이란 용어를 사용했다. 많은 과학기술사 연구자들은 1900년에 설립된 제너럴 일렉트릭(General Electric, GE) 연구소를 산업적 연구의 효시로 간주하고 있다. 그렇다면 멘로파크 연구소가 추구했던 조직적 발명은 개인적 발명과 산업적 연구 사이의 과도기적 형태로 평가할 수 있을 것이다.

멘로파크의 마술사

에디슨은 멘로파크 연구소를 통해 중요한 발명을 잇달아 성취했다. 1876년에 에디슨은 자동전신에 사용될 수중 케이블을 시험하던 도중에 탄소의 전기저항과 전도성이 압력에 따라 변한다는 사실을 발견한 후 자석 대신 탄소를 사용하여 전류를 변화시키는 압력 계전기를 고안했다. 1877년에는 탄소송화기를 발명함으로써 1년 전에 벨(Alexander G. Bell)이 선보인 전화기의 성능을 크게 향상시켰다. 같은 해에 에디슨은 '포노그래프(phonograph)'로 불린 축음기를 발명하여 미국 기술자사회의 유망주로 떠올랐다.

에디슨이 축음기에 최초로 관심을 가졌던 시기는 1877년 여름이었다. 당시에 그는 멘로파크 연구소에서 웨스턴 유니온 전신의 의뢰를 받아 전화기를 조사하고 있었다. 에디슨은 수화기의 진동판이 흔들리는 것을 보고 있다가 그 진동으로 어떤 장치를 움직일 수 있지 않을까 하고 생각했다. 그것은 '말하는 기계(talking machine)'를 만들기 위한 작업을 추진하는 것으로 이어졌다. 1877년 11월 29일에 에디슨은 크루지에게 설계도를 보여주면서 말하는 기계를 만들어 보라고 지시했다. 크루지는 구리와 철 조각을 이용해 에디슨이 요구한 기계를 만들었다. 그 기계는 굽도리널 위에 작은 회전 원통이 수평으로 걸려 있는 모양새를 띠고 있었고, 바늘이 붙어 있는 두 개의 진동판은 원통의 양쪽에 꼭 맞도록 설치되었다.

1877년 12월 4일 밤, 멘로파크 연구소에서는 말하는 기계에 대한 시험이 실시되었다. 직원들이 지켜보는 가운데 에디슨은 은종이 한 장을 원통에 조심스럽게 싸서 그것에 붙은 첫 번째 진동판의 바늘을 내렸다. 원통의 끝에 붙은 크랭크가 돌아갈 때 에디슨은 진동판에 입을 대고 큰 소리로 노래를 불렀다. "메리에게는 새끼 양 한 마리가 있었네(Mary had a little lamb)."로 시작하는 노래인데, 우리에게는 "떴다 떴다 비행기"로 알려져 있다. 이어 에디슨은 원통을 시작점으로 돌려서 두 번째 진동판의 바늘을 은종이 속에 찍힌 홈에 놓았다. 다시 크랭크를 돌리자 놀랍게도 에디슨의 목소리가 제법 또렷하게 재생되었다. 세계 최초의 말하는 기계가 현실로 나타난 것이었다.

그러나 초기의 말하는 기계는 녹음 시간이 2분 정도에 불과했고, 모음을 재생하는 기능도 시원찮았다. 에디슨은 사흘 동안 잠을 자지

그림 6-4

사흘 동안 잠을 자지 않고 축음기 개발 작업을 마친 후의 에디슨

않고 기계의 성능을 향상시키는 일에 매진했다. 12월 7일에 그는 ≪사이언티픽 아메리칸≫의 직원들이 모인 가운데 말하는 기계에 대한 시연을 실시했다. 다음 날, 에디슨의 축음기에 대한 기사가 대서특필되었고, 에디슨은 '멘로파크의 마술사(the wizard of Menlo Park)'로 불리면서 단번에 유명인사가 되었다. 청력이 좋지 않은 사람이 축음기를 발명했다는 것은 센세이션을 불러일으키기에 매우 적합한 기삿감이었다. 축음기는 에디슨이 '아기'라 부를 정도로 무척 좋아했던 발명품이었다. "이 녀석은 내 아기요. 녀석이 자라서 어른이 되면 늙은 나를 부양해 줄 것이오."

전기의 시대를 연 백열등

에디슨은 1879년에 백열등을 발명함으로써 전기의 시대를 개막했다. 당시의 공장이나 거리에서는 가스등이나 아크등이 사용되고 있었는데, 가스등은 불빛이 약하고 가격이 비쌌으며 아크등은 너무 밝고 폭발의 위험성을 가지고 있었다. 에디슨은 가정에서도 사용할 수 있는 전등 시스템을 구축한다는 목표하에 기존의 가스등 시스템과 경제적으로 경쟁하기 위한 목적을 가지고 전등의 개발에 착수했다. 에디슨이 가스등을 염두에 두었다는 사실은 그가 전선을 땅 밑에 묻었다는 점, 전기 계량기의 설치를 요구했다는 점, 전구를 버너(burner)로 불렀다는 점 등에서 확인할 수 있다.

에디슨은 체계적인 비용 분석을 통해 전도체에 사용되는 값비싼 구리가 전등시스템의 개발에서 걸림돌에 해당한다는 점을 알아냈으며, 전등에 필요한 에너지를 충분히 공급하면서도 전도체의 경제성을 보장하는 것을 핵심적인 문제로 규정했다. 그는 옴의 법칙(I=V/R)과 줄의 법칙($W=I^2Rt$)을 활용하여 전도체의 길이를 줄이고 횡단면적을 작게 하는 방법을 탐색했고, 결국 오늘날과 같은 1A 100Ω짜리 '고(高)저항 필라멘트'라는 개념에 도달했다. 이처럼 에디슨이 다른 발명가들과 달리 저(低)저항 백열등 대신에 고저항 백열등에 주목하게 된 것은 체계적인 비용 분석에서 비롯되었으며, 이러한 과정에서 그는 백열등을 개발하는 것은 물론 1A 100Ω과 같은 기술표준을 확립하는 성과를 거두었던 것이다.

사실상 에디슨이 백열등을 개발하는 데에는 수많은 시행착오가 수반되었다. 그가 백열등을 개발하는 과정에는 1,600가지가 넘는 금속선이 동원되었으며, 당시에 작성된 노트는 4만 페이지가 넘었다고 한다. 가장 어려운 문제는 필라멘트의 재료를 선택하는 것이었는데, 에디슨은 6천 개가 넘는 다양한 물질 가운데 탄화 대나무가 자신의 필라멘트에 가장 적합하다고 판단했다. 이처럼 에디슨은 숱한 시도와 실패 속에서도 낙담하지 않고 오뚝이처럼 계속 일어섰다. 훗날 그는 당시의 상황에 대하여 다음과 같이 회고한 바 있다. "인생에서 겪는 대부분의 실패는 자신이 성공에 얼마나 가까이 갔었는지 깨닫지 못하는 사람들이 경험한다." '실패는 성공의 어머니'라는 경구가 떠오르는 대목이다.

에디슨은 자신의 발명이 가진 성격에 대해 다음과 같이 썼다. "내 이론은 옳고 방향 역시 옳다. 하지만 시간, 노력, 그리고 운도 좀 따라야 한다. 내 발명은 항상 그랬다. 물론 갑자기 영감이 찾아온다. 그렇

그림 6-5

상업적으로 성공한 최초의 백열등 모델(1879년)
자료: Alkivar, Wikimedia Commons

지만 이내 문제가 발생하고 내가 '버그'라고 부르는 작은 결함과 어려움이 나타난다. 그러면 몇 달 동안 집중적인 관찰, 연구, 작업을 해야 한다. 그 이후에야 비로소 상업적으로 성공할 것인지 실패할 것인지 여부를 알 수 있다."

에디슨은 기술을 선전하는 데에도 일가견을 가지고 있었다. 1879년 12월 31일에는 멘로파크에서 요상한 송년 파티가 열렸다. 파티에 참석하기 위해 사람들이 멘로파크까지 연결된 특별 기차를 타고 모였다. 멘로파크 역에 도착한 사람들은 맨 먼저 백열등이 발산하는 빛의 인사를 받았다. 백열등은 역에서 에디슨의 연구소로 이어지는 길을 환하게 밝혔다. 연구소로 들어선 사람들은 백열등을 직접 보고 깜짝 놀랐다. 그들은 백열등이 부드러운 빛을 발산하기 때문에 눈이 피로하지 않다는 사실을 알 수 있었다.

그때 에디슨이 등장했다. 사람들은 그가 생각보다 젊다는 사실에

놀랐다. 당시에 에디슨은 겨우 32세에 불과했던 것이다. 에디슨은 느릿느릿한 말투로 백열등이 어떻게 작동하는지에 대해 간단히 설명했다. 에디슨의 설명이 끝나자 연구소의 직원들은 백열등 하나를 물이 가득 찬 그릇에 담았다. 그 백열등은 4시간 동안 한 번도 꺼지지 않고 계속 빛을 냈다. 에디슨은 또한 전기 모터를 사용하여 재봉틀과 펌프를 작동시키는 시범도 보였다.

그날 밤에는 예기치 않았던 몇 가지 사건이 발생하기도 했다. 어떤 여자가 발전기에 너무 가깝게 가는 바람에 머리에 꽂은 핀이 떨어져 나갔는데 그 일로 사람들은 자기장의 힘이 얼마나 센지 눈으로 직접 확인할 수 있었다. 가스등 회사에 근무했던 어떤 사람은 철선을 숨겨 와 누전을 일으켜 행사를 방해하려고 했다. 그러나 에디슨의 전등에는 이미 안전 퓨즈가 설치되어 있었기 때문에 어떠한 사고도 일어나지 않았다. 다만 그 사람만 연구소 직원들에 의해 문 밖으로 끌려갔을 뿐이었다.

시스템 구축가로서의 에디슨

에디슨이 백열등만을 발명한 것은 아니었다. 그는 발전, 송전, 배전에 필요한 모든 것을 만들었다. 거기에는 전기 모터, 발전소, 전선, 소켓, 스위치, 퓨즈, 계량기 등이 포함되어 있었다. 에디슨이 발명한 것은 하나의 기술이 아니라 여러 가지 기술이 결합된 시스템이었던 것이다. 미국의 소여(William E. Sawyer), 독일의 괴벨(Heinrich Göbel), 영국의 스완(Joseph W. Swan) 등과 같이 에디슨에 앞서 백열등을 발명한 사람은 많았지만, 에디슨을 진정한 백열등의 발명가로 평가하는 이유도 여기에 있다. 사실상 에디슨은 단순한 발명가가 아니라 백열등의 활용에 필요한 거의 모든 것을 개발하거나 확보한 '시스템 구축가(system builder)'로 볼 수 있다. 이에 대하여 에디슨은 "내가 해결하려던 문제는 바로 하나의 포괄적인 시스템을 구성하면서 서로가 서로에게 적합한 각양각색의 장치, 사용방식, 그리고 기구들을 생산해 내는 것이었다."고 말하기도 했다.

영국의 과학자이자 발명가인 스완의 경우에는 1848년부터 전등에 관한 실험을 했고 1860년에 기본적인 아이디어를 제출했다. 이어 1878년에는 탄소 필라멘트를 활용한 백열등에 대해 강연을 했으며 1879년에는 실제로 사용할 수 있는 백열등을 만들었다. 스완은 1880년에 특허를 받은 후 이듬해에 스완 유나이티드 전기 회사를 설립하여 사업을 시작했다. 스완의 백열등은 20시간이 지나면 필라멘트가 끊어졌던 반면, 에디슨이 발명한 백열등은 초기에도 100시간 정도 지속될 수 있었다. 흥미로운 점은 에디슨이 영국 법정에 스완을 특허권 침해로 고소했다는 사실이다. 그러나 홈 코트의 이점을 안고 있던 스완을 꺾는 것은 쉽지 않았고 에디슨은 스완과 연합하는 쪽으로 방향을 바꾸었다. 결국 1883년에 탄생한 에디슨-스완 유나이티드 전기 회사는 '에디스완(Ediswan)'이라는 상표로 백열등을 제작하여 판매했다.

에디슨은 1883년에 전구에 전극을 추가적으로 삽입하는 실험을 하면서 전구의 내부가 탄소 입자로 인해 검게 변하는 현상을 발견했다. 전구에 도선과 금속판을 투입하고 도선을 전지의 양극에 연결하면, 필라멘트에서 탄소 입자가 일부 빠져 나와 금속판으로 흘러 들어감으로써 투입한 도선에도 전류가 흐르게 되었던 것이다. 반대로 전지의 음극에 연결하면 전류가 흐르지 않았다. 이러한 현상은 이후에 '에디슨 효과(Edison effect)'로 불리면서 많은 사람들의 주목을 받았다. 사실상 에디슨이 이러한 현상을 자세히 고찰했다면 진공관의 발명이나 심지어 전자의 발견에 이를 수도 있었지만, 그는 더 이상 자신의 아이디어를 발전시키지 않았다. 에디슨 효과에 대한 탐구는 20세기 초에 플레밍(John A. Fleming)이 '플레밍 밸브'로 불린 이극 진공관(diode)을 발명하고, 디포리스트(Lee de Forest)가 '오디온'으로 명명한 삼극 진공관(triode)을 개발하는 것으로 이어졌다.

에디슨은 전등을 시스템적 차원에서 개발했을 뿐만 아니라 전등의 상업화를 위한 활동도 포괄적으로 전개했다. 그는 1878년에 전등의 개발을 위해 에디슨 전등 회사(Edison Electric Light Company)를 설립한 후 1881년에는 전등을 생산하는 에디슨 전구제작소(Edison Lamp Works), 발전기와 전동기를 제작하는 에디슨 기계제작소(Edison Machine Works), 전선을 생산하는 에디슨 전기튜브 회사(Edison Electric Tube Company)를 잇달아 설립했다. 이어 1882년에는 에디슨 전기조명 회사(Edison Electric Illuminating Company)를 설립하여 뉴욕시 맨해튼 지역의 펄 스트리트(Pearl Street)에 세계 최초의 중앙 발전소를 세웠다. 이런 식으로 에디슨은 전기에 관한 한 모든 서비스를 제공해 줄 수 있는 '에디슨 제국(Edison Empire)'을 구성했으며, 그의 주요 기업들은 1889년에 에디슨 제너럴 일렉트릭(Edison General Electric Company)으로 통합되었다.

에디슨의 전등 시스템은 뉴욕에 전기를 공급하는 사업을 통해 모습을 드러냈다. 에디슨은 영국 출신의 엔지니어 홉킨슨(John Hopkinson)을 고용하여 전등 1,000개를 밝힐 수 있는 발전기의 설계를 부탁했다. 홉킨슨은 끈질긴 실험 끝에 당시로서는 세계에서 가장 큰 규모인 '점보 발전기(Jumbo Dynamo)'를 개발했는데, 점보는 당시에 뉴욕 서커스에서 인기를 끌었던 거대한 코끼리의 이름이었다. 이와 동시에 에디슨은 자신의 사업에 투자할 사람들을 모집했으며, 가스등 대신 백열등을 사용할 가입자를 사전에 확보했다. 이를 위한 홍보 전략으로 그는 3층에 달하는 발전소 건물에 유리창을 달아서 밖에서 지나가는 사람들이 그 내부를 볼 수 있도록 조치했다. 뉴욕 도심에 구덩이를 파서 지하 송전선을 매설하는 작업도 전개되었는데, 에디슨은

그림 6-6
1882년 뉴욕에서 노동자들이 에디슨 사의 전선을 지하에 설치하는 광경

매설 공사에 대한 허가를 받기 위해 뉴욕시 의원들에게 적극적인 로비를 벌였다. 결국 에디슨은 1882년 12월에 맨해튼 지역의 가정과 사무실에 1,000개가 넘는 전등을 켜는 데 성공할 수 있었다.

에디슨의 회사는 우리나라에 전등을 처음 설치하는 일도 맡았다. 조선 왕실은 미국의 문물을 시찰했던 보빙사의 건의에 따라 1884년에 에디슨 전등사와 전기설비를 위한 계약을 맺었는데, 한자로 쓰인 공문서에는 에디슨의 이름이 '의대순(義大淳)'으로 표기되었다. 1896년 11월에는 미국의 전등기사인 매케이(William McKay)가 초빙되었고, 1887년 1월에는 경복궁의 향원정과 영훈당 사이에 우리나라 최초의 전기등소(電氣燈所)가 완공되었다. 경복궁 전기등소는 16촉광의 조명도를 가진 백열등 750개를 점등할 수 있는 발전 능력을 보유했다. 백열등을 처음 본 조선 사람들은 "해처럼 밝은 빛"이라 하면서 놀라움을 금치 못했다고 한다.

당시에 전력은 향원정의 연못에서 물을 끌어들여 생산했기 때문에 '물불'로도 불렸다. 이와 함께 '건달화(乾達火)'라는 우스갯소리도 등장했는데, 전등의 성능이 불안정한 탓에 불이 자주 켜졌다 꺼졌다 하는 것이 건들거리는 건달과 같다는 의미였다. 또한 발전기를 가동하면 연못의 수온이 상승하여 물고기가 떼죽음을 당했고, 이에 따라 물고기를 끓인다는 뜻의 '증어(蒸魚)'가 전등을 지칭하는 용어로 사용되기도 했다. 이런 식으로 궁궐에 처음 들어온 전기는 1898년에 한성전기회사(한국전력의 전신)가 설립되는 것을 계기로 민간에 보급되기 시작했다. 1933년에 발간된 ≪과학조선≫ 제2호는 에디슨을 표지 인물로 삼기도 했다.

웨스팅하우스와의 '전류전쟁'

그런데 에디슨 제국은 직류방식을 채택하고 있었기 때문에 발전소를 소비지역과 인접한 곳에 설치해야 했다. 이에 반해 교류방식에서는 중앙 발전소에서 생산된 수천 혹은 수만 볼트의 전기를 전송하면 각 소비지역에 설치된 변압기에서 전압을 내리면 된다. 교류방식은 발전단가 저렴할 뿐 아니라 입지 조건이 좋은 지역에 발전소를 설치할 수 있는 장점을 가지고 있다. 이를 배경으로 19세기 말에는 전력에 대한 표준을 정하는 문제를 놓고 직류방식의 상징인 에디슨 제국과 교류방식을 대표하는 웨스팅하우스 전기회사(Westinghouse Electric Company)는 치열한 싸움을 벌였다. 이와 같은 직류와 교류의 대결을 역사가들은 '전류전쟁(current war)'이라 부르고 있다.

교류가 서서히 세력을 확장하자 에디슨은 교류의 흠집을 내기 위한 선전공작을 전개했다. 그는 1886년에 〈경고!(WARNING!)〉라는 팸플릿을 제작하여 웨스팅하우스를 살인자로 몰아세웠다. 그 팸플릿은 고전압 교류 전선에 가까이 갔을 때 발생할 수 있는 위험을 경고하면서 고압 전류에 의해 전기구이가 된 사람들의 명단까지 실었다. 팸플릿의 마지막 부분에는 "이렇게 무서운 교류를 가정에서 사용하시겠습니까?"는 질문이 있었는데, 팸플릿을 제대로 읽은 사람이라면 당연히 부정적인 대답이 나오게끔 되어 있었다.

그러나 곧이어 발생한 두 가지 사건은 웨스팅하우스를 유리하게 했다. 프랑스의 제련업자들이 서로 연합하여 구리 가격을 3배로 인상했는데, 그것은 굵은 구리선을 사용하던 직류 방식의 경제성에 상당한 타격을 입혔다. 이보다 더욱 중요한 사건은 테슬라(Nikola Tesla)가 1888년에 교류 방식에 사용할 수 있는 유도 전동기(motor, 전기 에너지를 운동 에너지로 전환시키는 장치)를 발명했다는 점이다. 유도 전동기가 발명되기 이전에는 교류로 전기를 생산하는 것이 효율적이라 하더라도 응용 범위가 제한되기 때문에 직류 방식을 대체하기 어려웠다.

궁지에 몰린 에디슨은 교류를 불법화하는 방법으로 문제를 해결하려고 했다. 그때 에디슨의 대변인으로 나섰던 사람은 멘로파크의 수석 엔지니어이던 브라운(Harold Brown)이었다. 브라운은 50여 마리의 개를 확보한 후 전기충격 실험을 실시했다. 전압을 일정한 간격으로 차츰 증가시켜 개가 감전사를 당하는 수치를 '과학적으로' 밝힌다는 것이었다.

심지어 브라운은 ≪뉴욕타임스≫를 통해 공개적인 결투를 신청하기도 했다. "나는 전문가들이 지켜보는 자리에서 웨스팅하우스와 공정하게 겨뤄보고 싶다. 그의 몸에는 교류를, 내 몸에는 직류를 흘려보내면 된다. … 두 사람 모두 100볼트에서 시작해 50볼트씩 단계적으로 높여가면서 누가 오래 버티는지 겨뤄보자. 먼저 비명을 지르는 사람이 자신의 오류를 인정하고 그간의 주장을 철회하는 것으로 하자." 이와 같은 브라운의 황당한 제안에 웨스팅하우스는 아무런 응답도 하지 않았다.

때마침 뉴욕 주는 교수형을 대신할 새로운 사형집행 방법을 찾고 있었다. 사형수를 처형할 때 목에 밧줄을 메는 것이 너무 잔인하다고 판단했던 것이다. 당시에 치과의사였던 사우스윅(Alfred P. Southwick)은 전기가 최소한의 고통으로 사형을 집행시켜 줄 최선의 방책이라고 주장했다. 그는 전기사형을 법제화하고 전기의자를 제작하기 위해 에디슨에게 보증인이 되어 달라고 간청했다. 에디슨은 처음에 사형을 지지하지 않는다고 했지만, 얼마 지나지 않아 전기사형을 옹호하면서 웨스팅하우스의 교류 발전기가 가장 효과적인 장비라고 제안했다. 웨스팅하우스가 발전기를 판매할 리는 만무했으므로 에디슨 측은 우회적인 방법으로 웨스팅하우스의 발전기를 구입해 전기사형이 집행될 형무소로 보냈다.

1890년 8월 6일에 뉴욕 주의 오번 형무소에서는 세계 최초로 전기사형이 실시되었고, 「전기구이가 된 사형수」라는 제목을 단 기사가 언론에 대서특필되었다. 당시에 에디슨 측은 전기사형에 대하여 '웨스팅하우스되다(Westinghoused)'라는 신조어를 제안하기도 했다. 그러나 기대와는 달리 전기사형 작전도 교류의 상승세를 저지하는 데 아무런 역할을 하지 못했다. 결국 웨스팅하우스가 1893년 5월에 시카고에서 개최된 만국박람회에서 에디슨을 제치고 전기시설 독점권을 따내면서 전류전쟁은 일단락되었다.

전류전쟁이 한참 전개되고 있던 1892년에 에디슨 제너럴 일렉트릭은 교류 업계의 2인자였던 톰슨-휴스턴 회사(Thomson-Houston Company)와 합병되어 '제너럴 일렉트릭'으로 거듭났다. 에디슨과 톰슨은 모두 과도한 사업 확장으로 재정상의 어려움을 겪고 있었고 당시에 '금융왕'으로 불렸던 모건(John P. Morgan)의 개입으로 합병의 길을 택했던 것이다. 기업 경영의 주도 세력이 발명가에서 금융가로 대체되었던 셈이다. 에디슨은 회사 명칭에서 자신의 이름이 빠진 것을 매우 불쾌하게 느꼈던 것으로 전해진다. 그의 비서는 "에디슨은 원래 안색

그림 6-7
세계 최초의 전기사형에 대한 스케치(1890년)

이 창백한 사람이었는데 회사 이름을 전해 듣고는 얼굴색이 하얗게 변했다."고 회고했다.

전류전쟁의 승자는 웨스팅하우스로 보이지만 사실은 그렇게 간단하지 않다. 당시만 해도 전기를 생산하는 일은 웨스팅하우스가 할 수 있었지만 전기를 공급하는 각종 설비는 에디슨 사의 후신인 GE가 독점하고 있었다. 이에 따라 1895년에 나이아가라 폭포에 수력 발전소를 건설하는 공사는 웨스팅하우스가 발주했던 반면, 나이아가라 발전소에서 버펄로 시로 전기를 공급하는 전선을 제작하는 일은 GE가 맡았다. 더 나아가 두 기업은 크로스 라이선싱(cross-licensing)을 통해 특허를 공유함으로써 사업을 확장하는 계기로 삼았다. GE가 웨스팅하우스의 주력 분야이던 기계장치의 제작에 참여하고 웨스팅하우스가 GE의 독점 분야이던 전기제품을 생산하기 시작했던 것이다.

에디슨의 문화 코드

1880년대 초반에 에디슨은 성공 가도를 달리고 있었지만 가정적인 면에서는 불행을 겪었다. 1882년부터 아내 메리의 건강이 급격히 나빠지더니 1884년에는 숨을 거두고 말았다. 1886년에 에디슨은 39세의 나이로 20세의 매력적인 여성인 미나 밀러(Mina Miller)와 재혼을 했다. 에디슨은 뉴저지 주의 웨스트오렌지에 근사한 집을 지어 이사를 했고, 플로리다 주의 포트마이어에도 별장을 지었다. 그러나 에디슨과 미나의 결혼 생활도 첫 번째 부인 메리와의 결혼 생활과 크게 다르지 않았다. 결혼을 하고 나자 에디슨은 또다시 가정에는 무관심한 채 실험과 연구에만 몰두했다.

1887년에 에디슨은 웨스트오렌지에 멘로파크보다 훨씬 큰 규모의 연구소를 차렸다. 10년 전에 발명했던 축음기를 생산할 목적으로 최신식 공장도 건설했다. 포노그래프는 시제품 단계를 거쳐 1889년부터 시판되기 시작했다. 이번에는 전기 모터로 원통이 자동으로 돌아가게 했고, 소리를 키우기 위해 나팔 모양의 확성기도 달았다.

그러나 에디슨은 축음기로 그다지 성공하지 못했다. 그는 축음기를 속기사 없이 사람의 말을 받아쓰는 기계로 생각했지 음악을 재생하는 데에는 큰 관심을 두지 않았다. 이에 반해 축음기의 오락적 가능성을 알아차린 사람들은 축음기를 주크박스(jukebox)로 변경시켜 상당한 수익을 올렸다. 에디슨은 주크박스의 가치를 마지못해 인정하면서도 사무실에서 사용되어야 할 축음기의 용도가 왜곡되었다고 생각했다. 그는 축음기를 개량할 때에도 그 목표를 정밀도가 더욱 뛰어난 구술 기록기를 제작하는 데 두었다. 이처럼 에디슨은 대중문화를 선도했던 축음기를 개발했음에도 불구하고 그것을 배경으로 성장한 새로운 문화를 이해하지 못했던 역설적인 삶을 살았다.

에디슨이 1890년에 축음기 인형(phonograph doll)을 내놓았다는 점도 흥미롭다. 인형에다 축음기를 넣어 말하는 인형을 만들었던 것이다. 소형 축음기에는 아이들이 좋아하는 동요가 녹음돼 있었고 태엽을 감으면 녹음된 소리가 재생되었다. 축음기 인형은 세인들의 주목을 받으며 2,500개 정도가 팔렸지만 그 중 2,000개가 반품되는 사태가 빚어졌다. 아이들이 다루기에는 무게가 상당했고 태엽을 감는 일도 번

그림 6-8

에디슨의 (왼쪽) 축음기(1889년)와 (오른쪽) 인형(1890년)

자료: (왼쪽) Norman Bruderhofer, Wikimedia Commons, (오른쪽) Mabalu, Wikimedia Commons

거로웠다. 음량 조절이나 멈춤을 위한 기능이 없어 노래를 한번 틀면 계속 들어야 하는 문제점도 있었다. 게다가 쇠를 긁는 것과 같은 불편한 소리 때문에 아이들이 공포에 휩싸이기도 했다.

에디슨의 문화 코드는 영화 사업의 사례에서도 잘 드러난다. 그는 1891년에 영국인 조수인 딕슨(William Dickson)과 함께 '키네토그래프(kinetograph)'라는 활동사진 촬영기와 '키네토스코프(kinetoscope)'라는 활동사진 영사기를 발명했다. 키네토그래프는 게이트를 통해 필름을 단속적으로 움직이면서 일련의 사진을 찍는 장치였다. 키네토스코프는 나무로 만든 상자 안에 전기모터를 장착해 놓고 그 주변에 필름을 돌돌 감아놓은 것이었다. 모터가 회전하면 필름이 한쪽 방향으로 진행하면서 확대경을 통과하도록 되어 있었고, 상자에 나 있는 조그만 구멍을 통해 상자 위쪽에 맺힌 동영상을 감상할 수 있었다. 에디슨은 키네토스코프에 대한 특허를 신청하면서 "그 장치는 축음기가 귀를 위해 하는 것을 눈을 위해 한다."라고 말했다. 키네토스코프는 1893년에 개최된 시카고 만국박람회에 출품되어 상당한 인기를 누리기도 했다.

당시에는 영화에 대한 시장이 거의 형성되어 있지 않았다. 에디슨은 영화의 수요까지 창출하기로 마음을 먹고 키네토스코프에 사용될 필름을 준비했다. 그는 1893년에 세계 최초의 영화 스튜디오에 해당하는 검은 마리아(Black Maria)를 차렸고, 이듬해에는 영화 사업을 담당하는 에디슨 제작사(Edison Manufacturing Company)를 설립했다. 에디슨 제작사는 1894년 한 해 동안 75편이 넘는 단편영화를 제작했으며, 한 편당 25센트의 관람료를 받고 영업을 시작했다. 에디슨의 극장

그림 6-9
키네토스코프를 통해
영화를 보는 모습

에서 영화를 본 사람들은 입을 다물 줄 모를 정도로 에디슨의 새로운 사업은 앞날이 매우 밝은 듯이 보였다.

영화 필름의 규격에도 숨은 사연이 전해진다. 한번은 딕슨이 에디슨에게 필름의 폭이 어느 정도여야 하는지 물었더니, 에디슨이 엄지 손가락과 다른 손가락을 구부리며 "이 정도면 되겠지."라고 말했다고 한다. 그때부터 영화 필름이 35밀리미터의 폭으로 정해졌다는 것이다. 그러나 이에 대해서는 반론도 제기되고 있다. 에디슨이 필름의 폭을 스스로 고안한 것이 아니라 당시의 코닥 필름을 이용했을 가능성이 크다는 의견이다. 코닥 필름은 70밀리미터의 폭과 15미터의 길이를 가지고 있었는데, 이를 반으로 나누면 자연스럽게 폭이 35밀리미터인 새로운 규격의 필름이 만들어지는 것이다.

19세기가 저물 무렵에 영화는 다수의 관객을 동원하는 거대한 산업으로 발전했다. 에디슨의 영화는 한 사람에게 서비스하는 형태를 띠고 있었지만, 영사기와 스크린이 개량되고 확산되면서 영화는 여러 사람이 동시에 관람하는 형태로 바뀌었다. 이를 배경으로 미국의 여러 지역에서는 5센트만 내면 영화를 관람할 수 있는 극장들이 번창했다. 이러한 5센트 극장(nickelodeons)은 대중들이 흥미를 느낄 수 있는 영화를 만들고 스타를 키우는 일이나 화면을 크게 하는 일에 과감히 투자했다.

이에 반해 에디슨은 오락적 가치가 있는 영화보다는 교육이나 과학에 관한 영화를 제작했고, 스타나 화면에 주의를 기울이는 대신 영사기의 성능을 개선하는 데 몰두했다. 심지어 그는 5센트 극장에서 상영되는 영화들이 선정적이고 폭력적이라고 비판하면서 검열 제도를 적극적으로 지지했다. 이러한 에디슨의 사업전략은 점점 소비자의 기호와 멀어지게 되어 에디슨은 영화를 발명했지만 영화 사업에서는 실패한 사람이 되었다.

1903년 1월에는 전류전쟁을 연상시키는 일이 발생했다. 포퍼 서커스단의 스타였던 코끼리 톱시가 관객 한 명을 죽여 악명을 떨쳤다. 톱시는 루나 파크에 팔려간 후에도 대중 앞에서 별난 행동을 해댔다. 루나 파크의 소유주들은 공개 처형을 계획했다. 톱시는 목이 졸린 후 독극물을 먹고 교류에 감전사당한 끝에 결국 사망했다. 공교롭게도 이 광경은 에디슨 제작사에 의해 촬영되고 재생되었다. 톱시의 죽음은 전류전쟁과 별다른 관련성이 없었지만, 그 영상을 본 사람들은 전

그림 6-10

톱시의 공개 처형 장면(1903년 1월 4일)

류전쟁을 떠올리곤 했다.

에디슨이 할리우드(Hollywood)의 탄생을 촉진했다는 점도 주목할 만하다. 그는 1908년에 활동사진 특허 회사(Motion Pictures Patent Company, MPPC)를 설립하고 '에디슨 트러스트'로 불린 조합을 결성한 후 경쟁 업체들이 자신의 조합에 가입하여 면허료를 지불할 것을 요구했다. 이에 부정적인 반응을 보였던 소규모 독립 영화사들은 에디슨의 영향력이 미치지 않는 캘리포니아 남부의 변두리 지역으로 모여들기 시작했다. 그곳이 바로 오늘날 '영화의 본산'으로 평가되고 있는 할리우드인데, 당시에 할리우드는 윌콕스(Harvey Wilcox) 부부의 목장을 지칭하는 용어였다. 소규모 영화사들이 이동한 데에는 할리우드의 자연환경도 중요한 요소로 작용했다. 캘리포니아 남부 지역은 날씨가 매우 쾌청했기 때문에 비싼 조명 시설 없이 1년 내내 영화를 찍기에 안성맞춤이었다.

계속되는 도전과 실패

에디슨은 계속해서 발명과 사업에 대한 의욕을 접지 않았으며, 여러 가지 일을 동시에 추진하는 스타일을 가지고 있었다. "나는 어떤 일에 대해 내가 생각하고 싶은 만큼만 생각한다. 그 일에 흥미를 잃으면 다른 일을 시도한다. 나는 항상 여섯 개 내지 여덟 개의 작업을 동시에 진행하면서 내키는 대로 한 작업에서 다른 작업으로 넘어간다. 어떤 일에 더 이상 진척의 희망이 보이지 않는 때도 자주 온다. 그럴 때면 그 일은 옆으로 제쳐두고 다른 일에 몰두한다. 그러면 내가 알고자 했던 바로 그 아이디어가 머릿속에 떠오른다. 그렇게 되면 나는 다른 일을 그만두고 원래의 그 일로 다시 돌아가 마무리 짓는다."

에디슨은 10여 년의 기간 동안 200만 달러가 넘는 거금을 철광 사업에 투자했다. 그는 1880년에 자기 선광(magnetic ore separation)에 관한 특허를 받았으며, 이를 통해 미국 동부의 철광산에 남은 저(低)품위 광석을 경제적으로 활용할 수 있을 것으로 기대했다. 에디슨은 1889년에 뉴저지 주 오그덴스버그 근처에서 철광석 매장지를 찾은 후 광산과 공장을 포함한 복합단지를 건설했다. 1891년에는 공장이 시험적으로 가동되었지만 분쇄기를 포함한 설비가 잦은 고장을 일으키는 문제가 발생했다. 게다가 1893년에는 미국의 불황으로 철에 대한 수

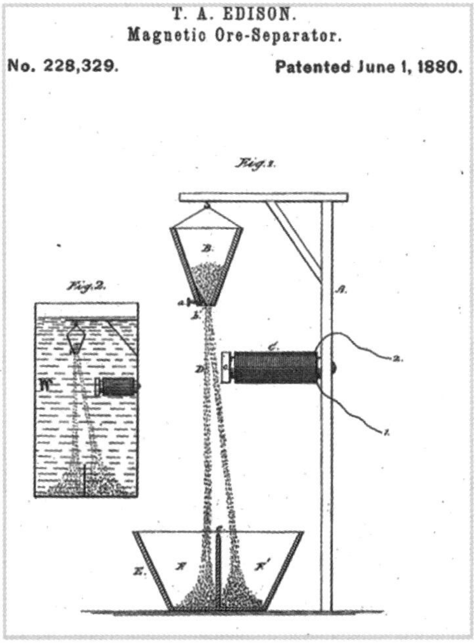

그림 6-11

에디슨이 1880년에 출원한 자기 선광에 관한 특허. 철광석을 분쇄기에 넣어 가루로 만든 후 높은 곳에서 떨어뜨리면, 옆에 있는 전자석을 통해 철 함량이 높은 가루가 따로 분리된다.

요가 줄어들어 복합단지는 일시적인 휴업에 들어갔다.

에디슨은 설비와 공정을 개선하여 1896년에 복합단지를 다시 가동시켰다. 2년 후에는 공장이 그럭저럭 굴러가기 시작했지만, 이번에는 미네소타 주에서 거대한 노천 철광산이 발견되었다. 결국 에디슨은 1899년에 철광 사업을 포기하는 결정을 내렸고, 수십만 달러의 빚을 떠안아야 했다. 훗날 그는 한숨을 쉬면서 "우리가 거기에 허비한 긴 시간은 지옥이었어요."라고 회고하기도 했다.

철광 사업이 실패로 돌아간 후 에디슨은 기존 설비를 재활용하는 방안을 강구했다. 그는 1902년에 포틀랜드 시멘트 사업에 뛰어들었고, 1906년에는 에디슨 시멘트 공장이 가동에 들어갔다. 시멘트 사업이 상당한 성공을 거두면서 에디슨은 그동안의 손실을 만회할 수 있었다. 그 과정에서 에디슨은 콘크리트 재료에 관심을 갖게 되었고, '콘크리트 집'이라는 새로운 주택을 구상했다. 집 전체의 거푸집을 조립한 다음 위쪽에 뚫린 구멍으로 콘크리트를 부어 집을 한 번에 만드는 방식이었다. 에디슨은 이런 방식을 통해 도시의 주택 가격을 1/3로 낮출 수 있으며, 저렴한 주택을 노동자나 빈민에게 공급할 수 있을 것으로 기대했다.

에디슨은 1911년에 실물 크기의 콘크리트 집을 처음 완성한 후 관심 있는 사업가들에게 무료로 사용 허가를 해주겠다고 선언했다. 1917년에는 두 명의 사업가가 40채의 콘크리트 집을 지어 분양에 들어갔으나 그 결과는 참담한 실패였다. 콘크리트 집은 가격이 매우 저렴했지만, 내부 구조가 단조롭고 삭막하다는 문제점을 가지고 있었다. 또한 빈민들을 위해 지어졌다고 대놓고 광고하는 집을 원하는 사람들도 거의 없었다.

1890년대 말부터 에디슨은 배터리(축전지)를 개발하는 데도 관심을 가졌다. 당시에 주로 사용된 축전지는 납과 황산 용액을 사용한 납축전지 혹은 납산전지였다. 에디슨은 보다 효율적인 축전기를 개발하기 위해 1만 번에 달하는 실험을 실시했다. 그 결과 1899년에는 니켈 산화물, 철, 수산화나트륨 용액의 화학반응을 활용한 알칼리 축전지가 개발되었다. 비슷한 시기에 스웨덴의 발명가인 융너(Waldemar Jungner)는 니켈-철 축전지와 니켈-카드뮴 축전지를 개발했다. 에디슨은 자신의 니켈-철 축전지로 1901년에 미국과 유럽에서 특허를 받았다.

에디슨 축전지에 대해서는 자주 회자되는 일화가 있는데, 그것은 에디슨의 친구인 맬로리(Walter S. Mallory)가 소개한 것이다. “알고 보니 에디슨은 새로운 종류의 전력저장용 배터리를 고안하느라 9,000번이 넘는 실험을 했지만 문제를 해결할 단서를 찾지 못했다. 수없이 생각하고 수고한 과정을 알게 된 나는 비판보다는 동정심이 앞서 다음과 같이 말했다. ‘이렇게 엄청난 작업을 하고도 아무런 결과도 얻지 못했다니 참으로 애석하지 않나?’ 에디슨은 나를 힐끗 쳐다보더니 미소를 지으며 이렇게 답했다. ‘결과? 이 친구야, 결과야 엄청나게 얻었지! 수천 가지 것들이 효과가 없다는 사실을 알아냈잖아!’”

1904년에는 에디슨 축전지 회사(Edison Storage Battery Company)가 설립되었고, 에디슨 축전지는 광부용 램프, 철도 신호기 등에 사용되

그림 6-12
1915년에 개최된 토머스 에디슨 산업 전시회의 배터리 섹션

기 시작했다. 이것으로도 에디슨은 상당한 수익을 올렸지만, 정작 그가 원했던 것은 축전지가 전기 자동차의 동력으로 쓰이는 데 있었다. 그러나 자동차 시장의 대세는 가솔린 자동차로 기울어졌고, 에디슨은 꿈을 접을 수밖에 없었다. 그러던 중 헨리 포드가 가솔린 자동차 점화 시스템에 에디슨의 축전지를 사용하고 싶다고 제안했지만, 이 역시 물거품으로 돌아가고 말았다. 에디슨 축전지는 모터의 시동에 충분한 동력을 제공하지 못했으며, 추운 날씨에는 전혀 작동하지 않았다.

에디슨의 축전지는 미 해군의 눈길을 끌기도 했다. 해군은 이 전지를 활용해 잠수함에 동력을 전달할 수 있지 않을까 생각했다. 이러한 관심은 1914년에 제1차 세계대전이 발발하면서 더욱 커졌다. 에디슨은 1915년에 해군자문위원회(Naval Consulting Board)의 위원장으로 임명되었고, 미 해군은 에디슨 축전지를 실험용 잠수함인 E2호에 장착해 일련의 실험을 실시했다. 그러나 E2호의 실험은 비극적인 결과를 유발했다. 1916년에 축전지에서 새어나온 수소 가스에 불이 붙어 5명이 사망하는 사고가 발생했던 것이다. 잠수함용 전지를 개발하겠다는 에디슨의 희망은 끝나고 말았지만, 그는 해군의 자문관으로 계속 남아 해군이 연구실험실 계획을 수립하는 데 많은 도움을 주었다.

"신념을 가져라. 전진하라!"

에디슨은 생전에 다양한 영예를 얻었다. 1909년에는 미국전기공학회(American Institute of Electrical Engineers)가 에디슨 메달을 제정하여 전기 분야에서 탁월한 업적을 남긴 과학기술자에게 수여하기 시작했다. 첫 수상자는 엘리후 톰슨(Elihu Thomson), 1911년 수상자는 웨스팅하우스, 1916년 수상자는 테슬라였다. 1927년에 에디슨은 국립과학아카데미(National Academy of Sciences, NAS)의 정회원으로 추대되는 영광을 누렸다. 1928년에는 에디슨에게 미국 의회의 금메달이 수여되었는데, 그것은 미국의 민간인이 누리는 최고의 상으로 간주되고 있다.

에디슨은 1926년에 은퇴를 선언하면서 둘째 부인 사이의 아들인 찰스(Charles Edison)를 후계자로 내세웠다. 찰스는 미국의 명문 사립학교인 호치키스 출신으로 아버지보다 뛰어난 사업 감각을 가지고 있었으며, 훗날 뉴저지 주 지사를 지내기도 했다. 그러나 에디슨은 공식적인 은퇴에도 불구하고 계속해서 회사의 경영에 간섭하는 태도를 보였다.

에디슨이 마지막으로 탐구했던 과제는 고무의 원료를 찾아내는 것

그림 6-13
1929년에 포드, 에디슨, 파이어스톤이 함께 한 모습

이었다. 제1차 세계대전을 계기로 미국의 사업가들은 원료를 외국에 의존하는 것이 얼마나 위험한지 알게 되었다. 에디슨은 포드와 파이어스톤(Harvey Firestone)의 지원을 받아 미국 내에서 양질의 고무를 추출할 수 있는 대체 식물을 찾는 일에 몰두했다. 그는 포트마이어에 있는 집에 수백 그루의 나무를 심었고 죽는 날까지도 고무에 관한 미련을 떨치지 못했다.

1929년 10월에는 에디슨의 업적을 기리기 위해 '빛의 50주년'이라는 대규모 축하연이 열렸다. 그 행사를 마련한 사람은 헨리 포드(Henry Ford)였다. 미국의 주요 발명품이 전시된 박물관이 임시로 만들어졌고, 멘로파크 실험실을 포함하여 에디슨의 흔적이 깃든 건물들이 복원되었다. 축제의 절정은 에디슨이 멘로파크에서 만들었던 탄소 필라멘트 전구의 복제품에 불을 붙이는 순간이었다. 극도로 쇠약한 상태였던 에디슨은 준비된 원고를 힘겹게 읽어 나갔다. "제게 영광을 베푸시는 여러분은 수많은 연구자들과 발명가들에게 영광을 베푸는 것과 같습니다. 그들이 없었다면 저는 아무것도 이룰 수 없었을 것입니다."

그로부터 2년 뒤인 1931년 10월 18일에 에디슨은 84세의 일기로 세상을 떠났다. 그가 마지막으로 남긴 말은 "나는 아주 오래 살았다. … 신념을 가져라. 전진하라!"였던 것으로 전해진다. 그의 업적과 유산은 웨스트오렌지에 설립된 에디슨 국립 역사박물관에 보존되어 있다.

1931년 10월 21일 밤에는 미국 전역의 전등이 1분 동안 꺼졌다. 에디슨이 사망한 3일 후 추도의 의미를 담은 행사가 이루어졌던 것이다. 그 행사는 엔지니어 출신의 미국 대통령인 후버(Herbert Hoover)의 요청으로 실현되었다. 이를 몰랐던 시민들은 대혼란에 빠졌다고 하지

그림 6-14

포스텍 무은재기념관 앞에 설치된 에디슨의 흉상. 반대편에는 아인슈타인의 흉상이 있다.

만, 만일 에디슨이 이 세상에 존재하지 않았다면 지금도 전 세계의 밤이 암흑일는지도 모른다. 그로부터 40여 년이 지난 1973년에 미국 특허청은 '발명가의 명예의 전당'을 설립하면서 에디슨을 제1호 발명가로 헌정했다. 이어 1983년에는 미국 의회가 에디슨의 생일인 2월 11일을 '국가 발명가의 날'로 지정했다.

생전에 에디슨은 다음과 같은 글을 남겼다. "위대한 발명의 역사를 보면 우연한 사고가 발명 아이디어의 단초를 제공한 사례가 있다. 그러나 이것은 올바른 사실이 아니고 그래서도 안 된다. 발명에는 약간의 재능과 엄청난 노력이 필요하다. 누구나 발명의 세계에 뛰어들 수 있다. 처음에는 다소 부족하겠지만 그가 계속 노력함에 따라 점차 성공적인 삶을 누릴 수 있다. 그러나 이 '엄청난 노력'의 의미를 이해하는 사람은 많지 않는 것 같다. 그 의미는 실패를 결코 인정하지 않는 열정을 가지고 발명품에 매달리면서 일찍 일어나고 늦게까지 깨어 있어야 한다는 것이다. 이런 종류의 사람들은 반드시 성공한다."

7장

화학비료에서 독가스로

프리츠 하버

19세기 말 인류는 '식량부족'이라는 어두운 그림자에 둘러싸여 있었다. 세계 인구는 16억 정도로 크게 늘어났지만, 농업생산성은 더 이상 증가하지 않았던 것이다. "식량은 산술급수적으로 증가하는 반면 인구는 기하급수적으로 팽창한다."는 맬서스의 예언이 들어맞는 듯했다. 이러한 배경에서 당시의 과학계에서는 화학비료를 개발하여 전 세

그림 7-1
암모니아 합성법으로 1918년
노벨 화학상을 수상한 프리츠 하버

계의 인구를 먹여 살리는 것이 중요한 과제로 떠올랐다. 그것은 독일의 화학자인 프리츠 하버(Fritz Haber, 1868~1934)가 1909년에 공기 중의 질소로 암모니아를 합성하는 데 성공함으로써 해결되기 시작했다. 그는 제1차 세계대전 때 독가스를 개발하여 조국 독일에 크게 봉사했지만, 히틀러가 집권한 이후에는 국외추방을 당해야 했던 비운의 경력을 지닌 사람이기도 했다.

질소비료의 꿈

식물이 성장하기 위해서는 탄소, 수소, 산소, 질소, 인, 칼륨 등의 원소가 필요하다. 그 중 탄소는 공기 중에서 이산화탄소의 형태로, 수소와 산소는 뿌리를 통해 물의 형태로, 그 밖의 원소들은 토양에서 무기 염류의 형태로 흡수된다. 그런데 농작물의 경우에는 식량용으로 매번 거두어들여지기 때문에 토양 속의 양분이 부족해져 이를 인위적으로 공급해 줄 필요가 있다. 이처럼 농작물에 양분을 주기 위해 토양에 뿌리는 물질을 비료(肥料, fertilizer)라고 한다.

인류는 오랫동안 식물의 퇴적물이나 동물의 분뇨를 비료로 사용해 왔다. 18세기에는 "퇴비는 돈의 어머니이다."는 속담이 생겨날 정도로 천연비료의 사용이 본격화되었다. 그러나 산업화의 진전과 위생상태의 개선으로 인구가 가파르게 증가하면서 천연비료에 의존하는 농업은 한계에 봉착했다. 이에 대응하여 19세기 이후에는 비료를 과학적으로 분석하고 인공적으로 합성하기 위한 시도가 계속되었다. 1840년에 독일의 화학자 리비히(Justus von Liebig)는 질소, 인, 칼륨이 농작물의 성장을 촉진한다는 점을 체계적으로 밝혔다. 질소, 인, 칼륨은 비료의 3요소로 불리는데, 리비히는 그 중 어느 하나라도 부족하면 농작물이 제대로 성장하지 못한다는 '최소량의 법칙'을 주창하기도 했다.

비료의 3요소 중 유럽 사회에서 가장 문제가 된 것은 질소였다. 인산비료와 칼륨비료는 비교적 쉽게 확보할 수 있었지만, 질소비료의 경우에는 그렇지 않았던 것이다. 당시 유럽은 칠레 초석(칠레에서 산출되는 천연 질산나트륨 광을 정제한 것)으로 알려진 질소비료의 원료를 남아메리카로부터 수입해서 사용하고 있었다. 그러나 칠레 초석에 대한 수요가 엄청났기 때문에 칠레 초석이 곧 고갈될 것은 자명한 이치였다. 1879~1883년에는 아타카마 사막에 있는 칠레 초석의 생산지를 둘러싸고 페루, 칠레, 볼리비아가 피비린내 나는 전쟁을 벌이기도 했다.

질소비료를 개발하기 위한 근본적인 해결책은 공기 중의 약 78%를 차지하는 질소를 활용하는 데 있었다. 질소를 고정하는 방법으로 과학자들이 처음 주목한 것은 산화질소 합성법이었다. 산화질소는 18세기 중엽에 영국의 과학자 캐번디시(Henry Cavendish)가 전기방전을

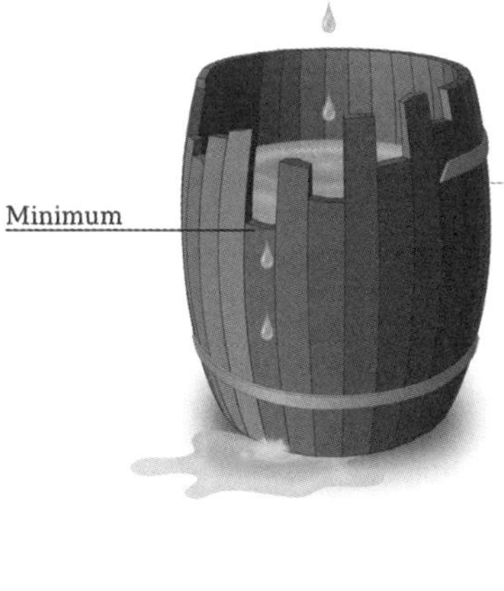

그림 7-2

최소량의 법칙을 설명하는 데 널리 사용되고 있는 리비히의 물통(Liebig's barrel). 여러 개의 나무판을 잇대어 만든 나무 물통이 있을 때, 나무 물통에 채워지는 물의 양은 가장 낮은 나무판에 의해 결정된다.

이용해 합성한 것으로 고온에서 공기 중의 질소와 산소가 반응해서 생성된다. 산화질소를 물에 녹이면 질산이나 아질산이 생기고, 그것을 가공하면 질소비료를 생산할 수 있다. 19세기 말에는 오스트발트(Wilhelm Ostwald)와 네른스트(Walter Nernst)를 비롯한 많은 화학자들이 산화질소의 합성에 뛰어 들었다. 그러나 산화질소 합성법은 엄청난 양의 전기를 요구했기 때문에 경제성을 결여하고 있었다.

산화질소 합성법의 대안으로 고려된 것은 암모니아 합성법이었다. 질소를 수소와 결합시켜 비료의 원료인 암모니아를 만든다는 것이었다(이를 화학반응식으로 표현하면 $N_2+3H_2=2NH_3$이 된다). 사실상 리비히 이래 많은 화학자들이 암모니아 합성법에 도전했지만 아무도 성공하

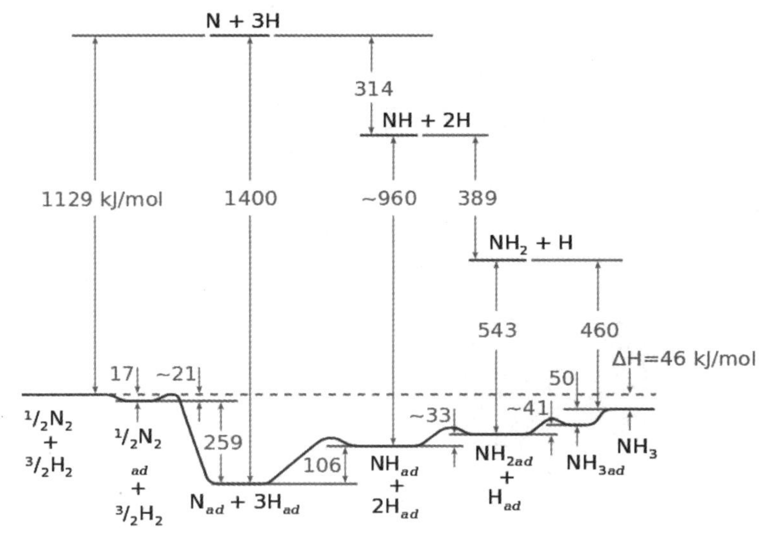

그림 7-3

암모니아 합성에 대한 에너지 다이어그램

지 못했다. 질소 분자를 이루고 있는 두 원자는 매우 강한 화학결합으로 묶여 있기 때문에 암모니아를 다량으로 만들 수 있을 정도로 질소 분자를 분리하는 것은 매우 어려운 일이었다. 열을 가함으로써 질소 원자와 수소 원자를 잠깐 동안 결합시킬 수는 있었지만, 암모니아는 금방 질소와 수소로 다시 분해되었던 것이다.

여러 대학을 옮겨 다니다

하버는 1868년 12월 9일에 폴란드의 서남쪽에 위치한 브로츠와프에서 태어났다. 브로츠와프는 1871년에 독일에 합병된 후 브레슬라우로 불렸으며, 1945년에 다시 폴란드 소속으로 바뀌었다. 하버의 부모는 모두 유대인이었고 아버지는 염료를 취급하는 상인이었다. 어머니는 출산 후유증으로 하버가 태어난 지 3주 만에 세상을 떠났고, 이를 계기로 아버지는 하버를 좋지 않게 생각했다. 아버지는 얼마 지나지 않아 재혼했으며, 외삼촌이 하버를 무척 아꼈다.

하버는 어린 시절에 책 읽기를 좋아했고 글쓰기에도 뛰어난 재능을 보였다. 그는 11살 때 엘리자베스 고등학교에 진학하여 라틴어, 역사, 수학, 물리 등을 공부했다. 하버가 어떤 계기로 화학에 관심을 가지게 되었는지는 알 수 없으나 고등학교 시절에 집에서 화학 실험을 했던 것으로 전해진다. 아버지가 하버의 실험을 못마땅하게 생각하자 외삼촌은 하버가 실험을 계속할 수 있도록 별도의 공간을 마련해 주었다고 한다.

하버는 1886년 9월에 고등학교를 졸업했는데, 아버지는 자신의 가게에서 도제로 일해 주기를 원했다. 그러나 하버는 화학자의 길을 꿈꾸고 있었다. 이번에도 외삼촌의 협조로 아버지를 가까스로 설득할 수 있었다. 하버는 1886년 겨울에 고향을 떠나 베를린 대학에 등록했다.

당시 베를린 대학에는 호프만(August Wilhelm von Hofmann)과 헬름홀츠(Hermann von Helmholt)를 비롯한 우수한 과학자들이 포진되어 있었지만, 하버는 그들에게서 별다른 영향을 받지 못했다. 오히려 하버를 사로잡았던 것은 딜타이(Wilhelm Dilthey)의 철학 강의였다고 한다. 하버는 베를린 대학에서 첫 학기를 마친 후 1887년 여름에 하이델베르크 대학으로 옮겨 학업을 계속했다. 그는 분젠(Robert Bunsen) 교수의 지도로 화학 실험에 관한 기본적인 훈련을 받을 수 있었다.

하버는 1899년 여름에 고향인 브레슬라우로 가서 1년 동안 군 복무를 했다. 그는 포병연대에서 근무하면서 브레슬라우 대학의 철학

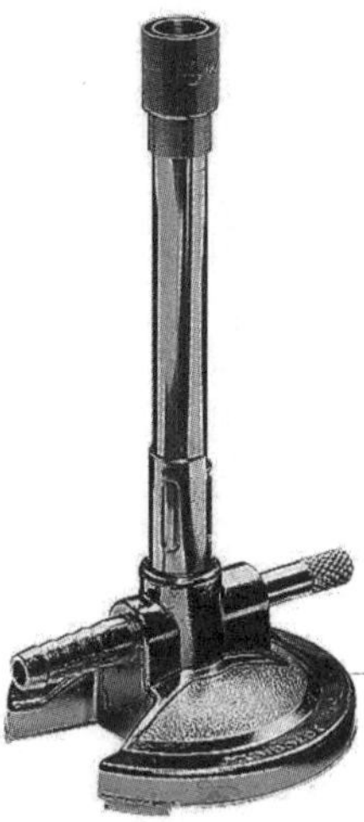

그림 7-4
가열용 실험기구로 널리 사용되는 분젠 버너

강의를 들었고 문학 클럽에도 참석해 토론을 즐겼다. 첫 번째 부인이 되는 2살 연하의 클라라 임메르바르(Clara Immerwahr)를 처음 만난 것도 이때였다. 하버는 1890년 가을에 베를린의 있는 샬로텐부르크 공과대학(오늘날의 베를린 공과대학)에 등록했다. 거기서 하버는 리버만(Carl Liebermann) 교수의 지도로 유기화학에 관한 공부를 계속했다.

하버는 리버만이 제안한 과제를 열심히 수행한 결과 1891년 5월에 「피페노날(Piperonal)의 유도체에 관한 연구」로 박사학위를 받을 수 있었다. 박사학위 자격시험에서 화학 성적은 신통하지 못했고 철학 성적은 제법 우수했다고 한다. 흥미롭게도 하버가 박사학위를 받은 곳은 베를린 대학이었고, 공식적인 지도교수는 당대의 유명한 유기화학자인 호프만(August von Hofmann)이었다. 샬로텐부르크 공과대학의 경우에는 1899년 이전에는 박사학위를 수여할 수 없었지만, 다행히 리버만은 샬로텐부르크 공과대학과 베를린 대학에서 동시에 교수직을 맡고 있었다. 하버는 박사학위를 받은 후 친구에 보낸 편지에서 다음과 같이 썼다. "졸업 논문은 형편없는 것이었네. 롤빵을 굽는 것처럼 1년 동안 새로운 물질들을 만들었지. … 겸손을 배우기엔 좋았어." 당시 하버의 나이는 22세였다.

연구자의 경력 쌓기

하버는 박사학위를 받은 후 이곳저곳을 돌아다니며 연구자의 경험을 쌓았다. 헝가리의 알코올 증류소, 오스트리아의 소다 공장, 폴란드의 소다 광산 등에서 화학기술을 배웠다. 또한 스위스 취리히에 소재한 연방공과대학에서 6개월 머물면서 화학분석과 화학공정에 대한 식견을 넓혔다. 잠시 고향에 들러 아버지의 사업을 도와주기도 했는데, 석회의 수요를 잘못 예측하는 바람에 거액을 날리고 말았다.

1892년에 하버는 예나 대학으로 가서 박사후 연구과정을 밟으면서 물리화학에 관심을 갖게 되었다. 화학반응의 물리적인 원리를 탐구하는 물리화학은 당시에 새롭게 부상하고 있던 분야였다. 하버는 라이프니츠 대학의 오스트발트(Friedrich Wilhelm Ostwald)에게 연구조수로 써 달라는 편지를 보냈지만, 오스트발트는 끝내 하버를 제자로 받아들이지 않았다. 하버는 예나 대학에 있는 동안 기독교로 개종했다. 예나 대학의 설립 기반이 루터교인 까닭도 있었겠지만, 당시에는 유대인들이 상류 사회에 진입하기 위해 개신교로 개종하는 경우가 많았다.

1894년에 하버는 카를스루에 공과대학에서 분테(Hans Bunte) 교수의 연구조수가 되었다. 당시에 하버는 에너지 전달의 기본개념을 이용해 탄화수소의 열분해에 관한 실험을 이론적으로 설명하는 데 큰 매력을 느꼈다. 2년간의 집중적인 연구 끝에 탄화수소의 분해 및 연소에 관한 책을 출간했고, 그 책으로 하버는 유럽 화학계의 주목을 받기 시작했다. 하버는 탄화수소의 열분해에 관한 업적으로 국가교수자격(Habilitation)을 받아 사강사(Privatdozent)로 활동하기 시작했다.

하버는 카를스루에 공과대학에서 물리화학과 전기화학을 중심으로 연구와 강의를 계속했다. 실제 생활에 이용할 수 있는 주제로 관심을 확대했고, 여러 산업체의 자문을 맡기도 했다. 하버는 30세가 되던 1898년에 카를스루에 공과대학의 부교수가 되었다. 1901년에 하버는 한 화학학회에서 클라라 임메르바르를 다시 만났고, 얼마 지나지 않아 두 사람은 결혼식을 올렸다. 클라라는 1900년에 브레슬라우 대학에서 여성으로서는 최초로 박사학위를 받은 후 연구자의 길을 모색하고 있었다.

하버는 클라라와 재회한 후 그녀의 삼촌에게 다음과 같은 편지를 썼다. "운명은 제게 미소를 보내주었습니다. 제가 학생 시절에 좋아했다가 그 후 10년 동안 잊으려고 애썼지만 잊을 수 없었던 당신의 조카딸, 클라라 임메르바르 박사가 저에게 '좋아요'라고 대답했습니다. 우리는 프라이부르크에서 열린 학회 때 만나 서로 얘기를 나누었고, 마침내 저는 클라라가 저와 함께 살겠다고 설득하는 데 성공했습니다. … 우리는 꿈속에 싸인 동화 속의 왕자와 공주 같습니다."

하버는 1906년에 카를스루에 공과대학의 정교수로 승진했다. 이제 그는 누구의 간섭도 없이 독자적으로 자신이 관심을 가진 일을 벌일

그림 7-5
하버의 첫 번째 부인인
클라라 임메르바르

수 있게 되었다. 하버는 같은 대학의 교수들은 물론 다른 연구소나 산업체의 전문가들과도 친밀한 관계를 형성했다. 여기에는 클라라의 내조도 한 몫을 했다. 그녀는 하버가 1906년에 『기체반응의 공업열역학』을 발간하는 데도 조력자의 역할을 마다하지 않았다. 하버는 그 책을 아내에게 헌정했다. "사랑하는 아내 클라라 하버 박사에게, 조용히 작업을 도와준 데 감사하며."

암모니아를 합성하기까지

하버는 1903년부터 암모니아 합성법에 관심을 보였다. 그는 질화칼슘과 수소를 고온에서 반응시켜 암모니아를 얻었지만, 생성되는 암모니아의 양이 너무 적었다. 곧이어 질소와 수소를 직접 반응시켜 암모니아를 합성했지만, 이번에는 수율(收率)이 낮아 별다른 쓸모가 없었다. 하버는 암모니아 합성법에 대한 연구를 일단 보류했다가 1907년부터 다시 도전했다. 그해에 함부르크에서 열린 독일 물리화학회에서 하버는 암모니아 생성 반응에서 농도가 어떻게 변화하는가에 대하여 네른스트와 논쟁을 벌였고, 그것이 계기가 되어 암모니아 합성에 더욱 박차를 가했던 것이다.

하버는 상당히 높은 압력을 활용하면 암모니아의 수율을 높일 수 있다고 생각했다. 그는 학회를 마치고 카를스루에로 돌아오자마자 기계기술자인 키르헨바우어(Friedrich Kirchenbauer)의 도움으로 고압 반응 기구를 제작했다. 이어 영국 출신의 화학자 르 로시뇰(Robert Le Rossignol)과 함께 밤낮없이 암모니아 합성에 관한 실험을 진행했다.

밤중에 열쇠를 두고 나오는 바람에 지하실 창문을 통과해 실험실로 들어가는 일도 종종 있었다고 한다. 훗날 하버는 노벨상 수상 연설에서 르 로시뇰과 키르헨바우어에게 감사를 나타냈고, 노벨상 상금을 두 사람에게 나누어 주기도 했다.

하버가 직면한 또 다른 과제는 고온에서도 효과적으로 작용할 수 있는 촉매를 찾는 것이었다. 당시에 널리 사용된 촉매에는 철, 니켈, 망간 등이 있었다. 그러나 그것들은 높은 온도에 이르면 기능이 크게 떨어지는 문제점을 보였다. 하버는 수많은 화학물질로 실험을 수행한 끝에 암모니아 합성에 사용할 수 있는 촉매로 희토류 원소인 오스뮴

그림 7-6
하버 연구진이 암모니아를 합성하는 실험에서 사용한 장치

에 주목했다.

1909년 3월에 하버의 연구진은 550℃, 175기압의 조건에서 오스뮴을 촉매로 사용하면 암모니아의 수율을 8%로 높일 수 있다는 결론을 도출했다. 당시에 하버는 암모니아가 생성되는 것을 눈으로 직접 확인하기 위하여 반응 기구에 냉각장치를 설치했다. 실험이 성공하여 응축된 암모니아가 한 방울씩 떨어지기 시작하자 이를 확인한 하버가 "떨어진다. 떨어진다!"고 환성을 질렀다는 유명한 일화도 전해진다. 하버 연구진의 작업은 "대학교에서 공업적인 반응공정이 이처럼 완벽하게 개발된 경우는 거의 없다."라는 평가를 받을 정도로 완성도가 높은 것이었다.

질소비료의 대량생산

하버는 이러한 실험결과를 상업화하기 위하여 1909년 7월에 BASF(Badische Anilin und Soda Fabrik, 바덴 아닐린 소다 공장)의 지원을 얻어냈다. BASF는 당시 독일에서 가장 규모가 큰 화학업체로 인공염료에 이어 화학비료에 적극적인 관심을 보이고 있었다. 하버가 사용한 촉매인 오스뮴은 구하기가 어려워 암모니아의 대량생산에는 적합하지 않았다. BASF는 수석 화학자인 보슈(Carl Bosch)를 중심으로 암모니아의 대량생산을 위한 연구를 진행했다. 보슈의 연구진은 악전고투 끝에 높은 압력과 온도를 견딜 수 있는 대형 용기를 만들어 암모니아의 대량생산을 위한 체제를 구축했다. 또한 약 2만 번의 실험을 끈질기게 수행하여 산화알루미늄이 소량 함유되어 있는 산화철이 효과적인 촉매라는 점을 알아냈다.

BASF는 1910년 여름에 파일럿 플랜트에서 암모니아를 시험적으로 생산한 후 1913년 9월에 하루 20톤의 규모로 암모니아를 대량으로 생산하는 단계에 진입했다. 이때 사용된 공정은 '하버–보슈 공정(Haber–Bosch process)'으로 불리는데, 지금도 암모니아 합성을 위한 가장 저렴하고도 효율적인 방법으로 남아 있다. 하버는 암모니아 합성법으로 1918년 노벨 화학상을 수상했으며, 보슈는 화학적 고압 방법을 개발한 공로로 1931년에 베르기우스(Friedrich Bergius)와 함께 노벨 화학상을 수상했다. 하버의 발명 덕분에 인류는 만성적인 식량 부족에서 벗어날 수 있었고, 하버는 '공기로 빵을 만든 과학자'로 칭송받았다.

그림 7–7
'밀이 이렇게 멋지게 자랄 수 있습니다.' 1927년에 BASF가 출시한 화학비료 니트로포스카(Nitrophoska)를 선전하는 포스터

암모니아의 합성이라는 하버의 업적은 인류에게 엄청난 혜택을 가져다주었다. 만약 화학비료가 없었더라면 당시에 급격히 증가하고 있었던 인구를 먹여 살릴 식량이 충분히 제공될 수 없었을 것이다. 예를 들어 화학비료의 사용으로 미국의 옥수수 생산량은 이전에 비해 6배나 증가할 수 있었다. 오늘날에도 전 세계적으로 약 1억 7,500만 톤의 질소가 경작지에 뿌려지고 있는데, 그 중 약 40%는 하버-보슈 공정을 통해 합성된 비료이다. 사람이 섭취하는 단백질의 약 75%가 농작물에서 직·간접적으로 얻어진다는 점을 감안한다면, 세계 인구가 섭취하는 단백질의 약 1/3이 질소비료에서 나오는 셈이다.

암모니아 합성의 상업화가 추진되고 있던 1911년에 하버는 베를린 대학의 화학과 교수로 임용되었다. 그는 카이저 빌헬름 협회(Kaiser Wilhelm Gesellschaft)에 소속된 물리화학·전기화학 연구소의 초대 소장도 맡았다. 카이저 빌헬름 협회는 독일 황제인 빌헬름 2세의 이름을 따 설립된 독일 최고의 연구기관으로 당시의 유명한 은행가이자 기업가인 코펠(Leopold Koppel)이 막대한 자금을 지원했다. 하버는 코펠이 운영하던 회사에 자문역으로 활동하고 있었고, 코펠의 추천으로 하버는 베를린으로 자리를 옮길 수 있었던 것이다. 1920년에는 하버가 호프만과 피셔(Hermann Emil Fischer)에 이어 베를린 대학의 화학과 학과장을 맡았다.

독가스 개발에 앞장서다

하버-보슈 공정이 개발된 1913년은 독일 정부에게도 매우 적절한 시기였다. 암모니아는 식량 증산에 필요한 비료뿐만 아니라 화약 제조에 필수적인 질산의 원료로도 중요한 물질이기 때문이었다. 1914년 6월에 제1차 세계대전이 발발하자 연합군은 독일을 봉쇄하여 칠레로부터 초석을 수입할 수 없도록 만들었다. 이에 대응하여 독일 정부는 BASF의 생산 품목을 비료에서 화약으로 전환할 것을 요구했다. 보슈는 암모니아 공장을 질산염 공장으로 개조했으며, 1915년 5월에는 매일 150톤의 질산염을 생산하는 체제를 구축했다. 만약 하버-보슈 공정이 때마침 개발되지 않았더라면 독일이 탄약을 충분히 확보하지 못해 전쟁이 조기에 종식되었을지도 모른다.

제1차 세계대전을 계기로 하버라는 화학자의 운명은 농업의 영역에서 전쟁의 영역으로 급속히 편입되어 갔다. 전쟁이 발발하자 하버는 모든 독일인과 마찬가지로 군 복무의 의무를 수행해야 했다. 당시의 독일 육군의 고위 간부들은 독가스의 개발을 강력히 추진하고 있었는데, 하버는 1914년 말에 네른스트의 뒤를 이어 독가스 연구의 책임자가 되었다. 하버의 연구진에는 한(Otto Hahn), 프랑크(James Franck), 가이거(Hans Geiger), 헤르츠(Gustav Hertz) 등과 같이 나중에 노벨상을 수상하는 과학자도 상당수 포함되어 있었다.

하버의 연구진은 여러 물질을 다각도로 검토한 끝에 염소를 독가스의 원료로 선정했다. 염소는 독성이 강력하고 공기보다 무거우며 운반이 편리한 특성을 가지고 있어서 독가스로 사용하기에 안성맞춤이었다. 연구진은 염소를 어떤 기상상태에서 사용하는 것이 좋을지에 대해서도 면밀한 조사를 진행했다. 더 나아가 그들은 염소보다 더욱 치명적인 가스들도 찾아내어 무기로서의 가능성을 타진하기도 했는데, 거기에는 포스겐, 비소, 청산을 함유한 유기화합물도 있었다. 하버의 연구진은 1915년 1월에 독가스를 시험적으로 생산하는 데 성공했다.

1915년 4월 22일, 벨기에의 이프르 전선에서는 세계 최초로 독가스가 살포되었다. 공격에 앞서 독일군은 전선을 따라 6천 개의 실린더를 땅에 묻었고, 공격 개시 명령이 내려지자 150톤의 염소가스가 연합군의 참호 쪽으로 흘러갔다. 연합군 병사들은 참호를 버리고 탈출했고, 몇 시간 후 독일군은 손쉽게 이프르 전선을 점령할 수 있었다. 사망자는 5천 명, 부상자는 1만 5천 명에 이르렀다. 하버는 독가스를 개발한 공로를 인정받아 예비역 중사에서 대위로 진급했는데, 그것은 독일군

그림 7-8

제1차 세계대전 때 방독면을 쓴 병사는 전쟁의 무자비함과 비인간성을 보여주는 상징적인 존재가 되었다.

자료: Bundesarchiv, Wikimedia Commons

역사상 유례가 없는 일이었다.

연합군은 독일의 독가스 공격이 야만적이라고 비난했지만 얼마 지나지 않아 독가스 개발과 살포에 동참하는 행보를 보였다. 영국군이 1915년 8월에 루스 전투에서 염소가스 공격을 감행했던 것이다. 제1차 세계대전이 종료되기 전까지 영국, 독일, 미국은 염소가스보다 더 독성이 강한 독가스를 잇달아 개발했다. 이와 함께 독일군과 연합군은 독가스를 막을 수 있는 방독면을 개발해 전선에 보급하기 시작했고, 결국 제1차 세계대전은 독가스와 방독면을 놓고 군비경쟁(arms race)을 하는 양상을 띠게 되었다. 전쟁이 진행되는 동안 12만 톤이 넘는 독가스가 살포되었고 수십만 명의 사상자가 발생했다. 전후에는 비도덕적인 군사무기의 사용을 제한하자는 논의가 잇따랐으며, 결국 1925년에는 전쟁에서 화학무기와 생물학무기의 사용을 금지하는 제네바협약이 체결되었다.

클라라의 극단적 선택

하버는 1914년 10월에 〈문명세계여 들어라(An die Kulturwelt)!〉라는 선언에 참여했다. 이 선언에는 독일의 엘리트 지식인 93명이 서명했는데, 과학자 명단에는 하버 이외에도 네른스트, 오스트발트, 플랑크(Max Planck), 뢴트겐(Wilhelm Röntgen), 빈(Wilhelm Wien) 등과 같은 노벨상 수상자들이 포함되어 있었다. 93명의 지식인들은 독일의 군국주의가 문명의 첨병이라고 주장하면서 독일의 벨기에 침공이 정당하다고 강변했다. 이에 대해 소수의 독일 과학자들은 아인슈타인의 주도하에 영토 병합이 없는 정의로운 평화를 요구하는 대항 선언문을 발표하기도 했다.

제1차 세계대전이 끝난 후에 하버에게는 '전범(戰犯)'이라는 낙인이 찍혔다. 그가 1918년 노벨 화학상을 수상했을 때에는 "전범에게 노벨상을 줄 수 없다"는 강력한 항의가 빗발쳤다. 이에 대해 하버는 "과학자는 평화 시에는 세계를 위하여 일하지만 전쟁 시에는 조국을 위해 일한다."고 말하기도 했다. 독가스 사용에 대한 논란에 대해서는 다음과 같은 태도를 견지했다. "어떤 방법으로 죽든지 죽음은 죽음일 뿐이다. 총에 맞아 피를 흘리며 서서히 죽는 것과 독가스에 질식해서 빨리 죽은 것이 무엇이 다른가?"

그림 7-9

1919년에 사전트(John S. Sargent)가 그린 〈가스 공격을 받다(Gassed)〉로 제1차 세계대전 때 머스터드가스 공격을 받고 실명한 병사들의 모습을 담았다.

하버의 독가스 개발은 부인인 클라라와 불화가 심화되는 것으로 이어졌다. 클라라는 독가스와 같은 무기에 대한 연구가 과학 본연의 임무에서 크게 벗어난 것이라고 비판했다. 이에 대해 하버는 그녀가 지나치게 이상적인 생각을 가지고 있으며, 독일이 커다란 곤경에 빠졌는데도 모른 체 한다고 비난했다. 클라라는 남편을 독가스 개발로부터 돌아서게 하려고 많은 노력을 했지만, 하버는 끝내 마음을 바꾸지 않았다. 1915년에 세계 최초의 독가스 공격이 성공적으로 끝나고 하버가 다른 사람들의 찬사를 받으며 개선장군처럼 돌아왔을 때 클라라는 자신을 지탱할 수 있는 힘을 완전히 잃고 말았다. 결국 5월 2일 새벽에 그녀는 마지막 작별의 글을 남긴 후 남편의 권총을 가지고 정원으로 나가 방아쇠를 당겼다.

하버의 독가스 개발은 클라라를 죽음으로 몰아넣은 계기로 작용했지만, 사실상 하버와 클라라는 근본적으로 융화되기 어려운 성격을 가지고 있었다. 클라라는 순수하고 부드럽고 검소하고 총명했으며 완벽을 추구하는 사람이었다. 반면에 하버는 다양한 주제의 대화를 즐겼고 여러 여자들과 어울렸으며 돈 쓰는 것을 좋아했다. 하버에게 중요했던 것은 가정이 아니라 사회적 활동이었다. 실제로 하버가 새로운 명성을 얻을 때마다 그의 얼굴에는 생기가 넘쳤다. 그는 아내가 남들 앞에서는 귀품 있는 귀부인 티를 내고, 자기 앞에서는 애교스럽게 굴기를 원했다. 그러나 클라라는 남편의 마음에 드는 아내가 되기보다는 끝까지 자신의 고귀한 성품을 지키려 했다.

클라라는 1909년에 자신의 지도교수이자 하버의 친구인 아벡에게 보낸 편지에서 자신의 처지를 다음과 같이 한탄했다. "[결혼 후] 지난

8년 동안 프리츠가 얻은 것은 바로 제가 잃은 것입니다. 그리고 이제 저에게 남은 것조차도 저를 깊은 불만족으로 채울 뿐입니다. 자신의 모든 능력을 할 수 있는 데까지 개발하고 삶이 제공하는 모든 것을 가능한 한 많이 경험하는 것만이 가치 있는 삶이라는 게 저의 일관된 인생관이었습니다. 저는 삶의 중요한 경험을 놓치지 않기 위해 결혼하기로 결심했던 것입니다. 그러나 결혼을 통해 얻은 비약은 잠깐이었을 뿐입니다. 저에게도 일부 책임이 있지만 대부분의 책임은 결혼 생활에서 자기 자신만을 주장하는 프리츠의 압도적인 태도에 있습니다. 그런 사람 옆에서는 악착같이 자신을 내세우지 못하면 누구나 파멸하고 맙니다."

클라라가 세상을 떠난지 얼마되지 않아 하버는 샬로테 나탄(Charlotte Nathan)과 열정적인 사랑에 빠졌다. 샬로테는 하버보다 21살이나 어렸으며, 클라라와 정반대의 성격을 가지고 있었다. 하버는 재혼을 미루다가 1917년 10월에 샬로테와 결혼식을 올렸다. 그러나 그들의 결혼생활도 그리 원만하지 않았고, 10년 뒤에 이혼하는 것으로 이어졌다. 자신이 절제와 근면을 미덕으로 삼고 있다고 생각했던 하버는 젊은 아내의 자유분방함을 계속해서 받아들일 수 없었던 것이다.

"내 평생에 지금처럼 유대인이었던 적은 없다"

하버는 자신을 유대인이 아닌 독일인으로 생각하면서 모든 열과 성을 다해 조국 독일에 봉사하는 애국자였다. 베를린에 있는 그의 집 책상 위에는 빌헬름 2세가 직접 서명한 초상화가 걸려 있었다. 독일이

패전하자 하버는 자신의 노력이 부족했기 때문에 조국이 패배했다고 여기면서 자신을 학대하기도 했다.

하버는 독일이 330억 달러라는 막대한 전쟁 배상금을 치를 능력이 없다는 점을 알고 바다에서 금을 찾는 작업에 착수했다. 연구소의 인원과 시설을 동원해 바닷물에 화학약품을 투척하여 금 이온을 침전시키는 대규모 프로젝트를 추진했던 것이다. 이를 위해 하버는 해운회사의 상선에 실험실과 추출공장을 설치하기도 했으나, 바닷물에 녹아 있는 금의 함량이 생각했던 것보다 너무 적어서 프로젝트는 실패로 끝나고 말았다.

1933년에 히틀러의 나치 정권이 집권하면서 하버에게도 비운이 닥쳐왔다. 히틀러는 독일인이 세계의 주인이 될 민족이라고 부추기면서 아리안족이 아닌 모든 인종을 박해하기 시작했다. 특히 유대인은 이러한 인종박해의 중심에 놓여 있었다. 당시의 법률에 따르면 참전용사는 해고에서 제외되었기 때문에 하버는 물리화학·전기화학 연구소 소장의 지위를 계속 유지할 수 있었다. 그러나 연구소에 있는 유대인 동료들을 해고하도록 강요받게 되자 그는 정부의 시책에 강력히 항의하기 시작했다. 하버는 4월 30일에 연구소장직을 사퇴하기로 결심하면서 교육부 장관에게 편지를 썼다. 마지막까지 충실한 공직자이었던 하버는 사무적인 문장으로 자신의 감정을 직접적으로 드러내지 않았다.

"사직하기를 요청하는 이유는, 제가 지금까지 살아왔던 연구 전통과 현재 전국적인 규모의 운동으로 대표되는 장관님 부처가 지지하는 관점이 너무 다르기 때문입니다. 제가 살아왔던 전통에서는 과학자가 일자리를 얻을 때 지원자의 업무 및 개인의 자질만을 고려하지, 민족적인 기질을 고려하지는 않습니다. 65세가 된 사람에게 지난 39년 동안 대학에서 일하면서 지켜왔던 사고방식을 바꾸라 하시리라고는 생각하지 않습니다. 그리고 조국 독일을 위해 인생을 바쳐 봉사했던 사람이 이 사직서를 쓰면서 느끼는 자부심을 이해해 주시리라 믿습니다."

하버가 사임한다는 소식은 독일 사회의 주목을 받았다. 그는 독일 최고의 화학자로서 연구뿐만 아니라 국가에 대한 봉사로도 유명했던 것이다. 그러나 나치 당국은 단호하게 대처했다. 그들이 보기에 하버는 독일의 화학자, 독일의 군인, 독일의 애국자도 아닌 '유대인 하버'에 지나지 않았다. 하버는 같은 해 8월에 유대인 출신의 유명한 과학자인 아인슈타인에게 "내 평생에 지금처럼 유대인이었던 적은 없다"라는 편

그림 7-10
유대인의 양극단을 보여준 하버와 아인슈타인(1914년)

지를 보내기도 했다. 하버가 독일에 완전히 동화되었을 뿐만 아니라 충성심이 극도로 강한 유대인의 면모를 보여주었다면, 독일인이면서도 자신의 나라에 항상 의문을 품었던 아인슈타인은 유대인의 또 다른 모습을 상징했다.

하버는 연구소를 그만둔 뒤 케임브리지 대학의 초청을 받아 영국으로 갔다. 그러나 독가스 개발을 주도했다는 이유로 수모를 받았으며, 영국의 날씨도 그의 건강에 도움이 되지 않았다. 때마침 아세톤의 대량생산 방법을 알아낸 화학자로 훗날 이스라엘 초대 대통령이 되는 하임 바이츠만(Chaim A. Weizmann)이 새로 설립되는 시프 연구소(현재의 바이츠만 과학연구소)의 소장직을 제안했다. 하버는 이를 수락한 후 1934년 1월 이스라엘로 가던 도중에 스위스 바젤에서 심장마비로 세상을 떠났다. 그로부터 10년도 지나지 않아 유대인 수용소에서는 100만 명에 이르는 하버의 동족들이 독가스에 의해 무참히 죽어갔다. 하버의 파란만장한 인생은 과학기술이 가지는 양면성과 과학기술자의 사회적 책임에 대한 문제를 강력히 제기하고 있다.

8장

현대물리학의 기반을 마련한 평화주의자

알베르트 아인슈타인

과학의 역사에서 가장 중요한 두 공식으로는 $F=ma$와 $E=mc^2$가 꼽힌다. 이러한 공식은 과학의 천재로 간주되고 있는 아이작 뉴턴(Isaac Newton, 1642~1727)과 알베르트 아인슈타인(Albert Einstein, 1879~1955)이 각각 만들었다. 두 사람이 중요한 과학적 업적을 이루었던 1666년과 1905년은 '기적의 해(Annus mirabilis)'로 불린다. 뉴턴은 1666년에 만유인력, 미적분학, 색깔 이론을 구상했으며, 아인슈타인은 1905년에 특수상대성이론, 광전효과(photoelectric effect), 브라운 운동 등에 대한 논문을 잇달아 출간했다. 천재는 과학적 업적도 한꺼번에 내놓는 모양이다. 갈릴레오가 사망한 연도에 뉴턴이, 맥스웰이 사망한 연도에 아인슈타인이 태어났다는 점도 흥미롭다.

그림 8-1
말년에 자전거 타기를 즐겼던 아인슈타인

학교에 잘 적응하지 못한 소년

아인슈타인은 1879년 3월 14일에 독일 울름의 유대인 집안에서 태어났다. 이듬해에 그의 가족은 뮌헨으로 이사를 갔고, 아버지인 헤르만 아인슈타인(Hermann Einstein)과 삼촌인 야코프(Jakob Einstein)는 조그마한 전기발전 공장을 차렸다. 어머니인 파울리네(Pauline Koch Einstein)는 음악적 소양이 풍부한 사람이었고 덕분에 아인슈타인은 6살 때부터 바이올린 교습을 받을 수 있었다. 아인슈타인은 나중에도 자주 바이올린을 연주했으며, 자신이 과학자가 되지 않았더라면 음악가가 되었을 것이라고 말한 적도 있다.

아인슈타인은 노년에 『나의 부고』라는 짤막한 글을 쓰면서 아버지가 나침반을 처음 보여주었던 때를 회상한 바 있다. 어느 쪽으로 돌려도 나침반 바늘이 항상 북쪽을 가리키는 모습이 어린 소년의 눈에는 무척 신기하게 보였던 모양이다. "나는 지금도 생생히 기억하고 있다. 그때 그 경험은 내게 영원히 사라지지 않을 깊은 인상을 심어주었다. 사물의 이면에는 반드시 깊숙이 감춰진 무언가가 있다."

초등학교 시절에 아인슈타인은 유럽인들의 뿌리 깊은 반유대주의(antisemitism)로 인해 큰 상처를 받았다. 어떤 선생이 수업 시간에 대못을 보여주며, 유대인은 예수를 죽인 민족이라고 말했던 것이다. 반유대주의는 아인슈타인이 존경받는 과학자가 된 후에도 그를 괴롭혔다. 아인슈타인은 삼촌의 도움으로 일찍부터 수학과 과학에 대한 서적을 접할 수 있었다. 아인슈타인은 12살 때 유클리드의 기하학을 접하면서 그것의 명확성에 강한 인상을 받았으며, 스스로 미적분학에 집중하여 공부하기도 했다.

아인슈타인은 1889년에 뮌헨의 루이트폴트 김나지움에 입학했다. 그는 수학과 과학 수업은 좋아했지만, 라틴어와 그리스어에는 별다른 흥미를 느끼지 못했다. 게다가 그 학교는 엄격한 독일식 훈육을 표방하고 있어서 아인슈타인은 학교생활에 회의를 느꼈다. "뮌헨의 김나지움은 수업 방식에 문제가 있어요. 딱딱하고 무거운 수업 분위가 싫어요. 암기만을 강요하는 그런 학교에서 공부하고 싶지 않아요." 아인슈타인은 병원에 가서 신경쇠약이라는 진단을 받은 후에 진단서를 휴학원과 함께 학교에 제출했다. 김나지움 시절에 그는 자신의 집에 머물던 유대계 의학도인 탈미(Max Talmy)에게 칸트의 철학을 배웠고, 이를 통해 자연현상을 폭넓게 보는 방법을 익힐 수 있었다.

1894년에 아인슈타인은 김나지움을 졸업하지 못한 채 이탈리아의 밀라노로 갔다. 당시에는 독일에서 사업에 실패한 아버지가 가족

그림 8-2
14살 때 아인슈타인의 모습

을 데리고 이탈리아로 와서 재기의 기회를 엿보고 있었다. 아인슈타인은 가족의 권유를 받아들여 전기공학자가 되기 위해 대학에 진학하기로 마음을 먹었다. 그러나 김나지움의 졸업장이 없었기 때문에 독일의 대학에는 갈 수 없었고 독일어를 사용하는 스위스의 학교를 택해야 했다. 아인슈타인은 취리히에 있는 연방공과대학(Eidgenössische Technische Hochschule, ETH)에 진학하기 위해 입학시험을 쳤는데, 수학과 물리학 성적은 뛰어났으나 다른 과목에서는 낙제를 했다. 그는 교수의 권유로 불충분한 과목을 보충하기 위하여 스위스의 아라우에 있는 아르가우 칸톤 학교를 1년간 다녔다. 칸톤 학교는 인도주의적 교육 방침을 강조한 페스탈로치(Johann Pestalozzi)의 영향을 많이 받은 학교였다.

칸톤 학교에서 아인슈타인은 독일의 김나지움과는 아주 다른 인상을 받았다. 그 학교는 매우 민주적으로 운영되었고 고전어 교육보다는 수학과 실용적 학문을 강조하고 있었다. 칸톤 학교에서의 교육은 아인슈타인의 자유로운 사고를 형성하는 데 많은 영향을 미쳤다. 훗날 아인슈타인은 그 학교에 대해서 “유럽의 오아시스라 할 수 있는 스위스에서도 잊지 못할 오아시스였다”고 극찬했다. 칸톤 학교에 다니면서 아인슈타인은 「자기장 내 에테르의 상태에 관한 연구」라는 제목의 첫 과학 에세이를 작성했으며, “내가 빛을 올라타고 갈 수 있다면 그 빛이 어떻게 보일까”에 대한 사고실험도 했다.

훗날 아인슈타인은 16세 때의 사고실험에 대해 다음과 같이 회고했다. “만일 내가 빛과 같은 속도로 운동하면서 빛을 바라본다면 나는 빛을 [널리 퍼져나가는 전자기파가 아니라] 제자리에서 진동하기만 하는 전자기장으로 관찰할 수 있을 것이다. 하지만 실험[결과들]이나 맥스웰 방정식으로 미루어볼 때 그런 현상은 없다. 빛의 속도로 운동하는 관찰자의 시점에서도 모든 현상이 지상에 정지해 있는 관찰자가 보는 것과 같은 법칙에 따라 일어나야 한다는 것이 나에게는 처음부터 직관적으로 분명해 보였다. 왜냐하면 빛의 속도로 운동하는 관찰자는 자신이 아주 빠른 등속운동을 한다는 것을 알거나 판단할 방법이 없기 때문이다.”

칸톤 학교 시절에 아인슈타인은 맥스웰의 전자기학을 공부하기 위해 푀플(August Föppl)이라는 공학자가 1894년에 발간한 『맥스웰의 전기이론 입문』을 읽었다. 그 책은 맥스웰의 전자기학을 요령 있게 설명하고 있었으며, 1924년까지 10만 부 이상이 팔릴 정도로 널리 읽혔다. 아인슈타인은 푀플의 책을 읽으면서 전자기 현상에 대한 동역학적 설명에 문제가 있다는 점을 깨달았다. 당시의 전자기학에서는 자석이 정지해 있고 도선이 움직이는 경우와 도선이 정지해 있고 자석이 움직이는 경우가 각각 다른 방식으로 설명되고 있었다. 자석이 움직이고 도체가 정지해 있으면 자석 주위에 전기장이 발생하고 그 전기장은 도체가 놓인 곳에 전류를 만들어내지만, 자석이 정지해 있고 도체가 움직이면 자석 주위에 전기장이 발생하지 않으며 도체 내에서 기전력만 생성된다는 것이었다. 아인슈타인은 이 문제를 10년 동안 계속해서 고민했다. 푀플의 책 5장의 제목이 「움직이는 도체의 전기역학」이고, 1905년에 발표된 아인슈타인의 특수상대성이론에 관한 논문이 「움직이는 물체의 전기역학에 대하여」라는 점도 흥미롭다.

학창 시절에 아인슈타인이 열등생이었다는 것은 근거 없는 소문에 불과하다. 그러한 오해가 생긴 것은 당시에 학교 성적을 표시하는 방식이 변경되었다는 점을 고려하지 않았기 때문이다. 스위스 학교의 성적 표시 방식은 1895년까지는 1을 최우수로 하는 6등급 체계였지만, 1896년부터는 6을 최우수로 하는 체계로 바뀌었다. 아인슈타인의 성적표는 1895년에 수학 1, 물리 1~2, 독일어 2~3이던 것이 1896년에는 수학 6, 물리 6~5, 독일어 4로 바뀌었다. 성적 표기법의 변화를 고려하지 않고 1896년 성적만 보게 되면, 아인슈타인은 열등생 혹은 낙제생이 되는 것이다. 사실상 아인슈타인의 성적은 대체로 우수했지만, 남보다 월등히 뛰어나지는 않았다. 수업노트를 작성할 때는 문제의 의미나 논문의 요점을 정확하고 간단하게 정리하는 스타일을 보였다.

"학자도 다른 직업을 갖는 것이 좋다"

아인슈타인은 1896년에 취리히 연방공과대학에 입학했다. 같은 해에 그는 독일 국적을 포기하고 무국적인이 되었다. 대학 시절에 아인슈타인은 러시아 출신의 수학자인 민코프스키(Hermann Minkowski)의 수업을 들었다. 그러나 민코프스키가 아인슈타인을 "수업 시간에 아주 게으른 학생"으로 평가했듯이, 아인슈타인은 그다지 성실한 학생이 아니었다. 급우인 그로스만(Marcel Grossman)이 노트를 빌려주지 않았다면 아인슈타인이 대학을 졸업하지 못했을 것이라는 의견도 있다.

그렇다고 해서 아인슈타인이 공부를 멀리 한 것은 결코 아니었다. 그는 물리실험 수업에 열성적으로 참여했으며, 학교 수업과는 별도로 물리학 대가들의 업적을 집중적으로 탐구했다. 아인슈타인은 헬름홀츠와 헤르츠의 책을 읽었고, 맥스웰의 전자기학에 대해 공부했으며, 볼츠만과 로렌츠의 논문도 섭렵했다. 또한 그는 연방공과대학의 철학 교수인 스태들러(August Stadler)의 칸트에 대한 수업과 과학적 사고에 대한 수업을 수강하기도 했다.

아인슈타인은 1900년에 연방공과대학을 졸업했지만, 시민권이 없어서 취직이 잘 되지 않았다. 그는 한동안 가정교사 생활을 했으며, 천문대의 계산 사무를 도와주는 보조원이나 직업학교의 물리학 임시 교사를 맡기도 했다. 아인슈타인은 1901년에 스위스 시민권을 얻었고, 다음 해에는 절친한 친구이던 베쏘(Michele Besso)의 도움으로 베른에 있는 연방특허국의 서기로 취직할 수 있었다.

어느 정도 생활이 안정되자 아인슈타인은 대학 시절부터 사귀었던 4살 연상의 밀레바 마리치(Mileva Marić)와 1903년에 결혼식을 올렸다. 밀레바는 결혼 전인 1902년에 딸 리제를(Leserl)을 낳았고, 1904년에 첫째 아들인 한스 알버트(Hans Albert), 1910년에 둘째 아들인 에두 아르트(Eduard)를 낳았다. 밀레바에 대해서는 그녀가 아인슈타인보다 더 똑똑했으며, 아인슈타인의 초기 업적이 원래는 그녀의 것이라는 주장이 제기되기도 한다.

아인슈타인은 특허국에서 5년 동안 근무했다. 1902년 6월에 3등 심사관 임시직으로 채용된 후 1904년 9월에 정규직으로 전환되었으며 1906년 4월에 2등 심사관으로 승진했다. 아인슈타인은 특허국 업무를 수행하면서 독서와 연구도 병행했다. 1902~1905년에는 올림피아 아카데미(Akademie Olympia)라는 모임을 운영했는데, 솔로빈(Maurice Solovine), 하비히트(Conrad Habicht), 베쏘, 그로스만 등이 참여했다. 올림피아 멤버들은 체계적인 독서 계획을 세워 철학과 과학에 관한 책을 읽고 토론했다. 그들의 토론은 대개 저녁을 먹으면서 시작되었는데, 논쟁이 불이 붙으면 밤을 새는 일도 종종 있었다. 독서 목록에는 마흐의 『감각의 분석』과 『역학과 그 발전』, 피어슨의 『과학의 문법』, 푸앵카레의 『과학과 가설』, 밀의 『논리학』, 흄의 『인간의 본성에 대한

그림 8-3
아인슈타인의 첫 번째 부인
밀레바 마리치

소고』 등이 포함되었다. 특히 푸앵카레의 『과학과 가설』은 "깊은 인상을 심어 주어서 우리는 몇 주 동안이나 숨조차 못 쉴 정도였다"고 솔로빈은 회고한다. 올림피아 멤버들은 도보 여행, 캠핑, 수영 등을 함께 하면서 서로의 열망과 두려움에 대해서도 많은 얘기를 나누었다. 아인슈타인이 가족의 반대를 무릅쓰고 강행한 조촐한 결혼식에는 올림피아 아카데미의 친구들만이 증인으로 참석했다.

훗날 아인슈타인은 특허국 시절을 회상하면서 다음과 같이 말했다. "학문을 직업으로 가지면 아무래도 생활을 위한 학문이 되기 때문에 사무적이고 깊이가 없는 학문이 되기 쉽다. 또한 논문을 자주 발표해야 하므로 보잘것없는 논문을 써놓고도 발표한 논문의 숫자만을 자랑하게 되기 십상이다. 그렇기 때문에 진짜 재능이 있는 학자는 오히려 학문 이외의 다른 직업을 가지는 편이 더 좋다고 생각한다. 직업이 무엇이건 상관없다. 구두를 만드는 일도 좋을 것이다. 그 직업으로 생계를 유지하면서 근무 시간 외의 여가 시간에 자신이 정말 좋아하는 연구를 하게 되면, 세상 사람들의 눈치를 볼 필요도 없고, 또 자기 마음대로 독창적인 일을 할 수 있기 때문이다."

우리는 흔히 아인슈타인이 특허국에서 근무했음에도 '불구하고' 훌륭한 과학적 업적을 달성했다고 생각하는 경향이 있지만, 최근의 과학사 연구는 아인슈타인이 특허국에서 근무했기 '때문에' 특수상대성이론을 정립할 수 있었다는 점을 보여주고 있다. 갤리슨(Peter Galison)은 「아인슈타인의 시계들」이란 논문에서 당시에는 철도의 발전으로 시계의 동기화에 관한 관심이 고조되어 있었고, 아인슈타인은 그와 관련된 특허들에 둘러싸여 있었기 때문에 '동시성'이라는 독특한 개념

그림 8-4
베른의 크람 거리에 있는 시계탑의 모습(1890년)

에 착안할 수 있었다고 주장하고 있다. 아인슈타인의 특수상대성이론에 관한 논문에도 다음과 같은 구절이 나온다. "내가 '저 기차는 7시에 여기에 도착한다.'고 말한다면, 이는 '내 시계의 작은 바늘이 7을 가리키는 사건과 기차가 도착하는 사건이 동시적 사건이다'는 점을 의미한다." 아인슈타인은 다른 사람과 달리 시간이 시계로 측정되는 것에 불과하다는 점에 주목함으로써 자신이 10여 년 동안 고민하던 문제를 해결할 수 있었던 것이다.

현대물리학의 기초를 닦다

1905년은 놀라운 해였다. 그 해에 아인슈타인은 다섯 편의 논문을 잇달아 발표했다. 「빛의 발생과 변화에 관련된 발견에 도움이 되는 견해에 대하여」(3월), 「분자 차원의 새로운 결정」(4월), 「정지 액체 속에 떠 있는 작은 입자들의 운동에 대하여」(5월), 「움직이는 물체의 전기역학에 대하여」(6월), 「물체의 관성은 에너지 함량에 의존하는가」(9월) 등이 그것이다. 그 중에서 4월 논문을 제외한 네 편의 논문은 저명한 학술지인 ≪물리학 연보(Annalen der Physik)≫ 제17권에 실렸다. 이에 대하여 1954년 노벨물리학상 수상자인 막스 보른(Max Born)은 "모든 과학 문헌들 가운데 가장 주목할 만한 것을 추천하라고 한다면, 나는 ≪물리학 연보≫ 제17권을 택할 것이다"고 말했으며, 1929년 노벨물리학상 수상자인 드브로이(Louis de Broglie)는 "한밤의 어둠 속에서 번쩍이는 로켓이 광대한 미지의 영역에 짧지만 강력한 광채가 드리웠다"고 술회했다.

1905년 3월 논문은 광양자 가설로 광전효과를 설명한 것이었다. 광전효과는 금속에 빛을 쏘이면 전자가 튀어나와 전기가 흐르는 현상으로 1887년에 헤르츠가 처음 발견했다. 당시에는 빛의 파동설이 지배적이었지만, 아인슈타인은 빛이 에너지 덩어리와 같이 움직이는 입자라는 광양자(quanta of light) 가설을 세워 광전효과를 설명했다. 아인슈타인의 설명은 1900년에 막스 플랑크(Max Planck)가 제안했던 양자 가설에 힘을 실어 주었고, 1915년에 로버트 밀리컨(Robert A. Millikan)에 의해 실험적으로 입증되었다. 밀리컨은 전자의 기본전하량을 측정하고 광전효과를 정량적으로 해명한 공로로 1923년 노벨 물리학상을 받았다. 1923년에는 아서 콤프턴(Arthur H. Compton)이 X선을 산란시켰을 때 그 파장이 길어지는 현상을 빛의 광양자설로 설명했고, 그것은 1927년 노벨 물리학상으로 이어졌다. 1926년에는 미국의 화학자 루이스(Gilbert N. Lewis)가 광양자에 대신에 광자(photon)라는 이름을 붙였다.

아인슈타인은 1905년 4월 논문에서 원자나 분자가 상상에 불과하다는 마흐의 주장을 반박하면서 분자의 크기를 측정할 수 있는 새로운 방법과 방정식을 제안했다. 아인슈타인은 이 논문을 바탕으로 1906년에 취리히 대학에서 물리학 박사학위를 받았는데, 당시 연방공과대학은 박사학위를 수여하지 않지만 졸업생들이 취리히 대학에 박사논문을 제출할 수 있는 제도를 운영하고 있었다. 1905년 5월 논

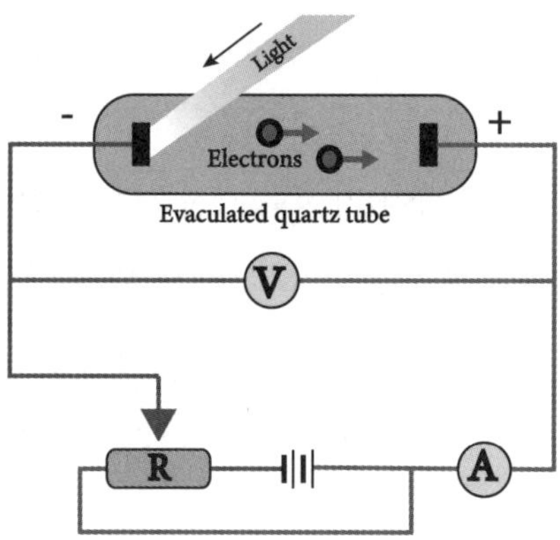

그림 8-5

광전효과의 실험에 대한 개념도. 만약 적당한 크기의 진동수를 가진 단색광을 금속면(양극)에 비추면 금속면으로부터 전자가 방출되어 음극에 도달하며, 이것이 전류계에서 전류(광전류)로 측정된다. 음극과 양극 사이에 역전압을 걸어 방출된 전자의 운동을 방해하면 역전압보다 큰 운동에너지를 가진 전자는 음극에 도달한다. 역전압을 점점 증가시키면 음극에 도달할 수 있는 전자가 점점 줄어들어 마침내 전류는 흐르지 않게 되는데, 이때의 전압을 정지전압(stopping voltage)이라고 한다. 정지전압에 전하를 곱한 것이 가장 빨리 방출된 전자의 운동에너지와 같다.

문은 물 위의 꽃가루가 마치 살아있는 것처럼 제멋대로 돌아다니는 브라운 운동을 설명한 것이었다. 아인슈타인은 브라운 운동이 수많은 물 분자가 꽃가루 입자에 부딪히기 때문에 나타난 현상이라고 설명하면서 아보가드로수와 분자들이 움직이는 속도를 이용하여 매우 복잡한 방정식을 만든 후 불규칙하게 움직이는 꽃가루의 이동 거리와 시간을 계산했다. 이어 1908년에는 프랑스의 물리학자 페랭(Jean Baptiste Perrin)이 아인슈타인의 방정식을 바탕으로 물 분자의 크기를 측정하는 데 성공했다. 이 공로로 페랭은 1926년 노벨 물리학상을 받았는데, 이는 당시에 원자와 분자의 존재를 입증하는 것이 얼마나 중요했는지 잘 보여준다.

1905년 6월 논문은 특수상대성이론에 관한 것이었다. 아인슈타인의 특수상대성이론은 고전역학과 전자기학의 불일치를 해결하는 과정에서 등장했다. 즉, 등속운동을 하는 두 좌표계에서 관측되는 모든 역학법칙이 동일한 형태를 취한다는 갈릴레오의 상대성이 전자기학에 대해서는 성립하지 않았던 것이다. 이에 대하여 아인슈타인은 광속 불변의 원리를 바탕으로 등속도로 움직이는 모든 관측자들에게 전자기학 법칙이 일정하게 유지될 수 있는 방법을 제안했다. 광속 불변의 원리를 실험결과로부터 도출하는 대신에 이론 전개의 출발점으로 삼았던 셈이다. 그 결과 시간과 공간은 절대적인 것이 아니라 관측자에 따라 변화하는 상대적인 성격을 띠게 되었고, 당시의 전자기학이 가정하고 있었던 에테르(ether)라는 가상적인 물질의 존재가 부정되었다. 9월 논문은 전자기학 이외의 다른 문제들에도 상대성이론을 적용한 것으로서 그 논문에서 아인슈타인은 질량-에너지 등가원리로 불리는 $E=mc^2$를 제안했다.

「움직이는 물체의 전기역학에 대하여」는 일반적인 물리학 논문과 전혀 다른 스타일을 가진 것으로도 유명하다. 이 논문에는 방정식도 거의 없었고 새로운 실험결과도 언급되지 않았다. 참고문헌을 하나도 인용하지 않았으며 친구 베쏘에게만 감사 표시를 했다. 이에 대해 갤리슨은 아인슈타인의 논문을 특허 세계의 눈으로 읽어보면 이상하지 않다고 풀이한다. 아인슈타인이 시간을 시계 맞추기와 동일시한 것도 이러한 맥락에서 이해할 수 있을 것이다. 훗날 그는 다시 오랜 시간 검토했더라도 논문의 내용이나 형식을 바꾸지 않았을 것이라고 술회했다.

수학적 표현인가, 물리적 실재인가?

아인슈타인의 특수상대성이론과 관련하여 자주 언급되는 것은 마이컬슨–몰리 실험이다. 미국의 마이컬슨(Albert Michelson)과 몰리(Edward Morley)는 1887년에 빛의 속도가 광원이나 관측자의 상대 속도에 관계없이 항상 일정하다는 실험을 했다. 광속 불변의 원리가 특수상대성이론의 출발점이 되기 때문에 마이컬슨–몰리 실험이 아인슈타인에게 영향을 미쳤을 가능성도 생각해 볼 수 있다. 그러나 아인슈타인의 논문에는 마이컬슨–몰리 실험이 전혀 언급되지 않고 있으며, 아인슈타인은 그 실험과 상관없이 특수상대성이론을 논리적으로 도출했다. 그렇다고 해서 아인슈타인이 마이컬슨–몰리 실험에 관심이 없었던 것은 아니다. 아인슈타인은 1922년에 일본 교토에서 행한 연설에서 학창 시절에 이미 마이컬슨-몰리 실험을 알고 있었다고 말한 바 있다. 다른 각도에서 보면, 마이컬슨-몰리 실험은 특수상대성이론이 만들어지는 과정보다는 수용되는 과정에 크게 기여했다고 평가할 수 있다.

로렌츠 변환식(Lorentz transformation)에 대해서도 비슷한 이야기를 할 수 있다. 네덜란드의 로렌츠(Hendrik A. Lorentz)는 마이컬슨-몰리 실험을 설명하기 위해 1892년에 운동하는 방향으로 길이가 수축한다는 가설을 세운 후 1904년에 이를 표현하기 위한 방정식을 만들었다. 아인슈타인은 로렌츠와는 별도로 시간과 공간의 상대성을 나타내는 방정식을 유도했으며, 사실상 두 사람의 방정식이 가진 의미에는 상당한 차이가 있었다. 로렌츠는 운동에 따라 시간의 흐름이 실제로 달라진다는 점을 받아들이지 않았으며, 운동하는 좌표계에서 변하는 시간을 단지 수학적인 가상의 시간으로 생각했다. 반면 아인슈타인에게 시간이 지연되는 현상은 단순한 수학적 표현이 아니라 물리적 실재에 해당했다. 또한 로렌츠의 수식은 전자와 에테르가 상호작용하는 경우에만 의미를 가질 수 있었지만, 아인슈타인의 상대성이론은 전자나 에테르가 있든 없든 모든 물리현상에 보편적으로 적용되는 것이었다. 하지만 두 사람이 제안한 변환식의 형태는 동일했고 로렌츠가 먼저 변환식을 발표했기 때문에, 오늘날 물리학 교과서에는 '로렌츠 변환식'이란 용어가 사용되고 있다.

아인슈타인의 특수상대성이론이 제기하는 시간 지연 현상을 설명하는 대표적인 논의로는 쌍둥이 역설(twin paradox)을 들 수 있다. 쌍둥이 역설은 아인슈타인이 1905년에 쓴 논문의 말미에서 언급되었고,

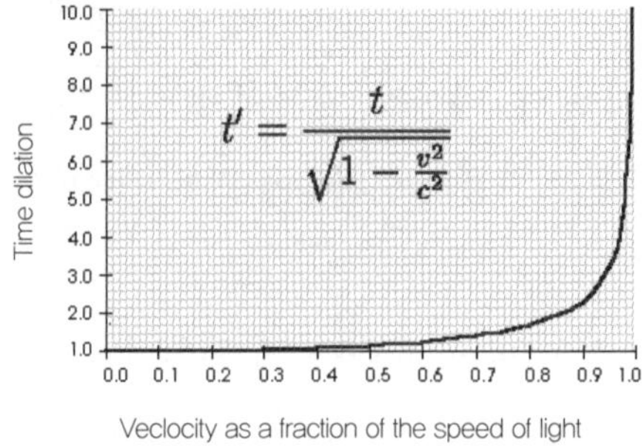

$$t' = \frac{t}{\sqrt{1 - \frac{v^2}{c^2}}}$$

그림 8-6

시간에 관한 로렌츠 변환

1911년에 프랑스의 물리학자 랑주뱅(Paul Langevin)이 이를 더욱 구체화시켜 논의했다. 아인슈타인은 자신이 아니었으면 랑주뱅이 특수상대성이론을 내놓았을 것이라고 말했다고 한다. 드브로이가 박사학위 논문을 제출했을 때 아인슈타인이 대단한 걸작이라고 칭찬하자 랑주뱅이 드브로이에게 학위를 수여하기로 마음먹었다는 일화도 전해진다.

쌍둥이 역설을 예시하면 다음과 같다. 이제 막 20살이 된 쌍둥이 A와 B가 있었는데, A가 v=0.8c인 속도로 날아가고 있는 우주선을 타고 16광년 떨어진 별로 향하게 되었고, B는 지구에 남아 있게 되었다고 가정하자. A가 별에 도착했을 때, A 자신의 나이는 20살을 더 먹게 되었지만 B가 보았을 때 A의 시계는 12년밖에 흘러 있지 않게 된다. 그리고 A가 다시 지구로 돌아왔을 때, A는 역시 지구로 오는 데 20년의 시간이 걸렸지만 B가 볼 때에는 A가 올 때까지 12년밖에 걸리지 않은 것으로 생각하게 된다. 그러나 A가 정지해 있는 기준계라고 생각하고, B가 있는 지구가 v의 속도로 멀어져 가는 상황이라고 생각하자. A는 정지해 있고, B는 v의 속도로 운동을 하며 16광년 떨어져 있는 곳으로 운동하여 오게 된다. 그래서 B가 있는 지구가 16광년 떨어진 곳에 도착했을 때, A 자신의 시계는 20년이 흘렀지만 A가 본 B의 시계는 12년밖에 흐르지 않았다. 지구가 다시 A가 있는 쪽으로 올 때까지 역시 A는 20년이 걸렸다고 생각했지만 A가 본 B의 시계는 12년밖에 흐르지 않았다. 즉 A의 입장에서 보면 자신은 60살이 되었는데 B는 44살이 된 것이며, B의 입장에서 보면 자신이 60살인데 A는 44살밖에 되지 않은 것이다.

이상의 업적으로 인하여 아인슈타인은 샛별과 같이 유망한 과학자로 떠올랐다. 덕분에 그는 특허국의 이름 없는 관리로 남지 않고 학계에 진출할 수 있었다. 아인슈타인은 1909년에 취리히 대학의 이론물리학 특별교수가 되었고, 1911년에는 프라하 대학의 교수, 1912년에는 자신의 모교인 연방공과대학의 교수로 임용되었다.

아인슈타인의 상대성이론이 확산되는 데에는 독일 과학계의 거물인 플랑크의 역할이 컸다. 그는 아인슈타인이 논문을 발표했던 ≪물리학 연보≫의 편집인이었고, 베를린 대학에서 자신의 제자들이 상대성이론을 주제로 공부를 하도록 했으며, 본인 스스로 상대성이론에 관한 해설 논문을 작성하기도 했다. 플랑크는 1913년에 아인슈타인을 찾아와 카이저 빌헬름 협회의 물리학연구소 소장직과 베를린 대학의 겸임교수직을 제안했다. 아인슈타인은 스위스 국적을 버리지 않는다는 조건으로 1914년에 베를린으로 갔고 독일 시민권도 얻었다. 플랑크와 아인슈타인은 음악을 좋아하면서 바이올린 연주를 즐겼다는 공통점도 가지고 있었다.

그림 8-7
아인슈타인이 바이올린을 연주하는 모습(1927년)

뉴턴주의는 무너졌다!

아인슈타인은 1907년부터 일반상대성이론에 도전하기 시작했다. 1905년의 상대성이론이 등속운동에 국한되었던 '특수'상대성이론이었던 반면, 1907년 이후에 아인슈타인이 집중적으로 탐구한 '일반'상대성이론은 등속운동뿐만 아니라 가속운동에도 적용될 수 있는 것이었다. 그는 일반상대성이론을 정립하기 위해서 리만(Georg Riemann)의 구면기하학을 공부하느라 엄청난 고생을 했다. 다행히도 대학 시절의 절친한 친구로 당시에 연방공과대학의 기하학 교수였던 그로스만이 아인슈타인을 성심성의껏 도와주었다. 아인슈타인은 약 9년에 걸친 꾸준한 노력을 바탕으로 일반상대성이론에 대한 초고를 준비하여 1915년 11월에 베를린의 프로이센 과학아카데미에서 발표했다. 이어 1916년 3월에는 「일반상대성이론의 기초」를 ≪물리학 연보≫에 게재했는데, 논문을 투고하기 직전에 조머펠트(Arnold Sommerfeld)에게 보낸 편지에서 다음과 같이 썼다. "지난 한 달 동안은 제 생애에서 가장 정신이 없고 스트레스를 받는 시기였습니다만, 가장 성공적인 시기이기도 했습니다."

일반상대성이론은 모든 가속계에서도 같은 물리법칙이 성립한다는 확장된 상대성원리와 중력질량(중력의 크기를 결정하는 질량)과 관성질량(가속도의 크기를 결정하는 질량)이 동등하다는 등가원리를 바탕으로 하고 있다. 예를 들어, 어떤 사람이 우주선을 타고 우주공간을 여행한다고 가정해 보자. 우주선이 앞쪽으로 가속되고 있으면 우주선 안의 사람은 뒤쪽으로 힘을 받게 된다. 그런데 이 힘이 우주선 뒤쪽에 있는 물체의 중력에 의한 것인지 아니면 우주선의 가속에 의한 것인지는 구별할 수 없다. 다시 말해 어떤 계 내부에 작용하는 중력과 그 계의 가속으로 인한 관성력의 효과가 동일하다는 것이다. 이것은 중력질량과 관성질량이 동등하다는 점을 의미한다.

이러한 등가원리를 적용하면 서로 다른 가속도로 운동하고 있는 가속계를 다른 중력장에서 운동하고 있는 계로 나타낼 수 있다. 가속계와 관련된 관성력은 사라지고 모두 중력장으로 나타낼 수 있게 되는 것이다. 따라서 가속계에서의 모든 물리법칙은 이 계 안의 물체에 작용하는 중력장의 세기만 달라질 뿐 같은 형태로 성립하게 된다. 이것이 바로 확장된 상대성 원리이다. 그렇게 되면 가속계가 경험하는 중력장을 어떻게 나타내느냐 하는 문제가 남게 된다. 아인슈타인은 중력장의 세기를 휘어진 시공간의 곡률로 설명하고자 했다. 쉽게 말해 시공간을 부드러운 침대 매트리스, 중력을 가진 물체를 무거운 볼링공이라고 가정한다면, 볼링공이 떨어질 때 매트리스가 푹 꺼지듯이, 엄청난 중력을 가진 물체가 시공간을 휘게 한다는 것이다. 이렇게 휘어진 시공간은 빛의 경로에도 영향을 미치게 되며, 무거운 천체 주위에서 빛은 똑바로 진행하지 못하고 휘어지게 된다.

아인슈타인은 1916년의 논문에서 자신의 이론을 검증할 수 있는 사례로 수성의 근일점이 1세기에 43"만큼 궤도상에서 돈다는 점, 빛이 중력장 속에서 굴절된다는 점, 중력장 속의 빛이 적색편이를 보인다는 점을 제시했다. 이러한 사례를 제시하면서 아인슈타인은 그것이 반박될 경우에 자신의 이론을 버리겠다고 공언하기도 했다. 이에 큰 감명을 받았던 사람 중에는 유명한 과학철학자이자 정치철학자인 포퍼(Karl R. Popper)가 있었다. 포퍼는 반증가능성이 크지만 혹독한 시험에도 반증되지 않고 살아남는 이론이 우수하다고 보았다.

아인슈타인이 제시한 사례 중에서 수성의 근일점이 궤도상에서 돈다는 것은 이미 19세기 중반에 프랑스의 르베리에(Urbain Le Verrier)에 의해 관측된 바 있었지만, 다른 두 사례는 아직 확인되지 않은 상태였다. 태양 주변에서 빛이 휘는 현상은 1919년 5월 29일의 개기일식 때 영국의 탐사대에 의해 처음으로 관측되었다. 같은 해 11월 6일에 소집된 영국 왕립학회와 왕립천문학회의 합동회의에서 에딩턴(Arthur S. Eddington)을 비롯한 영국의 과학자들은 아인슈타인의 예언이 입증되었다고 발표했다. 다음 날 런던의 ≪타임스≫는 「과학의 혁명–새로운 우주론-뉴턴주의는 무너졌다」라는 제목의 기사를 내보냈고, 며칠 후에는 ≪뉴욕타임스≫가 「하늘에서 빛은 휘어진다: 아인슈타인 이론의 승리」라는 기사를 다루었다.

실제로는 관측오차가 너무 커서 아인슈타인의 이론이 옳다고 단언하기에는 곤란한 상황이었다. 하지만 에딩턴은 제1차 세계대전 동안 소원해진 독일학계와 영국학계의 관계를 회복하려는 의도를 가지고 영국의 뉴턴이 이룩한 위대한 업적을 독일의 아인슈타인이 뛰어넘었다는 식으로 평가했다. 어쨌든 1919년에 있었던 일련의 보도 덕분에 아인슈타인은 과학계를 넘어 일반인에게도 유명한 스타로 부상했다. 그로부터 1년 만에 상대성이론을 다룬 책자는 백 권 넘게 출간되었다고 한다. 중력장 속에서 빛이 적색편이를 보인다는 점은 1960년에 하버드 대학의 파운드(Robert V. Pound)와 레브카(Glen A. Rebka)에 의해 입증되었다.

그림 8-8
일반상대성이론을 입증한 것으로 평가되는 1919년의 개기일식

유별난 노벨상 수상

1919년은 아인슈타인이 3살 연상의 사촌 누이인 엘자 뢰벤탈(Elsa Löwenthal)과 재혼한 해이기도 했다. 아인슈타인은 베를린에 정착했던 1914년부터 밀레바와 별거를 하다가 1918년에 이혼했다. 아인슈타인과 엘자는 1912년에 처음 만났으며 5년 동안의 동거를 거쳐 결혼에 이르렀다. 아인슈타인의 말을 빌리자면, 엘자는 "뚱뚱하고 얼굴이 넓고 조심성 있는 아낙네"였다. 아인슈타인은 밀레바에게 이혼을 제의할 때 "나중에 노벨상 상금을 타면 위자료로 건네겠다."고 했고 그 약속을 지켰다.

아인슈타인은 일반상대성이론을 발표한 직후부터 엘자와 함께 숱한 강연을 다녔다. 아인슈타인은 유럽의 여러 도시를 다니면서 강연을 했는데, 주로 3등 열차를 이용했으며 항상 바이올린을 지니고 있었다고 한다. 그의 여행지 목록에는 유럽은 물론이고 실론 섬, 싱가포르, 홍콩, 일본, 팔레스타인 등도 포함되어 있었다. 아인슈타인이 1921년 노벨물리학상 수상자로 결정되었다는 소식이 전해졌을 때 아인슈타인과 엘자는 일본으로 향하는 배를 타고 있었다.

아인슈타인은 1922년 11월에 일본을 방문한 후 도쿄, 교토, 후쿠오카, 센다이, 삿포로에서 특수상대성이론과 일반상대성이론에 대해 강의했다. 그의 독일어 강의는 일본어로 빠르게 변역되어 출간되기도 했다. 아인슈타인의 일본 순방 일정과 강연 내용은 식민지 조선의 ≪동아일보≫에도 상세히 소개되었다. 조선교육협회가 아인슈타인을 초빙하는 데는 실패했지만 1923년에는 일본의 조선유학생학우회가 조국을 방문하여 아인슈타인에 대한 순회강연을 성황리에 개최했다.

아인슈타인의 노벨상 수상도 유별났다. 그가 세계 순회강연을 하고 있었기 때문에 노벨상 수상식에는 스웨덴 주재 독일 대사가 대신해서 참석했다. 독일 대사는 아인슈타인이 1901년에 스위스 시민권을 받았다는 사실을 몰랐다. 이 때문에 아인슈타인이 독일 시민이냐 스위스 시민이냐를 놓고 상당한 논란이 벌어지기도 했다. 아인슈타인의 다음과 같은 발언도 흥미롭다. "만약 내 이론이 맞을 경우 독일인들은 나를 독일인이라 하고, 스위스인들은 내가 스위스 사람이라 할 것이다. 그러나 내가 실패한다면 스위스인들은 나를 독일인이라 하고, 독일인들은 나를 유대인이라 할 것이다." 또한 아인슈타인의 노벨상은 "이론

그림 8-9

아인슈타인이 일본에서 담소를 나누는 광경(1922년)

물리학에 기여하고, 특히 광전효과를 발견한 공로로" 주어졌다. 아인슈타인은 1923년에 노벨상 수상 기념 강연회를 위해 스웨덴을 방문하여 역설적이게도 광전효과가 아닌 상대성이론에 대해 강연했다.

신의 생각을 알고 싶다

아인슈타인이 독일로 건너왔던 1914년을 전후하여 세계 사회는 전쟁으로 얼룩지기 시작했다. 그 해 10월에 아인슈타인은 독일의 지식인들이 주도한 〈지식인 93인의 호소문(Manifesto of the Ninety-Three)〉에 참여하는 것을 거부하면서 독일의 군국주의에 반대하는 〈유럽인에 대한 성명서(Manifesto to the Europeans)〉에 서명했다. 아인슈타인의 전쟁에 대한 혐오감은 1920년대에 들어와 더욱 가시화되었다. 그는 다른 국가에서는 과학과 평화의 사도로 보였지만, 패전 직후의 독일에서는 반(反)독일적인 유대인의 대표로 간주되었다. 그러나 아인슈타인은 이에 굴하지 않았으며, 국제연맹의 지식인 협력위원회를 매개로 평화주의 운동을 지원하는 데 많은 노력을 기울였다.

그렇다고 아인슈타인이 과학 연구를 중단한 것은 아니었다. 그는 1920년대 중반에 인도 과학자인 보스(Satyendra N. Bose)와 함께 보스-아인슈타인 통계를 개발했으며, 드브로이의 물질파 이론과 슈뢰딩거의 파동역학을 적극적으로 지지했다. 특히 아인슈타인은 전자기력과 중력 사이의 수학적 관계를 찾아내는 데 많은 노력을 기울였다. 아인슈타인은 그러한 작업이 우주 안에 있는 모든 것의 작용을 지배하는 일반 법칙을 발견하는 첫 단계가 된다고 믿었다. 그는 단일한 방정식으로 물질과 에너지의 보편적 속성들을 연관시키려고 했는데, 그것은 나중에 '통일장 이론(unified field theory)'으로 불렸다. 통일장 이론에 도전하면서 아인슈타인의 생각은 더욱 담대해졌다. "내가 알고 싶은 것은 신의 생각이다. 나머지는 지엽적인 것이다(I want to know God's thoughts, the rests are details)."

아인슈타인은 양자역학의 탁월성을 인정했음에도 불구하고, 그 이론이 우연이나 확률을 도입하고 있기 때문에 만족스럽지 않다고 생각했다. 특히 양자역학에 대한 코펜하겐 해석(Copenhagen interpretation)이 등장한 이후에 아인슈타인은 그것의 문제점을 계속해서 지적했다. 아인슈타인은 1927년 10월에 개최된 제5차 솔베이 회의에서 보어

그림 8-10

제5차 솔베이 회의 때 참석자를 찍은 사진. 20세기 물리학을 이끌었던 플랑크, 마리 퀴리, 로렌츠, 아인슈타인, 보어, 보른, 드브로이, 슈뢰딩거, 하이젠베르크, 파울리, 디랙 등이 모두 모여 있다. 참석자 29명 중 17명이 노벨상을 받았으며, 여성으로는 마리 퀴리가 유일했다.

(Niels Bohr)를 만나 양자역학의 성격에 대하여 며칠 동안 집중적으로 논쟁을 벌이기도 했다.

당시에 아인슈타인은 "신은 주사위 놀이를 하지 않는다(God does not play dice)."는 유명한 말을 남겼다. 신은 교묘하지만 심술궂지는 않다는 것이었다. 이에 대해 보어는 "신이 어떻게 우주를 관장하는지를 규명하는 것은 우리의 일이 아니다"라고 반박했다. 아인슈타인은 보른에게 다음과 같은 편지를 보냈다. "전자가 자유의지로서 튀어나올 순간과 방향을 선택한다는 생각은 정말 참기 어렵습니다. 우주가 이렇게 생겼다면, 나는 물리학자보다는 차라리 구두 수선공이나 도박장의 종업원이 되겠습니다."

1935년에 아인슈타인은 포돌스키(Boris Podolsky), 로젠(Nathan Rosen)과 함께 양자역학이 완전한 이론이 아님을 보이기 위해 EPR 역설(EPR은 세 사람 이름의 머리글자를 딴 것이다)을 발표했다. 같은 해에 '슈뢰딩거의 고양이(Schrödinger's cat)'로 불리는 사고실험이 제안되었다는 점도 흥미롭다. EPR 역설을 평가하기 위해 1964년에는 벨 부등식(Bell's inequality)이 제안되었고, 그 결과는 코펜하겐 해석이 타당한 것으로 나타났다. 아인슈타인은 마지막 순간에도 우리가 자연을 제대로 알지 못할 뿐이며, 아직 우리가 알지 못하는 숨겨진 변수들(hidden variables)이 있을 것으로 생각했다.

아인슈타인의 실험실은 어디에?

1932년 12월 10일에 아인슈타인은 부인인 엘자와 함께 독일을 영원히 떠났다. 원래는 미국의 캘리포니아 공과대학을 둘러본 후에 다시 독일로 돌아오려고 했으나, 아인슈타인은 그것을 포기하고 말았다. 나치가 권력을 사실상 거머쥐면서 유대인들이 독일을 도망쳐 나오기 시작했던 것이다. 아인슈타인은 독일에 보낸 사직서에서 "나는 개인이 법 앞에 평등하지 않고, 자신이 좋아하는 것을 말하거나 가르칠 자유를 누리지 못하는 나라에서 살고 싶지 않다."고 밝혔다. 실제로 나치는 아인슈타인의 상대성이론을 '유대인의 물리학'이라고 폄하했으며, 그가 보유하고 있었던 책을 불사르기도 했다. 1933년 3월에는 나치 당원들이 무기를 찾는다는 명분을 내세워 독일의 카푸트에 있는 아인슈타인의 여름 별장을 급습했는데, 그들이 발견한 무기는 빵을 자르는 칼뿐이었다.

아인슈타인은 1933년부터 세상을 떠날 때까지 미국 프린스턴에 있는 고등연구소(Institute for Advanced Study)의 교수로 지냈다. 프린스턴에서 아인슈타인은 20년 이상을 거의 변화가 없는 생활을 유지했다. 그와 아내는 아담한 2층 목조 가옥에서 살았으며, 세계 각국에서 방문하는 손님들을 소박하게 대접했다. 그의 연구실에는 칠판과 책상과 의자, 그리고 논문들이 쌓인 선반 이외에는 별다른 가구가 없었다. 한번은 어떤 사람이 실험실을 보여 달라고 하자, 아인슈타인은 자신의 주머니에서 만년필을 꺼내며 "내 실험실은 여기에 있습니다."고 응답했다. 가장 중요한 과학 장비가 무엇인가는 질문에 대해서는 메모지를 버리는 휴지통이라고 대답했다고 한다.

아인슈타인과 비슷하게 나치를 피해 미국으로 망명한 독일 과학자 중에는 파울리도 있었다. 파울리는 배타 원리(exclusion principle)를 제창하여 1945년 노벨물리학상을 받았는데, 물리학에 대한 감각이 자기보다 떨어지는 사람들에게 신랄한 비판을 하는 것으로도 유명했다. 하이젠베르크와 같은 당대의 천재들도 파울리로부터 수도 없이 "이 바보야"라는 소리를 들었다고 한다. 그런 파울리조차도 아인슈타인에게는 매우 조심스러웠다. 프린스턴 시절의 학생들의 회고에 따르면, 두 사람은 때때로 산책을 같이 하면서 물리학 이야기를 나누었는데, 아인슈타인이 한 마디를 하면 파울리가 한참을 생각한 후에 짧게 답하는 대화가 오갔다고 한다. 뒤따르는 학생들은 그들이 무슨 이야기를 하는지 쉽게 이해할 수 없었으며, 며칠씩 열심히 공부한 후에야 대화의 내용을 짐작할 수 있었다.

아인슈타인은 미국에 있으면서 독일에서 벌어지는 비극적인 사건들을 하나하나 들었다. 그는 열정적으로 반전을 주장했으나 이제 전쟁에는 예외가 있다는 것을 인정하지 않을 수 없었다. 그 전쟁은 나치를 종식시키는 전쟁이었다. 아인슈타인은 히틀러 제국에서 탈출한 사람을 돕는 일에 헌신했다. 그는 미국에서 일자리를 구하려는 유대인과 망명자들을 위해 수많은 추천서를 썼다.

그러던 중 헝가리 출신의 유대인 물리학자인 실라르드(Leó Szilárd)가 아인슈타인을 찾아왔다. 실라르드는 나치가 원자탄을 먼저 만드는 것을 크게 우려하고 있었고, 미국 정부의 대책을 촉구하기 우해 아인슈타인을 찾아왔던 것이다. 실라르드가 작성하고 아인슈타인이 서명한 편지는 루스벨트 대통령에게 전해졌고, 이를 계기로 미국 정부는 원자탄 개발 사업을 추진하게 되었다. 1939년 8월 2일에 작성된 아인슈타인-실라르드 편지(Einstein-Szilárd letter)는 다음과 같이 시작하고

그림 8-11
파시즘을 반대하는 평화주의자로 아인슈타인을 묘사한 카툰(1933년경)

있다. "엔리코 페르미와 레오 실라르드의 최근 연구 논문을 보니, 머지않은 미래에 우라늄 원소가 새롭고 중요한 에너지원이 될 것으로 기대됩니다. 최근에 일어난 일들은 경각심을 요하며, 필요할 경우에 신속한 행정 조치를 취해야 할 것으로 보입니다."

평화를 사랑한 과학자

1940년에 아인슈타인은 미국 시민권을 얻었지만, 자신을 항상 유럽인으로 생각했다. 아인슈타인은 세계 평화를 유지하는 유일한 방법이 세계 정부에 있다고 믿었다. 개별 국가의 지도자들이 단 하나의 초국가적인 정부를 따를 때에만 세계 평화가 유지된다는 것이었다. 1947년에 아인슈타인은 모든 국제연합 대표들에게 편지를 보내기도 했다. "국제연합은 세계의 인민과 정부에게 단지 최종 목적을 이루기 위한 과도적인 체제일 뿐이라는 사실을 알게 해준다는 점에서 상당히 중요하고 유용한 기관입니다. 최종 목적은 충분한 합법성과 평화유지를 위한 실행력을 갖춘 초국가적인 권위 기구를 설립하는 것입니다."

1945년에 일본 히로시마에 원자탄이 투하되자 아인슈타인은 "오, 슬프도다."는 말로 자신의 심경을 토로했다. 1946년에는 몇몇 과학자들과 함께 핵과학자 비상회의를 설립하여 핵무기의 국제적 통제가 필요하다는 점을 강조했다. 1955년에는 영국의 수학자이자 철학자인 러셀(Bertrand Russell)과 함께 핵무기 폐기와 과학기술의 평화로운 이용을 호소한 선언문을 작성했다. 아인슈타인은 "우리는 단지 의도만 해서는 안 되고, 세계 안전에 필요한 실제적인 조치를 취하는 데 적극적인 열성을 가져야 한다."고 역설했다.

아인슈타인은 미국의 반공주의자들로부터 공산주의자라는 누명을 쓰기도 했다. 그들은 아인슈타인이 "수년 전부터 공산주의자로 활약해 왔으며, 지금 그가 퍼뜨리고 있는 허튼 소리는 공산당 노선의 이행일 뿐이다"며 비난했다. 연방수사국(FBI)의 후버(John E. Hoover) 국장은 아인슈타인의 사상보고서를 작성하기도 했는데, 그 보고서에서 아인슈타인은 1947년부터 1954년까지 34개 공산주의 단체와 연관된 골수 공산주의자로 간주되었다. 심지어 1923~1929년에 아인슈타인의 집은 독일 공산주의자들의 본거지이자 회합장소였다고 묘사되기도 했다.

아인슈타인은 1948년에 혈관 확장증으로 인해 복부의 정맥류가 터질 위험성이 있다는 진단을 받았다. 그러나 그는 수술을 거부했다. "내가 원할 때 가고 싶다. 생명을 억지로 연장하는 것은 재미없는 일

그림 8-12
아인슈타인과 러셀이 함께 한 모습(1955년)

이다." 아인슈타인은 1955년 4월 18일에 76세의 일기로 평화롭게 눈을 감았다.

아인슈타인은 1952년에 이스라엘의 대통령 후보로 거론되기도 했지만, 이를 정중히 사양했다. 그는 생활필수품을 최소한으로 사용하는 것으로도 유명했다. 머리를 길게 기르고 있으니 이발소에 갈 필요가 거의 없었다. 늘 허름한 옷을 입었고 양말도 신고 다니지 않았다. 학자들이 욕심을 내기 마련인 연구실의 경우에도 넓은 것을 사양하면서 좁은 것으로 바꾸어 달라고 주문했다. 생활상의 욕구를 최소한으로 줄임으로써 거기에 구속당하는 것을 피했던 것이다.

다중지능 이론의 창시자로 유명한 가드너(Howard Gardner)는 『열정과 기질(Creating Minds)』에서 아인슈타인을 다음과 같이 평가했다. "아인슈타인은 보통 사람들의 사고 범주와 절연될 수 있었기에 물리학 분야에서 천재성을 발휘할 수 있었고 세계 질서와 관련된 문제에도 개입할 수 있었다." 가드너는 이러한 파우스트적 거래를 아인슈타인이 스스로 인식하고 있었다고 평가한다. "나는 사회정의와 사회적 책임에 대해서는 열정적일 만큼 관심이 많은데 비해, 이와는 대조적으로 주변 사람들과 직접 어울리고 싶은 마음은 별로 없었다. … 이러한 고립은 때로 쓰라린 기분을 느끼게 하지만, 나름대로 보상이 있다. 나는 관습이나 다른 사람의 의견과 편견에서 자유로울 수 있었고, 그와 같은 변덕스런 토대에 내 정신을 의존하고 싶은 생각이 들지 않았던 것이다."

아인슈타인이 남긴 명언

아인슈타인은 수많은 명언을 남긴 사람으로도 유명하다. 몇 가지 예를 들면 다음과 같다. "한 과학자가 얼마나 위대한지는 과학을 빼놓았을 때 그에게 남아 있는 것에 달려 있다." "성공한 사람보다는 가치 있는 사람이 되려고 노력하라." "어제와 똑같이 살면서 다른 미래를 기대하는 것은 정신병 초기 증세이다." "한 번도 실수를 해보지 않은 사람은 한 번도 새로운 것을 시도한 적이 없는 사람이다." "나는 똑똑한 것이 아니라 단지 문제를 더 오래 연구할 뿐이다." "지식보다 중요한 것은 상상력이다." "지혜는 학교에서 배우는 것이 아니라 평생 노력해 얻는 것이다." "인생은 자전거를 타는 것과 같다. 균형을 잡으려면 움직여야 한다." "제3차 세계대전에서 사람들이 어떤 무기로 싸우게 될지는 예측할 수 없어도 제4차 세계대전에서 사용될 무기는 확실히 알고 있다. 그것은 바로 돌멩이와 몽둥이이다." "나에게 죽음이란 모차르트의 음악을 더 이상 듣지 못하는 것."

한번은 아인슈타인이 대중강연을 하다가 상대성 이론을 간단히 설명해 달라는 부탁을 받았다. 아인슈타인은 잠시 생각에 잠긴 후에 다음과 같은 비유를 들었다. "뜨거운 난로 위에 1분간 손을 올려 보세요. 마치 한 시간처럼 길게 느껴질 것입니다. 그런데 귀여운 아가씨와 함께 한 시간을 앉아있는다면 마치 1분처럼 빨리 지나갈 겁니다. 이것이 상대성이라는 것입니다." 이처럼 아인슈타인은 일반인들과 눈높이를 맞출 줄 아는 과학자였다. 그는 "당신이 아는 것을 할머니가 이해할 수 있도록 설명하지 못한다면, 당신은 그것을 진정으로 아는 것이 아니다."라는 경구도 남겼다.

아인슈타인은 교육에 대해서도 남다른 견해를 가지고 있었다. "사람에게 특별한 전문지식을 가르치는 것으로는 충분치 못하다. 그런 것만을 배우는 사람은 유용한 기계와 같은 인물이 될 수 있을지는 모르지만, 조화롭게 발달된 인격체가 될 수는 없다. 학생은 여러 가치들을 이해하고 그것을 생생하게 실감하는 능력을 기르는 것이 중요하다. 학생은 아름다운 것과 도덕적으로 훌륭한 것을 생생하게 느낄 수 있는 힘을 길러야 한다. 그렇지 않을 경우 전문적인 지식을 갖췄다 하더라도 그 사람은 조화로운 품성을 갖춘 사람이라기보다는 훈련을 잘 받은 개와 더 비슷한 모습이 될 것이다. 그가 다른 사람이나 공동체와 적절한 관계를 맺기 위해서는 인간의 동기와 망상, 고통을 이해하는 방법을 배워야 한다."

아인슈타인은 한 학생과의 대화에서 배움을 멈추지 않는 이유를 밝히기도 했다. "선생님께서는 이미 해박한 지식을 가지고 계신데 어찌하여 배움을 멈추지 않으십니까?"라는 질문에 아인슈타인은 다음과 같이 답했다. "내가 이미 알고 있는 지식이 차지하는 부분을 원이라고 한다면, 원 밖은 내가 아직 모르는 부분이라고 볼 수 있습니다. 원이 커지면 커질수록, 원의 둘레도 점점 늘어나 접촉하게 되는 미지의 부분도 더 많아지게 됩니다. 지금 제 지식의 원은 여러분들의 것보다 커서, 제가 접촉하고 있는 미지의 부분 또한 여러분보다 더 많습니다. 즉, 여러분보다 모르는 것에 대한 갈증이 더 크다고 할 수 있겠지요. 상황이 이러한데 어찌 게으름을 피울 수 있겠습니까?"

아인슈타인이 과학사와 과학철학의 가치를 높이 평가했다는 점도 주목할 만하다. 그는 1954년에 한 물리학자에게 보낸 편지에서 다음과 같이 썼다. "과학사와 과학철학의 중요성과 교육적 가치에 대해서 당신의 의견에 전적으로 동의합니다. 요즘은 많은 이들이, 그리고 전문적인 과학자조차도 수천 그루의 나무는 보았지만 숲을 한 번도 보지 못했던 사람 같습니다. 역사적이고 철학적인 배경에 대한 지식은 동시대 과학자들을 괴롭히는 편견으로부터 독립된 마음을 과학자에게 제공해 줍니다. 내 의견으로는 이런 철학적 통찰로부터 생겨난 독립은 진정으로 진리를 추구하는 자와 단순한 기술자 혹은 단순 전문가를 구별하는 표식인 것입니다."

9장

핵무기가 바꾼 인생

로버트 오펜하이머

로버트 오펜하이머(Julius Robert Oppenheimer, 1904~1967)는 원자력 시대의 인물들 중에서 가장 많은 토론의 대상이 되었던 과학자요 행정가이다. 그의 삶은 여러 권의 책에서 다루어졌고 텔레비전 시리즈와 영화로 제작되기도 했다. 그것은 그의 인생 경로가 마치 소설과도 같은 극적인 요소를 가지고 있기 때문이다. 오펜하이머는 맨해튼 계획(Manhattan Project)을 통해 원자폭탄을 개발하는 데 가장 핵심적인 역할을 담당했지만, 수소폭탄의 개발에는 반대하여 간첩 혐의를 받았고 그 때문에 일생을 불행하게 마감했다. 그에 대한 평가는 매우 다양하다. 오펜하이머는 인류에게 재앙을 안겨다준 범죄자인가, 아니면 당시의 과학자로는 최선의 선택을 한 인물인가? 오펜하이머는 권력에 철저히 희생당한 인물인가, 아니면 단지 카리스마적이고 복잡한 성격의 소유자에 불과한가?

그림 9-1

원자폭탄의 아버지이자 수소폭탄의 반대자라는 고뇌에 찬 일생을 살았던 오펜하이머의 모습(1946년)과 그에 대한 전기로 2006년 퓰리처상을 수상한 『아메리칸 프로메테우스』

천재 과학자로 성장하다

로버트 오펜하이머는 1904년 4월 22일에 미국 뉴욕시의 부유한 가정에서 태어났다. 아버지는 독일계 유대인으로 직물 수입업으로 자수성가했으며, 어머니는 재능 있는 화가였다. 로버트에게는 프랭크(Frank Oppenheimer, 1912~1985)라는 동생이 있었다. 프랭크는 형을 따라 유명한 물리학자가 되었고, 형제는 평생 동안 사이좋게 지냈다. 프랭크는 맨해튼 계획에도 참여했으며, 1969년에 '익스플로라토리움

(Exploratorium)'이란 과학센터를 샌프란시스코에 개관했다.

로버트 오펜하이머는 1911년부터 뉴욕의 윤리문화사회학교(Ethical Culture Society School)를 다녔는데, 그 학교는 "사람은 자신의 삶과 운명의 방향에 책임을 져야 한다."라는 경구를 교훈으로 삼고 있었다. 재능 있는 아이들이 그러하듯, 오펜하이머는 자기 또래의 아이들보다는 어른들에게서 더 편안함을 느꼈다. 광물 수집에 취미가 많았던 그는 12살 때 뉴욕 광물학회에 가입했는데, 그의 편지를 받아 본 회원들은 편지를 쓴 사람이 어른일 것이라고 짐작했다. 오펜하이머는 비상한 기억력을 지녔고 다양한 언어를 배웠다. 학업 성적은 수석이었고, 1년 반을 월반해서 학교를 마쳤다. 그는 뉴멕시코 주의 광활한 목장에서 승마를 즐기는 취미도 가졌다.

오펜하이머는 1922년 9월에 하버드 대학에 입학했다. 화학을 전공했지만 역사, 문학, 철학 등 다른 과목에서도 좋은 성적을 거두었다. 특히 어학에 소질이 뛰어나 프랑스어, 독일어, 그리스어, 라틴어, 산스크리트어 등을 익혔다. 학부 시절에 다양한 과목을 소화했던 경험은 이후에 새로운 정보를 자기의 것으로 흡수하고 통합하는 데 큰 밑거름이 되었다. 1학년 때에는 미국 대학생의 상위 1% 정도가 가입하는 파이베타카파 클럽(Phi Beta Kappa Club)의 회원으로 뽑혔고, 2학년 말에는 뛰어난 학문적 성과를 이룬 하버드 대학생에게 수여되는 존 하버드 펠로(John Harvard Fellow)가 되었다. 오펜하이머는 매년 평균 12과목(일반적으로는 8과목)을 수강하여 3년 만에 졸업했다.

대학 시절에 오펜하이머를 사로잡았던 것은 브리지먼(Percy Bridgman) 교수의 열역학 강의였다. 브리지먼은 당시 미국의 물리학계를 이끌면서 조작주의(operationalism)를 주창했던 인물로 유명하다. 모든 과학적 개념의 의미는 그것의 적용기준을 마련해주는 실험적 과정인 조작에 의해서만 명확해질 수 있다는 것이었다. 오펜하이머는 브리지먼의 영향으로 화학 대신에 물리학을 더 공부하기로 결심했다. 브리지먼은 당시 물리학의 중심지인 유럽으로 유학을 갈 것을 권고하면서 추천장을 써 주었다. 오펜하이머는 대학을 졸업한 후 1925년 9월에 케임브리지 대학의 캐번디시 연구소로 향했다.

오펜하이머는 캐번디시 연구소의 소장을 맡고 있던 러더퍼드(Ernest Rutherford)의 지도를 받기를 원했다. 그러나 러더퍼드에게는 이미 많은 제자들이 있었고 그는 오펜하이머가 실험물리학보다 이론물리학에 소질이 있다고 판단했다. 우여곡절 끝에 오펜하이머는 전직 소장이던 노학자 조지프 톰슨(Joseph John Thomson)의 연구실로 들어가게 되었다. 오펜하이머는 1948년 노벨물리학상 수상자가 되는 블래킷(Patrick Blackett)의 지도를 받았는데, 두 사람의 관계는 그다지 좋지 못했다. 얼마나 스트레스를 받았던지 오펜하이머가 플래킷의 책상에 독을 넣은 사과를 올려놓았다는 일화도 전해진다. 그러나 세계적인 연구소에 머물면서 오펜하이머는 많은 물리학자들과 접촉할 수 있었고, 결국 자신이 이론물리학에 소질이 많다는 점을 깨달았다. 그는 영국에 머무는 동안 『양자론의 진동 회전대』와 『양자론에서 두 물체의 문제』라는 두 개의 논문을 발표했다.

오펜하이머는 1926년 8월에 독일의 괴팅겐 대학으로 자리를 옮겼다. 당시 괴팅겐 대학은 캐번디시 연구소, 보어 연구소와 함께 물리학 연구를 선도하고 있었다. 오펜하이머는 파동함수에 대한 확률적 해석으로 유명한 보른(Max Born)의 지도를 받으면서 '양자역학'이란 새로운 학문을 빠른 속도로 흡수할 수 있었다. 오펜하이머는 1927년 3월에 「연속적인 스펙트럼의 양자이론에 대하여」라는 논문으로 박사학위를 받았다. 그는 괴팅겐 대학에 있는 동안 10여 편의 논문을 발표하는 왕성한 연구력을 발휘하기도 했다. 그 중에 가장 영향력이 컸던 논문은 분자를 양자역학적으로 다룰 때 핵과 전자의 운동을 분리한 후 핵의 운동을 무시하는 보른–오펜하이머 근사법(Born–Oppenheimer Approximation)을 제안한 것이었다. 23세에 불과했던 오펜하이머는 국제적 명성을 가진 물리학자로 자리 잡기 시작했다.

미국의 이론물리학을 일구다

오펜하이머는 1927년 9월부터 2년 동안 미국 국립연구심의회(National Research Council, NRC)의 펠로십을 받아 캘리포니아 공과대학(칼텍)으로 갈 예정이었다. 그런데 브리지먼은 오펜하이머가 하버드 대학에 와 줄 것을 요청했고, 결국 오펜하이머는 1927년에는 하버드에서, 1928년에는 칼텍에서 연구했다. 칼텍에 있는 동안 그는 폴링(Linus Pauling)과 친분을 쌓아 화학결합에 대한 공동연구를 수행했다. 오펜하이머가 수학적 논의를 전개하면 폴링이 그 결과를 화학적으로 해석하는 식이었다. 그러나 두 사람의 관계는 오펜하이머가 폴링의 부인을 유혹하는 바람에 급속히 악화되고 말았다.

1928년 가을에 오펜하이머는 에렌페스트(Paul Ehrenfest)의 초청으로 네덜란드 라이든 대학으로 갔다. 오펜하이머는 라이든 대학에서 네덜란드어로 강의를 해서 사람들을 놀라게 했으며, 그때 평생을 따라다닌 '오피(Oppie)'라는 별명을 얻었다. 그 다음에는 스위스의 연방공과대학으로 자리를 옮겨 파울리(Wolfgang Pauli)와 공동연구를 진행했다. 오펜하이머는 파울리를 존경하면서 그의 엄밀한 학문적 태도는 물론 자유분방한 개인적 스타일을 흉내 내기도 했다. 당시에 오펜하이머는 오스트리아 태생의 미국 물리학자인 라비(Isidor Rabi)를 알게 되었고, 두 사람은 평생 친구로 지냈다.

오펜하이머는 1929년에 버클리 대학과 칼텍 양쪽의 조교수로 임용되었고, 2년 뒤에는 부교수, 그리고 1936년에는 정교수로 승진했다. 그야말로 승승장구였다. 그는 봄과 여름에는 칼텍에서, 가을과 겨울은 버클리에서 가르쳤다. 임용 초반에는 수업에 대한 평판이 좋지 않았

그림 9-2

라이든 대학에서 찍은 사진으로 중간 줄 왼쪽에서 두 번째가 오펜하이머다.

는데, 그것은 오펜하이머가 학생들의 관심사는 고려하지 않은 채 이론물리학을 포교하는 태도를 보였기 때문이었다. 그러나 몇 년이 지나자 오펜하이머의 수업은 학생들로부터 상당한 인기를 끌었다. 수강신청을 하는 학생들이 너무 많아 그것을 관리하는 데 머리가 아플 지경이었다고 한다.

오펜하이머는 미국에서 이론물리학에 대한 권위자로 인정을 받았고 많은 대학원생들과 연구원들이 선망하는 인물이 되었다. 그의 친구로서 당시에 칼텍에 재직했던 베테(Hans Bethe)에 따르면, "오펜하이머는 미국 역사상 가장 위대한 이론물리학 학파를 만들어 냈다." 오펜하이머의 학생들과 연구원들은 학기마다 버클리와 칼텍을 따

그림 9-3
로렌스가 주도하던 방사연구소의 연구원들이 함께 한 광경(1938년)

라다니는 수고를 아끼지 않았다. 오펜하이머는 제자들과 종종 저녁 만찬을 즐겼으며, 실내악 콘서트와 같은 문화 활동도 함께 했다. 그는 버클리 대학에서 로렌스(Ernst Lawrence)가 방사연구소(Radiation Laboratory)를 운영하는 데도 힘을 보탰다.

오펜하이머의 연구도 계속되었다. 1930년에 그는 디랙(Paul Dirac)이 양자역학과 특수상대성이론을 결합해서 만든 디랙 방정식에 대해 연구하다가 전자와 무게가 같지만 양전하를 가지는 입자가 존재할 수 있다고 예측했다. 이러한 예측은 1932년에 앤더슨(Carl Anderson)이 양전자를 발견하는 것으로 이어졌으며, 앤더슨은 이 업적으로 1936년에 노벨 물리학상을 수상했다. 오펜하이머는 천체물리학의 문제에도 관심을 기울여 백색왜성의 특성, 중성자별의 특성, 중력에 의한 별의 수축 등에 대해 연구했다. 그 중에서 중력에 의한 별의 수축 현상은 1969년에 휠러(John Wheeler)가 '블랙홀'로 명명하는 것으로 이어졌다.

오펜하이머는 세계 정상급의 물리학자였지만 노벨상을 받지는 못했다. 1945년, 1951년, 1967년에 노벨물리학상 후보에 올랐을 뿐이다. 이에 대해서는 오펜하이머가 '노벨상 스타일'은 아니었다는 평가가 지배적이다. 노벨상을 받기 위해서는 한 가지 주제를 집중적으로 연구하여 탁월한 성과를 내야 하는데, 오펜하이머는 여러 분야에서 나온 성과를 이해하고 종합해 또 다른 결과를 내놓는 일에 뛰어난 능력을 보였던 것이다. 그와 함께 맨해튼 계획에 참여한 과학자 중에는 18명이 노벨상을 수상하게 된다.

학업과 연구에 몰두할 때만 하더라도 오펜하이머는 정치에는 별다른 관심을 두지 않았다. 그러나 1930년대에 들어와 그는 대공황, 히틀러의 등장, 스페인 내란 등 세계정세의 변화를 민감하게 받아들였다. 특히 오펜하이머는 독일에 있는 친척들이 전해주는 소식에 접하면서 정치적인 사건이 얼마나 인간의 생활에 깊은 영향을 줄 수 있는가를 깨닫기 시작했다. 그는 아버지로부터 물려받은 유산으로 사회운동단체에 기부를 했으며, 스페인 내전에서 공화파를 지지하는 자금을 지원하기도 했다.

1936년에 오펜하이머는 여자친구 진 태트록(Jean Tatlock)을 통해 캘리포니아 공산당과 인연을 맺기도 했다. 당시 미국의 대학에서는 파시즘에 대항하는 가장 큰 희망은 공산주의라는 믿음이 유행하고 있었다. 오펜하이머는 공산당의 공식적인 당원은 아니었지만 공산당의 활동을 지지하고 돈을 기부하는 '동조자(fellow traveler)'에 해당했다. 그는 1940년에 캐서린 키티 퓨닝(Katherine Kitty Puening)과 결혼식을 올렸는데, 키티는 생물학을 전공한 공산당 당원으로 세 명의 전 남편을 둔 여성이었다. 오펜하이머 부부 사이에는 1남 1녀가 태어났다.

핵분열 발견에서 원자탄 개발로

'기적의 해'로 불리는 1905년에 아인슈타인은 5편의 논문을 썼는데, 그 중 하나는 「물체의 관성은 에너지 함량에 의존하는가」였다. 이 논문에서 아인슈타인은 질량-에너지 등가원리로 불리는 $E=mc^2$을 제안했다. 질량과 에너지가 서로 변환될 수 있으며, 둘 사이의 관계는 광속의 제곱이라는 엄청난 숫자에 의해 매개된다는 내용이었다. 그렇다면 아주 작은 질량을 가진 물체라도 이를 변환한다면 대단히 큰 에너지를 방출할 수 있게 된다. 그러나 당시만 해도 $E=mc^2$은 순전히 이론적인 영역에 머물러 있었다.

그러던 중 1934년에 이탈리아의 페르미(Enrico Fermi)는 당시에 가장 무거운 원소로 알려진 우라늄 원자에 중성자를 쏘는 일련의 실험을 했다. 그 결과 페르미는 중성자를 흡수한 우라늄 원자핵이 불안정해져서 크게 흔들리다가 붕괴하는 현상을 목격했다. 여기서 흥미로운 사실은 페르미가 핵분열 현상을 인지하지 못했다는 점이다. 그는 자신의 실험 결과를 우라늄보다 더 무거운 초우라늄 원소가 생성된 것으로 해석하고 말았다.

1938년 12월에 독일의 화학자 한(Otto Hahn)과 슈트라스만(Fritz Strassmann)은 우라늄을 중성자로 포격할 때 생성되는 물질에 대해 정밀한 화학분석을 실시했다. 그 결과 그들은 우라늄의 중성자 포격에서 바륨과 크립톤이 생성된다는 믿을 수 없는 사실을 알아냈다. 한은 실험 결과를 스웨덴으로 망명해 있던 여성 물리학자인 마이트너(Lise

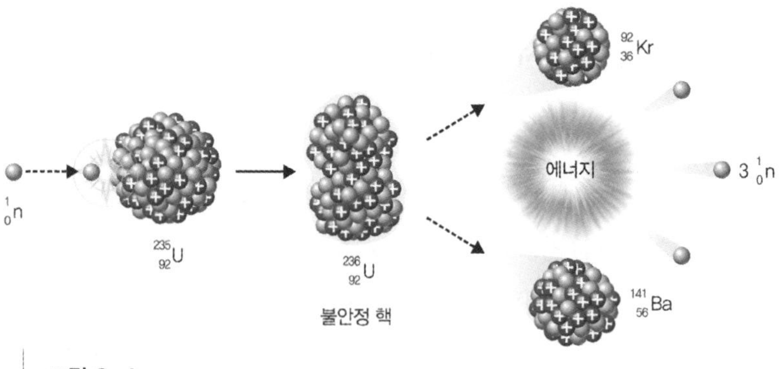

그림 9-4
우라늄 핵분열 반응의 개념도

Meitner)에게 알리면서 이론적인 설명을 요청했다. 마이트너는 조카인 프리슈(Otto Frisch)와 함께 이 문제를 곰곰이 생각한 후 우라늄 원자핵이 분열될 때 생기는 질량결손으로 막대한 에너지가 생성된다는 결론을 얻어냈다. 마이트너는 이러한 반응에 '핵분열(nuclear fission)'이라는 용어를 붙였다.

이제 과학자들의 관심은 2차 중성자에 의한 연쇄반응(chain reaction)으로 쏠렸다. 만약 핵분열 반응에서 복수의 중성자가 나온다면 추가적인 중성자를 투입하지 않고도 핵분열 반응이 기하급수적으로 진행될 것이었다. 1939년 3월에 마리 퀴리의 사위인 프레데리크 졸리오퀴리(Frédéric Joliot-Curie)와 헝가리 출신의 물리학자인 실라르드(Leó Szilárd)는 각기 독립적으로 핵분열 연쇄반응의 존재를 확인했다. 실라르드가 이미 1933년 9월에 연쇄반응에 대한 최초의 아이디어를 떠올린 후 1934년 3월에 연쇄반응의 개념에 대한 특허를 출원했다는 것도 흥미로운 사실이다.

1939년 4월 독일에서는 핵분열 연구를 위한 우라늄 클럽(Uranverein)이 조직되었고, 같은 해 7월에는 이에 대한 소문이 나돌기 시작했다. 당시 미국으로 망명해 있던 실라르드는 원자탄이 히틀러의 수중에 들어간다면 돌이킬 수 없는 재앙이 빚어질 것으로 걱정했다. 그는 헝가리 출신의 동료인 위그너(Eugene Wigner)와 이 문제에 대해 상의한 후 아인슈타인을 움직여 루스벨트 대통령에게 편지를 보내기로 결심했다. 그 결과 1939년 8월에는 실라르드가 준비하고 아인슈타인이 일부 보완한 편지가 미국 정부에게 전해졌으며, 같은 해 10월에 미국 정부는 우라늄위원회(Uranium Committee)를 발족했다. 훗날 아인슈타인은 이 편지를 보낸 것이 자신의 커다란 실수였다고 말했던 것으로 전해진다.

한편 영국에서 활동하던 프리슈와 파이얼스(Rudolf Peierls)는 1940년 3월에 우라늄 235의 임계질량(critical mass)이 5킬로그램 정도임을 밝혀냈으며 우라늄 235를 분리하는 방법을 고안하는 데 성공했다. 이에 자극을 받은 영국 정부는 같은 해 4월에 모드 위원회(MAUD Committee)를 설치했는데, 모드는 우라늄 폭발의 군사적 응용(Military Application of Uranium Detonation)을 의미했다. 그러나 대부분의 과학자들은 원자탄의 제조가 당분간 어려울 것이라고 생각했다. 그것은 천연 우라늄 중에서 우라늄 235와 우라늄 238의 비율이 1:140 정도였기 때문이었다.

이러한 한계는 1941년 3월에 미국의 젊은 화학자인 시보그(Glenn Seaborg)가 플루토늄을 추출하면서 극복되기 시작했다. 그는 버클리 대학에서 로렌스가 만들었던 60인치 사이클로트론(cyclotron)으로 우라늄을 가속시키는 실험을 하고 있었다. 그러던 중 시보그는 가속된 우라늄 238이 플루토늄으로 변환되며, 플루토늄이 우라늄 235와 같은 연쇄반응을 일으킨다는 점을 발견했다. 이 실험에는 오펜하이머도 관여하고 있었다.

1941년 여름에 로렌스는 부시(Vannevar Bush), 코넌트(James B. Conant), 콤프턴(Karl T. Compton) 등과 회합을 가지면서 원자탄 제조에 관한 연구의 필요성과 가능성에 대해 논의했다. 그들은 당시 미국 사회에서 과학정책을 주도하던 엘리트그룹(Scientific Establishments)을 형성하고 있었다. 특히 부시는 1940년 6월에 설립된 국방연구위

그림 9-5
1940년 3월에 있었던 사이클로트론에 관한 버클리 회합에 관한 사진으로 로렌스, 아서 콤프턴(Arthur Compton), 부시, 코넌트, 칼 콤프턴과 루미스(Alfred Lee Loomis)가 참여했다.

원회(National Defense Research Committee, NDRC)와 그것이 확대되어 1941년 6월에 발족된 과학연구개발국(Office of Scientific Research and Development, OSRD)의 책임자로 활동했다. 부시는 루스벨트 대통령을 설득하는 작업에 나섰으며, 결국 미국 정부는 진주만 습격의 전날인 1941년 12월 6일에 원자탄 개발을 추진하기로 결정했다.

맨해튼 계획의 전개

1942년 6월에 루스벨트는 부시에 의해 준비된 사업계획서를 승인했고, 원자탄 개발 사업을 위한 추진체로 S-1 집행위원회(S-1 Executive Committee)가 발족되었다. 이어 같은 해 8월에는 미 육군에 의해 '맨해튼 엔지니어 지구(Manhattan Engineer District)'라는 암호명을 가진 원자탄 개발 프로젝트가 시작되었는데, 그것은 흔히 '맨해튼 계획'으로 불린다. 프로젝트의 명칭은 미국이 제2차 세계대전에 참전한 이후 육군 공병대의 연구시설 중 상당수가 뉴욕의 맨해튼에 있었던 데서 유래했다.

맨해튼 계획의 총책임자는 국방부(펜타곤) 건물의 공사를 담당했던 그로브스(Leslie Groves) 대령이 맡았다. 과학기술에 관한 책임자(scientific director)로는 로렌스, 아서 콤프턴, 유리(Harold Urey) 등이 물망에 올랐으며, 최종적으로는 콤프턴이 추천했던 오펜하이머가 선택되었다. 오펜하이머는 과거의 좌익 경력 때문에 문제가 되기도 했지만 그것은 그로브스의 강력한 지지로 무마될 수 있었다. 그로브스는 1942년 9월에 준장, 1944년 3월에 소장으로 승진했다.

맨해튼 계획은 미국 각지에서 수행되었으며, 대표적인 거점으로는 테네시 주의 오크리지, 워싱턴 주의 핸퍼드, 시카고 대학의 야금학 연구소(Metallurgical Laboratory), 뉴멕시코 주의 로스앨러모스 연구소를 들 수 있다. 시카고 대학에서는 페르미(Enrico Fermi)와 실라르드를 중심으로 인위적으로 통제된 핵분열 연쇄반응에 대한 연구가 진행되었다. 페르미 연구팀은 1942년 11월에 시카고파일 1호기(CP-1)를 설치한 후 같은 해 12월에 원자로를 가동하는 실험을 성공리에 수행했다. 오크리지에는 우라늄 235를 분리해 농축하는 거대한 공장들이 지어졌고, 핸퍼드에는 우라늄 핵반응을 일으키는 원자로와 플루토늄을 분리하기 위한 공장들이 들어섰다. 오크리지와 핸퍼드에서 스톤 앤 웹스터(Stone & Webster), 켈로그(Kellogg), 유니언 카바이드 앤 카본(Union Carbide and Carbon), 듀폰(Du Pont) 등의 도급회사들(subcontract companies)은 과학자들의 연구 결과를 대규모 공정과 설비로 구현하는 데 크게 기여했다.

오펜하이머는 1942년 11월에 준공된 로스앨러모스 연구소의 소장으로 임명되었다. 당시 그의 나이는 38세였다. 그로브스는 과학자들에게 군인 계급장을 주어야 한다고 생각했지만, 오펜하이머는 이에 반대하면서 민간인 신분으로 과학자들을 참여시켰다. 또한 그로브스는 맨해튼 계획에 '구획화(compartmentalization)'의 원칙을 적용했는데,

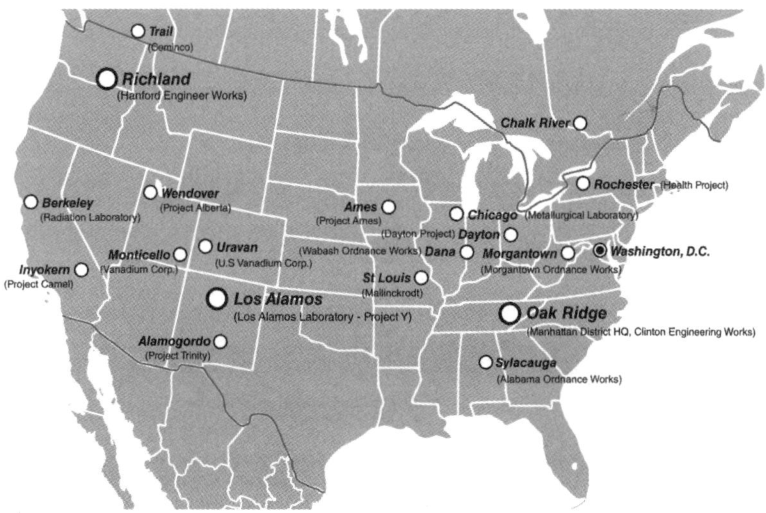

그림 9-6

맨해튼 프로젝트가 수행된 지점을 나타낸 지도

자료: Fallschirmjäger, Wikimedia Commons

오펜하이머는 과학자들에게 예외를 적용해 달라고 요구했다. 구획화 원칙은 맨해튼 계획에 참여한 사람이 자신에게 할당된 일만 수행하고 전체 프로젝트가 무엇을 위한 것인지는 알 수 없게 하는 것을 의미했다. 그밖에 오펜하이머는 연구에 관한 회의와 업무에 관한 회의를 분리해서 운영했고, 과학연구에 대해 자유롭게 발표하고 토론하는 콜로키움을 조직했다.

로스앨러모스 연구소가 직면했던 가장 어려운 문제는 실제로 활용할 수 있는 폭탄을 제조하는 방법을 찾는 데 있었다. 당시에 원자탄을 만드는 방법으로는 포신 방식(gun-type)과 내파 방식(implosion-type)이 거론되었다. 포신 방식에서는 핵물질을 임계질량 이하의 두 부분으로 나눈 후 한쪽을 총알처럼 쏘아서 다른 쪽과 결합시킨다. 내파 방

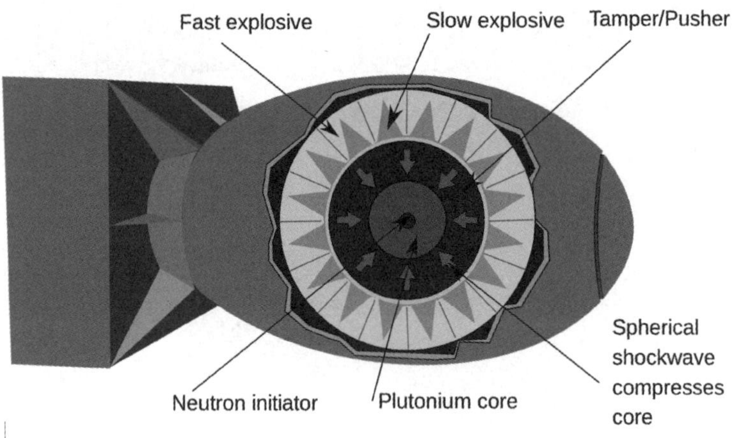

그림 9-7

내파 방식의 개념도. 폭탄의 충격파를 굴절시켜 그 효과를 모으는 데는 폭약 렌즈(explosive lens)가 사용된다.

자료: Redrawn, Wikimedia Commons

식의 경우에는 핵물질을 구형으로 배치하고 TNT와 같은 폭약을 두른 후 안쪽으로 폭파시켜 핵물질을 순간적으로 압축하여 결합시킨다.

처음에 로스앨러모스의 과학자들은 기술적 난이도가 상대적으로 낮은 포신 방식에 주목했다. 그러던 중 핸퍼드와 오크리지에서 얻어낸 플루토늄에 불순물이 많아서 포신 방식이 적합하지 않다는 문제가 발생했다. 우라늄 235에는 포신 방식을 적용할 수 있었지만, 우라늄 235는 원자탄 하나 정도를 만들 수 있는 분량만 확보될 것으로 예상되었다. 만약 우라늄 235 원자탄을 실험에 사용한다면 실전용 원자탄이 없게 되는 셈이어서 포신 방식의 대안으로 내파 방식이 주목을 받기 시작했다.

내파 방식은 1944년 4월에 오펜하이머의 제자인 네더마이어(Seth Neddermeyer)가 제안했지만, 처음에는 진지하게 고려되지 않았다. 내파 방식을 활용하기 위해서는 고성능 폭약을 개발해야 하고 충격파에 관한 지식을 축적해야하기 때문에 현실성이 떨어진다는 것이었다. 이러한 상황에서도 오펜하이머는 내파 방식을 포기하지 않고 포신 방식과 함께 연구하는 체제를 구축했다. 포신 방식의 문제점이 드러나자 그는 내파의 문제를 해결한다는 목표를 중심으로 연구소를 다시 조직했다. 헝가리 출신의 수학자 노이만(John von Neumann)은 내파 방식의 가능성을 증명했고, 이를 계기로 내파 방식에 회의적이었던 과학자들도 마음을 돌렸다. 로스앨러모스의 과학자들은 일치단결하여 어려운 문제들을 하나씩 해결해 나갔으며, 결국 플루토늄을 사용한 내파 폭탄을 개발하기에 이르렀다. 이러한 과정을 겪으면서 텔러(Edward Teller)는 자신이 만났던 연구소 소장 중에 오펜하이머가 최고라는 찬사를 보내기도 했다.

오펜하이머는 해박한 지식, 날카로운 통찰력, 탁월한 소통능력을 바탕으로 맨해튼 계획을 착실히 진행시켰다. 그는 인간의 내부에 존재하는 환상을 일깨우고 그것을 구체적인 힘으로 전환시키는 능력을 가지고 있었다. 오펜하이머가 맨해튼 계획의 완벽한 관리가가 될 수 있었던 데는 그가 좁은 분야의 전문가가 아니었다는 점도 중요하게 작용했다. 오펜하이머는 진행 중인 거의 모든 사안을 충분히 이해했다. 덕분에 그는 물리학자뿐만 아니라 수학자, 화학자, 엔지니어 등 누구와도 상대방의 수준에 맞추어 이야기를 나눌 수 있었다. 더 나아가 오펜하이머는 군인들과 의견을 나누고 정부와 협상하는 데도 탁월

그림 9–8

로스앨러모스에서 수시로 개최된 콜로키움에 대한 광경. 둘째 줄 중앙에 검은 양복을 입은 사람이 오펜하이머이다.

자료: Los Alamos National Laboratory, Wikimedia Commons

한 능력을 발휘했다.

"나는 세상의 파괴자가 되었다"

결국 미국은 1944년 7월에 두 개의 플루토늄 폭탄과 한 개의 우라늄 235 폭탄을 제작하는 데 성공했다. 그러나 당시에 독일은 원자탄을 만들고 있지 않았을 뿐만 아니라 원자탄을 제작할 능력도 보유하지 못했다. 그렇다면 독일은 왜 원자탄 개발에 실패했을까? 이에 대해 하이젠베르크(Werner Heisenberg)를 비롯한 독일의 과학자들은 원자탄 개발 과정에서 일종의 지연작전을 전개했다고 주장한 바 있다. 자신들의 조국을 위해 원자탄 개발에 참여하긴 했지만, 나치가 원자탄을 보유하게 되면 어떤 불상사가 발생할지 모르기 때문에 은밀한 태업을 벌였다는 것이다.

그러나 이러한 주장을 액면 그대로 받아들이기에는 무리가 있다. 이보다 더욱 수긍이 가는 이유로는 다음의 세 가지를 들 수 있다. 첫째, 많은 과학자들의 망명으로 연구력이 크게 약해진 상태에서 독일이 원자탄 개발이라는 대규모 연구를 수행하기 어려웠다. 둘째, 독일의 연구팀은 이론물리학자들이 주도했기 때문에 우라늄 연구가 실험실 수준에 머물렀고 그것을 산업적·군사적 수준으로 발전시킬 수 없었다. 셋째, 1942년만 해도 독일이 전쟁에서 유리한 상황에 있었기 때문에 별도의 대규모 투자가 요구되는 원자탄 개발에 적극적인 자세를 보이지 않았다.

독일이 원자탄 개발에 실패했다는 소식이 전해지자 몇몇 과학자들은 원자탄 개발의 중지를 촉구하는 움직임을 보이기 시작했다. 맨해튼 계획의 자문역을 맡았던 보어(Niels Bohr)는 원자탄 문제로 1944년 10월에 처칠 수상과 회담을 가졌으며 11월에는 루스벨트 대통령과 면담했다. 초기에 원자탄 개발을 적극 주장했던 실라르드도 이제는 원자탄 반대자가 되어 1945년 봄에 트루먼 행정부와 접촉했다. 그러나 이러한 시도들은 모두 실패로 돌아갔다. 당시에 폴란드 출신의 영국 과학자인 로트블랫(Joseph Rotblat)은 수많은 고민 끝에 로스앨러모스를 떠났고, 제2차 세계대전이 끝난 뒤에는 반핵운동을 주도했다.

실라르드와 프랑크(James Franck)를 비롯한 시카고 대학의 과학자들은 1945년 6월에 프랑크 위원회를 결성한 후 전후(戰後)의 핵 통제

그림 9-9

1945년 4월에 연합군이 독일의 실험용 원자로를 점검하는 모습

를 주제로 한 보고서를 제출했다. 프랑크 보고서는 원자탄을 일본 본토에 투하하지 말고 일본 대표가 참관하는 사막이나 섬에서 폭파시킴으로써 항복을 받아내자는 주장을 담고 있었다. 이와 함께 그 보고서는 원자탄의 투하가 부추길 군비경쟁을 우려하면서 전후 원자탄에 대한 국제적 통제방안을 마련하자는 제안도 내놓았다.

그러나 프랑크 보고서가 워싱턴에 도착하기 전인 7월 16일에 뉴멕시코 주 앨라모고도의 사막에서는 원자탄 투하 실험이 실시되었다. 그 실험에는 기독교의 삼위일체를 뜻하는 '트리니티(Trinity)'라는 암호명이 붙여졌다. 플루토늄으로 만들어진 원자탄 '가젯(gadget)'은 TNT 2만 톤 수준의 폭발을 일으켰고, 이를 목격한 과학자들은 "천 개의 태양보다 밝다."는 말로 원자탄의 가공할 만한 위력을 표현했다. 당시에

그림 9–10

1945년 7월에 있었던 트리니티 실험의 광경과 1945년 9월에 오펜하이머와 그로브스 장군이 함께 한 사진

오펜하이머는 힌두교 경전 『바가바드 기타』를 인용하여 "이제 나는 죽음이요, 세상의 파괴자가 되었도다(Now I am become Death, the destroyer of worlds)."라고 중얼거렸다. 시험장 준비를 담당했던 베인브리지(Kenneth Bainbridge)는 "음, 이제 우리는 모두 개자식들이야"하고 자책했던 것으로 전해진다. 당시에 뉴멕시코 주의 주민들은 도대체 무슨 일이 있었는지 하며 궁금해 했는데, 정부는 앨라모고도 공군 기지의 탄약 창고가 폭발해서 생긴 사고로 사상자는 없다고 답변했다.

죽음의 도시가 된 히로시마와 나가사키

트리니티 실험 후에 열린 대책 회의에서 국방부 장관은 대통령에게 일본에 원자탄을 즉각적으로 투하할 것을 종용했다. 그 회의에서 원자탄 투하 여부는 토론의 대상도 되지 않았으며, 투하 장소, 투하 일정, 추후 관리 등이 주로 논의되었다. 그렇다면 원자탄의 투하가 기정사실로 굳혀진 이유는 무엇일까? 아마도 원자탄을 사용하지 않는다면 맨해튼 계획에 지출된 엄청난 예산의 효과를 검증할 수 없기 때문이었을 것이다. 이와 관련하여 그로브즈는 1944년 12월에 "만약 이 프로젝트가 실패한다면, 모두 평생을 의회조사위원회의 심문을 받을 각오를 해야 할 것"이라고 말하기도 했다.

1945년 4월 말에는 효과적인 피해를 입힐 수 있는 투하 장소로 고쿠라, 히로시마, 니가타, 교토가 거론되었다. 그중 교토는 역사적 중요성을 이유로 제외되었고 나가사키가 대안으로 채택되었다. 8월 6일에는 B-29 폭격기인 에놀라 게이(Enola Gay)가 농축우라늄으로 제조된 '리틀 보이(little boy)'를 히로시마에 투하했다. 3일 뒤인 8월 9일에는 다른 폭격기 박스카(Bockscar)에 의해 플루토늄 원폭 '팻 맨(fat man)'이 투하되었는데, 고쿠라의 기상 조건이 좋지 않았던 탓에 나가사키가 제물이 되고 말았다. 리틀 보이는 루스벨트 대통령의 별명, 팻 맨은 처칠 수상의 별명이었던 것으로 전해진다. 1945년 8월 15일에는 일본이 무조건 항복을 선언했고, 이로써 제2차 세계대전은 끝이 났다. 원자폭탄의 투하로 인해 1945년에만 히로시마에서 14만 명 내외, 나가사키에서 8만여 명이 목숨을 잃었던 것으로 추정되고 있다. 그중에는 4만 명에 달하는 한국인도 포함되어 있었다.

수많은 인명을 앗아간 맨해튼 계획은 인류 역사상 최악의 과학기술 드라마로 평가되고 있다. 당시에 히로시마에 살던 목격자는 다음과 같이 증언했다. "거기엔 마치 죽은 개와 고양이처럼 시체들이 둥둥 떠가고 있었다. 옷 조각들이 넝마처럼 그들 몸에 간댕거리고 있었다. 나는 둑 근처 모래톱에서 얼굴을 위로 하고 떠내려가는 한 여인을 보았다. 잘려나간 그녀의 가슴에서 피가 뿜어져 나오고 있었다. 세상에

그림 9-11

원자탄 리틀 보이(왼쪽)와 팻 맨(오른쪽)으로 미국 국립원자력박물관에 소장되어 있다.

어떻게 이런 끔찍한 모습이 있을 수 있는 걸까?"

일본에 원자탄이 성공적으로 투하되면서 로스앨러모스에서는 파티가 열렸다. 과학자들은 축배를 들면서 서로의 노고를 취하했다. 당시에 파인먼(Richard Feynman)은 드럼을 두들기며 신명을 돋우기도 했다. 그런데 사이클로트론 팀을 이끌었던 윌슨(Robert Wilson)이 파티장의 구석에서 울고 있었다. 파인먼이 "왜 웁니까?"라고 묻자 윌슨은 "우리가 끔찍한 것을 만들었어."라고 대답했다. 파인먼은 다음과 같이 응수했다. "당신이 시작한 것 아닙니까? 당신이 우리를 끌고 오지 않았습니까?"

원자탄이 과학기술에 미친 영향

원자탄의 개발과 투하는 과학기술의 역사에서 중요한 전환점으로 평가되고 있다. 우선, 맨해튼 계획은 거대과학(big science)의 본격적인 출현을 알리는 신호탄에 해당한다. 과거의 과학 활동은 몇몇 개인에 의존하는 산발적인 형태를 띠고 있었던 반면, 맨해튼 계획에서는 원자탄 제조라는 단 하나의 목표를 위해 대규모의 물적·인적 자원이 투입된 협동연구가 이루어졌던 것이다. 이 계획에는 미국의 대학, 산업체, 군대 등이 총동원되었으며, 3년이라는 짧은 기간 동안에 12만 5천 명의 인원과 20억 달러(현재 가치로는 300억 달러)라는 자금이 소요되었다. 맨해튼 계획은 군산학복합체(military–industrial–academic complex)에 의해 추진된 거대과학의 본보기로 평가되고 있다.

또한 원자탄 개발은 정부가 과학연구를 지속적으로 지원하는 계기로 작용했다. 과학은 원자탄과 같은 국방연구를 매개로 정책적 차원에서 지원해야 할 중요한 대상으로 간주되었던 것이다. 특히 당시에 과학연구개발국을 맡았던 부시는 1945년 7월에 『과학, 끝없는 프런티어(Science, the Endless Frontier)』라는 보고서를 작성하여 과학에 대한 정부의 강력한 지원책을 주문했다. 부시의 제안은 연구 과제를 관리하는 주체를 놓고 많은 논란을 거친 후에 1950년 5월에 국립과학재단(National Science Foundation, NSF)이 설립되는 것으로 이어졌으며, 20세기 후반에 다른 국가에서 과학기술정책을 수립하는 데에도 많은 영향을 미쳤다.

원자탄을 매개로 과학에 대한 일반인들의 태도도 달라졌다. 원자탄 투하는 과학이 가진 위력이 얼마나 큰 것인가를 극적으로 보여준 사건이었다. 특히 원자탄 투하는 과학이 가진 양면성이 드러나는 중요한 계기가 되었다. 20세기 전반만 해도 과학은 진보의 상징이자 풍

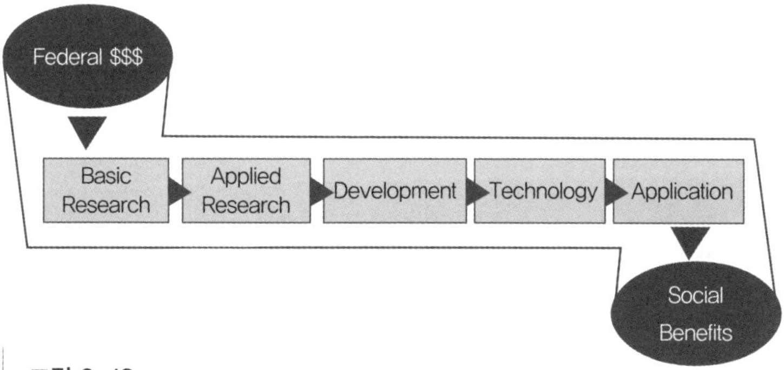

그림 9-12

『과학, 끝없는 프런티어』에 나타난 과학기술정책에 관한 개념도. 부시의 과학기술정책은 기초연구 → 응용연구 → 개발 → 기술 → 적용으로 이어지는 선형 모델(linear model)에 입각하고 있었다.

요의 원천으로 찬양되는 경향이 지배적이었지만, 원자탄을 비롯한 전쟁무기를 매개로 과학의 역기능이 본격적으로 인식되고 비판되기에 이르렀던 것이다.

과학자의 사회적 책임을 중요한 화두로 만든 것도 원자탄이었다. 옛날의 과학자들은 자신이 수행하고 있는 연구가 사회적 책임과 어떤 관련성이 있는지 심각하게 생각할 필요가 거의 없었다. 그러나 원자탄을 둘러싼 연구 활동은 엄청나게 큰 위험과 결합하게 되었고, 이에 따라 과학자들이 사회적 책임이라는 문제로부터 회피하는 것이 불가능해졌다. 과학자들의 구체적인 사고방식과 행동패턴은 개인별로 상당한 차이를 보였지만, 어떤 식으로든 원자탄에 대한 자신의 입장을 밝혀야 하고 이에 대해 다른 사람의 평가를 받아야 한다는 것은 이전과는 크게 달라진 점이었다.

당시의 과학자들은 원자탄에 대해 매우 다양한 입장을 보였다. 맨해튼 계획의 출범에 기여했던 로렌스는 원자탄이 전쟁을 조기에 종료시켜 미국인 희생자를 크게 줄였다고 주장했다. 미국의 원자탄 독점이 야기할 문제점을 곰곰이 생각했던 푹스(Klaus Fuchs)는 1944년부터 소련에 맨해튼 계획의 내용을 보고하는 스파이 노릇을 했다. 핵분열 현상을 발견했던 오토 한은 자신의 발견으로 수많은 사람들이 사망하는 결과가 발생했다는 사실에 크게 괴로워했다. 맨해튼 계획을 주도했던 오펜하이머는 나중에 수소폭탄 개발에 반대함으로써 공산주의자라는 누명을 쓰고 공직에서 물러나야 했다. 원자탄을 개발하면서 수소폭탄의 기술적 가능성에 주목한 텔러는 1950년대에 수소폭탄 프로젝트의 책임자로 활동했다. 그는 "어떤 과학에서든지 중요한 일은 할 수 있는 일을 하는 것"이라는 말로 자신의 행보를 정당화하고자 했다. 내가 당시의 과학자였다면 어떻게 했을까를 생각해 보는 것도 흥미로운 과제가 될 것이다.

"내 손에 피가 묻어 있다"

제2차 세계대전 이후에는 맨해튼 계획에 사용된 엄청난 시설과 인력을 통제하는 것이 커다란 문제로 대두되었다. 군대가 주도해야 하는가, 민간이 통제해야 하는가를 놓고 상당한 논쟁이 벌어졌다. 결국 1945년 12월에 상원의원이자 원자력특별위원회 위원장인 맥마흔(Brien McMahon)이 법안을 제출했고 이를 바탕으로 이듬해 6월에는 원자력법이 제정되었다. 1947년 1월에 발효된 원자력법의 골자는 핵에너지 개발을 담당할 민간 기구로 원자력위원회(Atomic Energy Commission, AEC)를 설립하고 맨해튼 계획의 여러 시설들을 그 산하에 배치한다는 것이었다. 원자력위원회는 대통령이 임명하는 위원장을 포함하여 5명의 위원으로 구성되었다. 이와 함께 원자력위원회는 과학자 위주로 구성된 일반자문위원회(General Advisory Committee)와 군대가 주도하는 군사관계위원회(Military Liaison Committee)의 자문을 받았다. 결과적으로 원자력위원회는 민간 기구의 위상을 가지고 있었지만, 군사적 측면과 비군사적 측면을 모두 관장하는 이중의 임무를 맡게 되었다.

오펜하이머는 1945년 10월에 칼텍의 교수로 복귀했으며, 1948년 8월에는 버클리 대학에도 복귀했다. 또한 그는 1947년에 프린스턴 대학의 고등연구소 소장이 되었으며 1948년에는 미국 물리학회의 회장으로 선출되었다. 오펜하이머는 원자력 분야의 대표자로서 학문적 영향력은 물론 정치적인 실력도 행사했다. 그는 1946년 3월에 원자탄을 개발한 공로로 훈장을 받았고, 1947년 1월에는 원자력위원회의 자문기구인 일반자문위원회의 의장으로 선출되었다.

이처럼 오펜하이머는 화려한 경력을 지녔지만 이와 동시에 심한 도덕적 가책도 느꼈다. 1945년 10월 25일에는 오펜하이머가 대통령 집무실에서 트루먼을 만날 기회가 있었다. 트루먼은 화술에 능하고 카리스마 넘치는 유명한 물리학자를 만난다는 생각을 가지고 있었다. 그런데 오펜하이머는 트루먼에게 "대통령 각하, 내 손에 피가 묻어 있는 것 같습니다(Mr. President, I feel I have blood on my hand)."라고 말했다. 어색한 침묵이 흐르는 가운데 트루먼은 "걱정 마세요. 우리는 어쨌든 문제를 해결할 테고, 당신은 우리를 도와줄 것입니다."라고 응답했다. 나중에 트루먼은 오펜하이머를 '울보 과학자'로 몰아세우면서 "나는 두 번 다시 저 얼간이를 만나고 싶지 않아."라고 말했다.

그림 9-13
아인슈타인과 대화를 나누는 오펜하이머(1950년경)

오펜하이머는 1946년 6월 1일자 ≪원자과학자회보(Bulletin of the Atomic Scientists)≫에서 "미국인이라면 누구나 또 한 차례의 전쟁이 일어난다면 핵무기가 사용될 것을 알고 있다."라고 썼다. 바로 이 때문에 전쟁 자체를 없애기 위한 노력을 기울여야 한다는 것이 오펜하이머의 주장이었다. 이어 그는 "지난 전쟁에서 전 세계에서 가장 문명화되고 인도적이라고 생각하는 영국과 미국이 사실상 패배한 적국에 대항해 핵무기를 사용했다."라고 평가했다. 오펜하이머는 제2차 세계대전에서 '사실상 패배한 적국'에게 핵무기를 투하했다는 점에 대해 상당한 책임감을 느끼고 있었던 것이다.

1946년 7월 1일에는 전 세계의 언론의 관심이 태평양의 마셜제도(Marshall Islands)에 있는 비키니 환초(Bikini Atoll)에 집중되었다. 미국은 일전에 나가사키에 투하했던 것과 같은 수준의 원자폭탄을 기자단이 보는 앞에서 공개적으로 투하하는 실험을 진행했다. 제2차 세계대전 후 전개된 냉전시대에서 보다 유리한 고지를 점하기 위해 핵실험을 다시 실시하기로 결정했던 것이다. 그로부터 4일 후 프랑스의 루이 레아르(Louis Reard)는 파리의 한 수영장에서 새로 디자인한 수영복을 선보이면서 거기에 '비키니'란 이름을 붙였다. 가슴과 국소 부위만 가린 비키니 수영복으로 인해 레아르는 패션계에서 무명의 아마추어에서 일류 스타로 급부상했다.

수소폭탄의 개발에 반대하다

오펜하이머의 인생은 수소폭탄 개발을 계기로 또 다른 전환점을 맞이했다. 제2차 세계대전 이후에 소련은 미국의 핵무기 독점에 대항하여 원자폭탄의 개발을 서둘렀고 1949년 9월에 원자폭탄 실험에 성공했다. 소련의 원자폭탄 개발에는 맨해튼 계획에 참여했던 푹스에 의해 제공된 정보가 중요하게 작용했던 것으로 알려져 있다. 소련이 원자폭탄을 개발했다는 소식에 충격을 받은 미국에서는 수소폭탄을 만들어 소련에 대한 힘의 우위를 유지해야 한다는 주장이 등장했다.

수소폭탄 개발에 강한 의지를 보인 사람은 텔러였다. 그는 로렌스와 함께 수소폭탄의 필요성과 제조가능성을 제안했고, 이 제안을 검토하기 위해 원자력위원회 자문회의가 소집되었다. 오펜하이머와 코넌트는 수소폭탄의 개발에 반대했으며, 자문회의는 수소폭탄을 만드는 대신 원자폭탄의 성능을 개선할 것을 권고했다. 수소폭탄이 개발될 경우에는 끝없는 군비경쟁에 돌입하게 되며, 결국 인류의 문명 자체가 파괴될 수도 있다는 것이었다. 이와 함께 원자폭탄만으로도 미국의 우위를 지켜낼 수 있으며 수소폭탄 개발에는 엄청난 비용과 수많은 기술적 어려움이 따른다는 점도 제기되었다. 이에 대해 텔러는 수소폭탄을 개발하는 것이 과학을 한 단계 더 발전시키는 계기가 될 수 있으며 미국의 절대적 우위를 바탕으로 세계평화를 유지해야 한다고 반박했다.

수소폭탄 개발을 둘러싸고 미국의 과학엘리트들은 두 진영으로 갈려 엄청난 격론에 휘말렸다. 한때 막역한 사이였던 오펜하이머와 텔러는 수소폭탄에 대한 논쟁으로 거의 원수지간이 되었다. 1949년 10월에 코넌트는 오펜하이머에게 보낸 편지에서 "수소폭탄을 만들려면 내 시신 위에서(over my dead body) 그렇게 하라."라는 표현을 사용하기도 했다.

1950년 1월에 트루먼 대통령은 수소폭탄의 개발에 동의하면서 소련이 가하는 어떠한 위협에도 즉각 대응할 수 있는 체제를 갖출 것을 주문했다. 그러나 이러한 결정이 내려진 뒤에도 수소폭탄의 개발에 과학자들의 참여를 유도하는 것은 쉽지 않았다. 원자폭탄의 비극이 생생한데다가 텔러에 대한 과학자들의 지지도가 높지 않았기 때문이었다. 그때 텔러는 오펜하이머가 과학자들을 뒤에서 조종하고 있다고 주장하기도 했기만, 곧 사실이 아님이 밝혀졌다.

1950년 6월에 한국전쟁이 발발하면서 사태는 극적으로 역전되었다. 많은 과학자들이 수소폭탄의 개발을 위해 로스앨러모스로 다시 모이기 시작했다. 가장 어려웠던 기술적 문제는 1951년 봄에 텔러와 울람(Stanislaw M. Ulam)이 원자탄의 복사선을 이용해 핵융합을 일으키는 방법을 고안함으로써 해결되었다. 수소폭탄의 개발에는 '미친 사

그림 9-14

1954년 3월에 실시된 캐슬 브라보 실험

람(Maniac)'이란 별명이 붙은 컴퓨터가 동원되어 복잡한 수치를 신속하고도 정확하게 계산할 수 있었다.

1952년 9월에는 리버모어에 연구소(현재의 로렌스 리버모어 국립연구소)가 설치되어 수소폭탄 개발이 본격적으로 진행되었다. 1952년 11월 1일에는 최초의 수소폭탄인 아이비 마이크(Ivy Mike)에 대한 실험이 마셜제도의 비키니 환초에서 이루어졌다. 이어 1954년 3월 1일에는 비행기에 탑재하여 실전에 활용할 수 있는 수소폭탄인 캐슬 브라보(Castle Bravo)에 대한 실험이 다시 비키니 환초에서 실시되었다. 그것은 15메가톤의 위력을 지닌 것으로 히로시마에 투하되었던 원자폭탄의 천 배가 넘는 위력을 가지고 있었다. 1946년 7월부터 1958년 8월까지 미국은 비키니 환초에서 총 23차례의 핵실험을 실시했다. 냉전시대와 핵 군비 경쟁의 상징이 된 비키니 환초는 2010년에 유네스코 세계유산에 등재된 바 있다.

청문회를 선택한 바보

수소폭탄 개발에 끝까지 반대한 오펜하이머의 위치는 그가 미국과 소련 사이의 냉전에 반대하는 발언을 하면서 점차 위태로워졌다. 원자력위원회 위원이던 보든(William Borden)은 신문기사와 매카시(Joseph McCarthy) 상원의원의 자료를 동원하여 1953년 11월에 오펜하이머가 소련의 간첩이라고 미국연방수사국(Federal Bureau of Investigation, FBI)에 고발했다. 이를 계기로 원자력위원회 위원장이던 스트라우스(Lewis Strauss)는 오펜하이머의 비밀정보 사용허가(security clearance)를 취소한 후 오펜하이머가 원한다면 청문회를 통해 복구할 수 있다고 설명했다. 오펜하이머는 자신의 누명을 벗기 위해 청문회를 선택했다. 스트라우스는 청문회 위원을 오펜하이머에게 불리한 쪽으로 구성했는데, 청문회 질의자로는 형사사건의 검사를 많이 맡았던 롭(Roger Robb)을 기용했다.

1954년 4~5월에 4주일 동안 계속된 청문회에서 오펜하이머는 공개적으로 피고의 대접을 받았으며 기억하고 싶지 않은 사생활이 들춰지는 수모까지 당했다. 오펜하이머의 혐의 사항은 24가지였는데, 그 중 하나는 수소폭탄 개발에 반대한 것이었고 나머지는 모두 주변 인물들과의 관계나 과거의 행적에 대한 것이었다. 오펜하이머의 동생과 이전의 여자친구가 공산주의자였다는 점이 문제가 되었고, 오펜하이머가 좌익 서클에 돈을 기부한 사실이 공산주의자를 지원한 것으로 매도되었다. 미국이 소련과 손잡고 히틀러에 대항하고 있었던 시절의 행적을 미국과 소련이 냉전관계로 돌입한 시기에 적용했던 것이다.

결국 청문회는 "직접적인 혐의 사실은 없지만 국가의 안보에 위협이 된다."는 애매한 판결로 막을 내렸다. 청문회를 마친 오펜하이머는 "나는 바보야"라고 중얼거렸던 것으로 전해진다. 막강한 권력에 순진하게 대항했던 자신의 어리석음을 자책하는 것이었다.

오펜하이머 청문회와 관련하여 한 가지 짚고 넘어갈 점은 이 사건에 매카시 상원의원이 관여했다는 사실이다. 매카시는 1950년 2월 9일에 있었던 한 대중연설에서 종이 몇 장을 흔들며 "여기에 소련의 스파이 노릇을 하는 공직자 205명의 이름이 적혀 있다."고 선언했다. 미 하원에는 반미행위특별위원회가 설치되어 사상이 의심스러운 사람들을 소환해 동조자들의 이름을 댈 것을 강요했고, 이를 거부하는 사람은 블랙리스트에 올라 일자리를 잃게 되었다. 이런 식으로 미 하원은 공직자들의 충성심을 심사하여 결국 5천여 명을 공직에서 떠나보냈다. 오펜하이머는 수소폭탄 개발에 대한 반대로 정부의 공식정책에 공개적으로 반기를 들었기 때문에 제재를 받았으며, 그 구체적인 형태는 일명 '빨갱이 사냥'으로 불리는 매카시 선풍(McCarthyism) 속에서 간첩의 누명을 쓰는 식으로 나타났던 것이다.

오펜하이머는 공직을 박탈당한 후 프린스턴 대학의 이론물리학 교수로 여생을 보냈다. 그는 과학의 이모저모를 다루는 대중강연을 즐

AMERICANS.....

DON'T PATRONIZE REDS!!!!

YOU CAN DRIVE THE REDS OUT OF TELEVISION, RADIO AND HOLLYWOOD.....

THIS TRACT WILL TELL YOU HOW.

WHY WE MUST DRIVE THEM OUT:

1) The REDS have made our Screen, Radio and TV Moscow's most effective Fifth Column in America... 2) The REDS of Hollywood and Broadway have always been the chief financial support of Communist propaganda in America... 3) OUR OWN FILMS, made by RED Producers, Directors, Writers and STARS, are being used by Moscow in ASIA, Africa, the Balkans and throughout Europe to create hatred of America... 4) RIGHT NOW films are being made to craftily glorify MARXISM, UNESCO and ONE-WORLDISM... and via your TV Set they are being piped into your Living Room—and are poisoning the minds of your children under your very eyes!!!

So REMEMBER — If you patronize a Film made by RED Producers, Writers, Stars and STUDIOS you are aiding and abetting COMMUNISM... every time you permit REDS to come into your Living Room VIA YOUR TV SET you are helping MOSCOW and the INTERNATIONALISTS to destroy America!!!

그림 9-15

1950년대 미국에서 유포된 반(反)공산주의에 대한 선전물

겨 했으며, 이를 바탕으로 1954년에는 『과학과 공통된 이해(Science and the Common Understanding)』를, 1955년에는 『개방적인 정신(The Open Mind)』을 발간했다. 1957년에는 하버드 대학의 철학과와 심리학과가 공동으로 주최한 윌리엄 제임스 강연에 초청되었다. 오펜하이머는 「20세기 중반의 세계가 안고 있는 어려움」이란 강연을 시작한 후 다음과 같은 메시지를 전했다. "문제는 우리가 알아야 할 사실들이 너무 많다는 것이다. 이 '사실들'은 질서 없이 흐트러져 있으며, 이해를 도울 만한 원칙들도 존재하지 않는다. 특정 전문인들과 작은 집단들에 의해 수많은 해석이 난무한다. 지식은 엄청난 속도로 증가하지만 우리는 그 속도를 따라잡지 못하고 있다."

1963년 봄, 케네디 대통령이 오펜하이머에게 엔리코 페르미 상을 수여할 것이라는 소문이 퍼졌다. 많은 사람들은 이것이 오펜하이머의 정치적 복권을 상징한다고 생각했다. 같은 해 12월에 존슨 대통령은 페르미 상 시상식을 예정대로 진행했다. 당시에 오펜하이머는 존슨에게 다음과 같이 말했다. "당신이 오늘 이 상을 수여하는 데는 약간의 동정심과 용기가 필요했을 것임을 알고 있습니다. 내가 보기에 이것은 우리의 미래에 대한 좋은 전조가 될 것입니다."

오펜하이머는 청문회를 계기로 두통을 자주 앓다가 1967년 2월 18일에 후두암으로 세상을 떠났다. 원자폭탄의 아버지이자 수소폭탄의 반대자라는 고뇌에 찬 일생을 마감했던 것이다. 오펜하이머의 추도식에서 그의 친구이자 유명한 외교관인 케난(George F. Kennan)은 다음과 같이 말했다. "우리의 도덕적 지혜로는 도저히 감당할 수 없을 정도의 힘을 자연으로부터 뽑아내는 데 성공함으로써 인류는 딜레마에 빠지게 되었습니다. 이 딜레마는 그 누구보다도 더 오펜하이머의 어깨를 잔혹하게 짓눌렀습니다. … 1950년대의 암흑기에 논쟁의 중심에 있다는 이유로 그가 괴로움을 겪고 있을 때, 나는 그에게 마음만 먹으면 외국의 대학에서 그를 환영할 테니 외국에 나가서 살 생각은 해보지 않았느냐고 물었습니다. 그는 눈물을 글썽이면서 대답했습니다. '제길, 나는 이 나라를 사랑한단 말야.'"

2022년 12월에는 미국 정부가 오펜하이머의 비밀정보 접근권한 취소를 68년 만에 철회했다. 1954년에 있었던 원자력위원회의 결정은 자체 규정을 위반했고, 오펜하이머가 청문회서 겪은 편견과 불공정에 대한 충분한 증거가 확보되었으며, 이로써 그의 애국심과 충성심이 확인되었다는 것이었다. 사실상 오펜하이머의 인생은 원자폭탄을 통해 바뀌었고 수소폭탄을 매개로 또 한 번 바뀌었다. 이러한 두 번의 선택이 그에게는 모두 애국의 길이었는지 모른다.

10장 분자생물학의 살아 있는 신화

제임스 왓슨

20세기 생물학의 역사에서 가장 중요한 논문은 무엇일까? 많은 사람들은 1953년 ≪네이처≫ 실린 「핵산의 분자 구조(Molecular Structure of Nucleic Acids)」를 꼽는다. 저자는 미국의 제임스 왓슨(James D. Watson, 1928~)과 영국의 프랜시스 크릭(Francis Crick, 1916~2004)이었다. 그들은 논문에서 디옥시리보핵산(deoxyribonucleic acid, DNA)의 이중나선(double helix) 구조에 대해 논의했다. 그 중 왓슨은 평생을 분자생물학의 형성과 발전과 함께 한 인물로 연구자, 관리자, 저술가와 같은 다채로운 역할을 맡았다.

현대 생물학의 키워드, 유전

20세기 생물학은 유전에 대한 관심과 함께 시작되었다. 1900년에

그림 10-1

(왼쪽) 크릭과 (오른쪽) 왓슨

자료: (왼쪽) Marc Lieberman, Wikimedia Commons

멘델의 유전법칙이 재발견되었던 것이다. 이후 많은 과학자들은 유전의 물질적 기초와 그 메커니즘을 규명하기 위해 많은 노력을 기울였다.

1910년대에는 모건(Thomas H. Morgan)이 초파리 연구를 통해 눈 색깔과 날개 모양을 비롯한 초파리의 여러 특징들이 유전자에 의해 전달되며, 유전자는 초파리의 염색체 위에 있다는 점을 밝혀냈다. 1927년에는 멀러(Hermann J. Muller)가 방사선을 쬔 초파리에서 돌연변이가 유발됨을 보임으로써 유전자가 일종의 물질적 실체라는 설득력 있는 증거를 제시했다.

이어 1935년에 델브뤼크(Max Delbrück)는 유전자가 상대적으로 안정된 고분자로서 물리적·화학적 방법을 사용해 분석될 수 있음을 보여 주었다. 특히 그는 루리아(Salvador Luria)와 함께 박테리오파지(박테리아를 공격하는 바이러스)를 주된 연구대상으로 삼으면서 '파지 그룹(phage group)'으로 불린 연구집단을 이끌었다.

1940년대 초만 해도 대다수의 생물학자들은 유전자가 단백질이라고 생각하고 있었다. 그러나 1944년에 에이버리(Oswald Avery)는 인체에 무해한 박테리아를 감염성 박테리아로 바꿔놓는 형질전환 요인이 단백질이 아닌 DNA라는 사실을 밝혀냈다. 그것은 파지 그룹의 일원이었던 허시(Alfred D. Hershey)와 체이스(Martha Chase)가 1952년에 방사성 동위원소 추적자를 이용한 실험을 수행함으로써 다시 확인되었다. 이에 앞서 1950년에는 샤가프(Erwin Chargaff)가 DNA를 이루는 염기는 아데닌(A), 구아닌(G), 시토신(C), 티민(T)의 네 종류이며, 아데닌과 티민, 구아닌과 시토신의 비율이 동일하다는 점을 알아냈다.

DNA가 유전정보를 가지고 있는 물질이라는 점이 분명해지자 많은

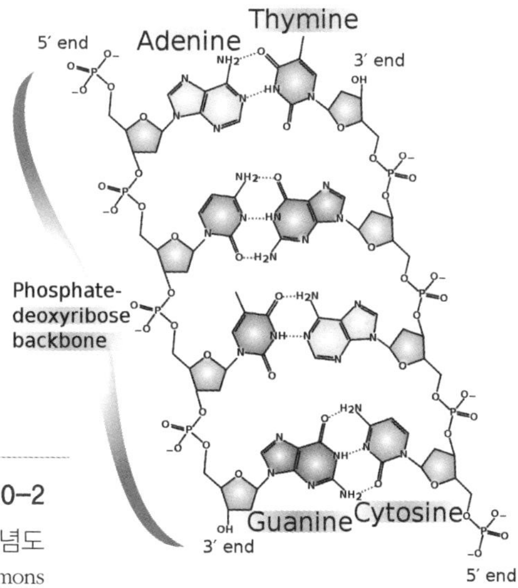

그림 10-2
DNA 이중나선 구조의 개념도
자료: Madprime, Wikimedia Commons

과학자들이 DNA의 정확한 구조를 알아내는 데 도전했다. 그러한 경쟁은 1953년에 왓슨과 크릭이 DNA의 이중나선 구조를 제안한 기념비적 논문을 발표함으로써 일단락되었다. 그 논문은 기존의 유전학을 집대성함과 동시에 분자생물학이라는 새로운 분야를 개척하는 매개물로 작용했다.

유전학자를 위한 최고의 훈련

왓슨은 1928년 4월 6일에 미국 시카고에서 태어났다. 아버지는 채무 수금원이었고 어머니는 시카고 대학의 사무원이었다. 왓슨의 부모는 경제적으로 넉넉하지는 못했지만 지적이고 세련된 품위를 갖춘 사람들이었다. 아버지는 조류 관찰에 남다른 취미를 가지고 있었는데, 덕분에 왓슨은 어려서부터 생물학에 많은 관심을 가질 수 있었다. 어머니는 정당 활동에도 적극 참여한 맹렬 여성으로 왓슨과 다양한 주제로 논쟁을 벌이는 것을 즐겼다.

왓슨은 어려서부터 두뇌가 명석했으며 기억력이 매우 뛰어났다. 그는 특이한 재능을 지닌 어린이들을 출연시키는 인기 라디오 프로그램인 〈어린이 퀴즈 왕〉에 나가기도 했다. 왓슨은 1943년에 고등학교를 수석으로 졸업한 후 시카고 대학에 장학생으로 입학하여 동물학을 전공했다. 대학을 다닐 때에도 그는 교수들을 놀라게 할 정도의 뛰어난 능력을 발휘했다.

왓슨은 오스트리아의 물리학자인 슈뢰딩거가 1944년에 출간한 『생명이란 무엇인가?(What Is Life?)』라는 책을 읽고 당시의 첨단 학문인

유전학에 관심을 기울이기 시작했다. '살아 있는 세포의 물리학적 측면'이란 부제가 붙은 그 책은 유전을 비롯한 생물학적 현상에 물리학의 방법을 적용시켜야 한다는 주장을 담고 있었다. 흥미롭게도 왓슨과 함께 1962년 노벨 생리의학상을 수상한 크릭과 윌킨스(Maurice Wilkins)도 그 책을 읽으면서 전공을 물리학에서 생물학으로 바꾸었다고 한다.

1947년에 학부를 졸업한 왓슨은 인디애나 대학의 대학원 과정으로 진학하여 매우 이상적인 훈련을 받았다. 그 자신이 "찰스 황태자가 왕이 되는 훈련을 받은 것처럼 나는 DNA의 구조를 발견하도록 훈련받았다"고 회고할 정도였다. 왓슨의 지도교수는 박테리오파지로 유전학을 연구하고 있었던 루리아였다. 또한 왓슨은 루리아의 소개로 캘리포니아 공과대학(칼텍)의 델브뤼크를 만날 수 있었다. 델브뤼크와 루리

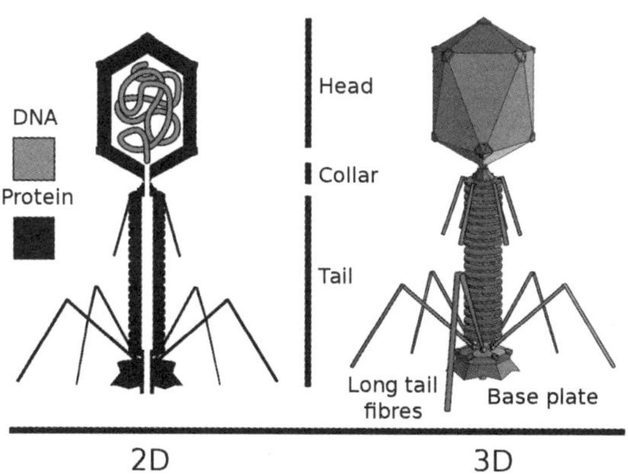

그림 10-3

박테리오파지의 구조에 관한 개요도

자료: Adenosine(original); Pbroks13(redraw), Wikimedia Commons

아는 허시와 함께 바이러스의 증식 기구와 유전학적 구조에 관한 연구로 1969년 노벨 생리의학상 수상자가 된다. 왓슨은 1950년에 22세의 어린 나이로 바이러스가 박테리오파지의 증식에 미치는 영향에 관한 연구로 박사학위를 받았다.

왓슨과 크릭의 만남

1950년 9월에 왓슨은 루리아의 권유로 코펜하겐 대학으로 가서 박사후 과정을 밟았다. 왓슨은 생화학을 전공한 칼카르(Herman Kalckar)와 함께 연구를 시작했으나 두 사람의 관심사에는 약간의 차이가 있었다. 그러던 중 1951년 5월에 왓슨은 이탈리아 나폴리의 동물학 연구소에서 개최된 고분자에 관한 학술회의에 참가하여 영국의 유명한 과학자인 윌킨스의 강연을 들었다. 윌킨스는 핵물리학자였다가 생물학으로 방향을 바꾼 후 X선 결정학을 활용하여 DNA 분자를 연구하고 있었다. 그때 윌킨스가 제시했던 DNA 분자의 X선 회절 무늬는 왓슨에게 깊은 인상을 남겼다.

왓슨은 『이중나선』이라는 자신의 회고록에서 다음과 같이 적었다. "윌킨스의 강연을 듣기 전에는 유전자가 지독하게 불규칙적이면 어쩌나 걱정이 되었다. 하지만 이제는 유전자도 결정화할 수 있다는 것을 알았다. 틀림없이 유전자는 간단한 방식으로 풀 수 있는 규칙적인 구조를 지니고 있다." 왓슨은 자신의 전공 분야인 박테리아파지 이론에다 X선 결정학을 결합시키는 것이 DNA 구조를 분석하는 데 반드시 필요하다는 점을 깨달을 수 있었다.

1951년 여름에 왓슨은 X선 회절상의 해독법과 단백질의 3차원 구조를 연구하기 위해 케임브리지 대학의 캐번디시 연구소로 갔다. 당시 캐번디시 연구소의 소장이던 로렌스 브래그(William Lawrence Bragg)는 장래가 유망한 세계 각국의 과학자들을 초빙하여 선도적인 연구를 추진했다. 왓슨은 그곳에서 페루츠(Max Perutz)의 지도로 박사학위 논문을 준비하고 있던 크릭을 만나는 행운도 누릴 수 있었다.

왓슨과 크릭의 관계는 많은 사람들의 입에 오르내렸다. 왓슨은 생물학, 크릭은 물리학을 전공했지만, 두 사람 모두 상대방의 학문을 열심히 배우겠다는 진지한 자세를 가지고 있었다. 또한 그들은 12살의 나이 차에도 불구하고 금세 사무실을 함께 사용할 정도로 성격이 잘 맞았다. 왓슨과 크릭은 서로의 다른 점을 인정하고 이를 적극적으로 활용함으로써 시너지 효과를 거둘 수 있었던 것이다.

저드슨(Horace F. Judson)은 유전자 연구의 역사를 흥미롭게 검토한 『창조의 제8일』에서 다음과 같이 썼다. "크릭 씨가 35세, 왓슨 박사가 23세였다. … 왓슨은 전에 루리아 및 델브뤼크와 함께 했던 것처럼 다시 한 번 뛰어난 재능을 가진 선배 과학자와 거의 순식간에 지적인 신뢰 관계를 만들어 낼 수 있었다. 그것은 자기 나이 또래의 동료들이 느낀 가혹한 경쟁심과는 거리가 멀었다." 크릭은 왓슨과 처음 만났을 때를 다음과 같이 회상했다. "그와 나는 쉽게 친해졌다. 서로 관심 분야가 놀라울 정도로 비슷했고, 우리 둘 다 천성적으로 너절한 생각을 참지 못하는 냉정함과 성급함, 다시 말해 젊은이다운 오만함을 갖고 있었던 것 같다. 나는 우리가 만난 첫 순간을 정확히 기억하지는 못하지만 처음 2~3일 동안 무척 많은 대화를 나누었다는 기억은 분명하다."

그림 10-4
DNA의 구조에 대해 토론하고 있는 왓슨과 크릭
자료: sciencephotolibrary

DNA의 다크 레이디, 로절린드 프랭클린

당시 DNA 연구의 중심지는 런던에 있는 킹스 칼리지의 생물물리학 연구소였다. 윌킨스가 이끌었던 그 연구소에는 로절린드 프랭클린(Rosalind E. Franklin)이라는 여성 과학자가 있었다. 프랭클린은 X선 결정학의 권위자로 '로지'라는 애칭으로 불렸다. 그녀는 주로 혼자서 연구하는 스타일이었고, 자신의 연구가 완전하다는 확신이 들 때까지 그 결과에 대한 발표를 꺼리는 사람이었다. 이러한 프랭클린의 성향은 윌킨스가 연구실을 운영하는 방식에는 맞지 않았다. 왓슨의 회고에 따르면, 윌킨스와 프랭클린은 서로 긴장하는 사이였고 조그만 일에도 사사건건 부딪쳤다.

그러는 와중에도 성과는 조금씩 나타났다. 프랭클린은 미세한 DNA 가닥을 묶은 뒤 그것을 X선으로 촬영하는 방법을 통해 DNA에 두 가지 형태가 있다는 것을 발견했다. 하나는 A형으로 불린 마른 표본이었고, 다른 하나는 B형으로 불린 젖은 표본이었다. 프랭클린은 DNA 표본이 살아 있는 세포와 같은 구조를 유지하려면 물의 함유량이 높아야 한다고 생각했다. DNA 표본이 말라버린다면 그 구조가 변할 것이 분명해 보였다. 그런데 마른 표본은 사진을 찍기가 쉬웠으나 젖은 표본은 필름에 선명하게 나타나지 않았다. 혼란스럽게 교차되어 있는 선만을 보여줄 뿐이었다. 교차된 선은 DNA 분자가 나선형 구조로 되어 있음을 보여주는 표시였다.

그런데 나선형은 X선 사진을 촬영하는 각도에 따라 나타나기도 하고 나타나지 않기도 했다. 기다란 축을 위에서 바라보면서 촬영을 했을 때는 통이나 관 모양이 나타났고 사진상의 회절 무늬로 보아서는 그것이 실제로 나선형인지 알 수 없었다. 반면 옆에서 촬영했을 때는 DNA 분자가 지그재그 형태나 십자형 무늬였는데, 그것은 나선 구조가 보여주는 특징에 해당한다. 게다가 X선은 인산기가 DNA 분자의 중심부에 위치하고 있다는 점을 드러내 주었다. 1951년 11월에 프랭클린은 연구소의 내부 세미나에서 자신이 지금까지 알아낸 사실을 발표했는데, 청중 가운데는 왓슨도 있었다.

1952년 5월에 프랭클린은 DNA의 B형에 대한 선명한 사진을 찍는

데 성공했다. 그 사진은 DNA가 나선 구조로 되어 있음을 명확하게 보여주었다. 그러나 늘 완벽을 추구했던 그녀는 A형에 대한 정보를 좀 더 얻기 전에는 자료를 공개하지 않으려고 했다. 프랭클린은 A형 역시 나선형 구조를 띠고 있는지를 알아내는 데 많은 노력을 기울이기 시작했다. 그녀에게 절망을 느낀 동료 과학자 고슬링(Raymond Gosling)은 "빌어먹을 A-나선형"이라는 메모를 칠판에 남기기도 했다.

이처럼 프랭클린은 DNA의 구조를 해명할 수 있는 문턱에 도달했음에도 불구하고 포괄적이고 엄밀한 실험을 고집한 나머지 그 문턱을 넘지 못했다. 사실상 왓슨과 크릭이 DNA의 구조를 규명할 수 있었던 것도 프랭클린의 X선 회절 사진 덕분이었다고 할 수 있다. 그러나 왓슨, 크릭, 윌킨스가 공동으로 수상했던 1962년 노벨 생리의학상의 명단에 프랭클린은 빠져 있었다. 불행히도 그녀는 1958년에 37세의 젊은

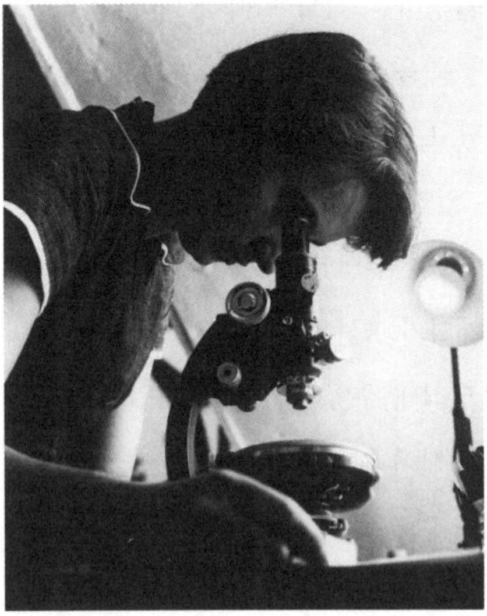

그림 10-5

로절린드 프랭클린이 1962년에 살아 있었다면 노벨상을 받을 수 있었을까?

자료: MRC Laboratory of Molecular Biology, Wikimedia Commons

나이로 세상을 떠났기 때문에 노벨상 수상의 영광을 누리지 못했던 것이다. 이런 점에서 프랭클린은 'DNA의 다크 레이디'로 불리기도 한다.

"우리는 생명의 신비를 풀었어"

케임브리지 연구팀과 킹스 칼리지 연구팀은 서로 다른 방법을 택하고 있었지만 도달하고자 하는 목표는 동일했다. 1951년 11월에 왓슨은 킹스 칼리지의 세미나에서 프랭클린의 강연을 들은 후 곧바로 케임브리지로 돌아와 크릭에게 강연 내용을 전해 주었다. 왓슨과 크릭은 공과 막대기를 구입한 뒤 DNA 모형을 만들기 위한 작업에 착수했다. 그들은 현재까지 알려진 정보를 모두 활용하려면 물리적인 모형을 만들어 보는 것이 가장 효과적이라고 생각했다.

그러나 왓슨과 크릭은 커다란 문제점에 부딪혔다. 뉴클레오티드(핵산을 구성하는 단위체로서 염기-당-인산의 결합으로 이루어져 있다) 가닥이 두 개 이상이라면 그 가닥들을 이어주는 것이 있어야 하는데 그것이 무엇인지는 알 수 없었다. 그들은 이것저것을 땜질해 본 끝에 마분지로 세 가닥의 사슬로 된 모형을 하나 만들었다. 그리고 왓슨과 크릭은 자신들의 삼중나선 모형을 윌킨스와 프랭클린에게 보여 주었다. 당시에 프랭클린은 그 모형이 DNA 분자에 비해 1/10에 불과한 물 함량을 가지고 있다고 지적하면서 왓슨과 크릭이 잘못된 길을 택하고 있다고 충고했다.

이런 상황에서 캐번디시 연구소의 브래그 소장은 왓슨과 크릭에게

DNA 연구를 중단하라고 지시했다. 브래그는 같은 연구를 킹스 칼리지에서 이미 하고 있을 뿐만 아니라 케임브리지보다 킹스 칼리지가 앞서 있다는 이유를 들었다. 영국신사다운 페어플레이 정신을 구현하자는 것이었다. 게다가 당시 영국 정부는 연구비의 낭비를 막고자 영국 내의 두 연구소에서 같은 연구를 경쟁적으로 수행하는 것을 달갑지 않게 여기고 있었다. 이에 왓슨은 담배모자이크 바이러스의 구조를 탐구하기 시작했지만 DNA 모형에 대한 미련을 버리지는 못했다.

당시에 DNA 구조를 밝히는 데 깊은 관심을 가지고 있었던 과학자 중에는 미국의 유명한 화학자인 폴링(Linus Pauling)도 있었다. 그는 1950년에 자신의 X선 자료를 바탕으로 그럴듯한 단백질 분자모형을 만들었고, 1952년 5월 영국에서 열리는 과학자회의에 참석하기 위해 여권을 신청했다. 그러나 그는 공산주의에 동조하고 있다는 이유로 인해 여권을 발급받을 수 없었다. 만약 폴링과 프랭클린이 만나 서로 아이디어를 나누었다면 그들이 먼저 DNA 구조를 밝혀냈을 가능성도 있었을 것이다.

1953년 1월에 폴링은 DNA 구조에 대해 서술한 논문 초안을 캐번디시 연구소에서 공부하고 있던 아들 피터(Peter Pauling)에게 보냈다. 이 소식을 접한 왓슨은 눈앞이 깜깜해졌지만, 폴링의 논문을 보는 순간 무엇인가 잘못되었다는 점을 직감할 수 있었다. "이내 폴링의 모형에서 각각의 인산기들이 이온화되지 않고 수소원자와 결합하고 있어서 전기적으로 중성을 띠고 있다는 것을 알 수 있었다. 이렇게 되면 폴링의 핵산은 전혀 산이 아닌 셈이었다. 인산기가 이온화되지 않은 것은 그 자체로서는 대수로운 일이 아닐지 몰라도 폴링의 모형에서는 중요한 의미를 지니고 있었다. 이온화된 인산기여야 수소결합에 의해 세 가닥의 나선을 붙잡아둘 수 있기 때문이다."

왓슨은 런던으로 가서 프랭클린에게 폴링의 논문을 보여주었다. 왓슨이 되풀이하여 나선구조에 대해 말하자 프랭클린은 불쾌한 기색을 드러냈다. 왓슨에 따르면, 프랭클린은 "입으로만 떠들지 말고 자신이 찍은 X선 사진을 관찰한다면 그따위 잠꼬대 같은 소리는 하지 않을 것"이라고 말했다. 다행이 윌킨스가 프랭클린의 연구실로 들어왔고, 왓슨과 윌킨스는 연구실 밖으로 나왔다. 그때 윌킨스는 프랭클린이 공들여 찍은 B형 구조에 대한 X선 사진을 왓슨에게 보여주었다. 왓슨은 경악했다. 훗날 그는 "그 사진을 보는 순간 내 입은 다물어질 줄 몰랐고 내 심장은 고동치기 시작했다"고 회상한 바 있다. 왓슨은 케임

그림 10-6

1953년에 왓슨과 크릭이 만든 DNA 모형으로 현재 런던과학박물관에 전시되어 있다.

브리지로 돌아오는 열차에서 DNA의 구조에 대해 곰곰이 생각했고, 결국 DNA 구조가 두 가닥이라는 확신을 가지게 되었다.

드디어 1953년 2월 28일, 두 가닥 DNA 모형에 대한 실체가 드러나기 시작했다. 왓슨과 크릭은 아데닌과 구아닌은 이중수소 결합으로 연결되고 시토신과 티민은 삼중수소 결합으로 연결된다는 점을 깨달았던 것이다. 그날 오후에 그들은 케임브리지의 이글 주점에 들렀고, 크릭은 "우리는 생명의 신비를 풀었어!"라고 외쳤다. 이러한 통찰력을 얻은 지 한 달이 못 되어 왓슨과 크릭은 길고 우아하며 둘둘 말린 사다리꼴의 이중나선 모형을 만들었다. 당-인산의 두 뼈대는 분자의 바깥쪽에 서로 꼬여 있고 그 속에 수소결합으로 연결된 염기쌍이 들어 있는 구조였다. 그러한 구조는 윌킨슨이 제공한 프랭클린의 X선 사진과도 부합하는 것이었다. 훗날 왓슨과 크릭이 노벨상 수상 기자간담회를 이글 주점에서 개최한 것도 흥미롭다.

세상을 바꾼 1쪽 분량의 논문

이로써 왓슨과 크릭은 오랫동안 베일에 싸여 있던 DNA 구조를 해명했다. 이전에는 DNA의 구조를 추측할 수 있는 정도였던 데 반해 왓슨과 크릭은 염기의 배열, 사슬의 수, 결합의 형태 등을 모두 포괄적으로 설명할 수 있는 이중나선 구조를 제안했던 것이다. 이러한 구조는 당대의 모든 물리화학적 증거와 일치했으며, 생명복제가 어떻게 일어나는지에 대해서도 잘 설명해 주었다. 이와 함께 왓슨과 크릭이 유전자의 기능을 분자구조를 통해 규명함으로써 생명현상에 대한 환원

주의적 설명을 가능하게 했다는 점도 지적해야 할 것이다.

왓슨과 크릭의 논문은 1953년 4월 25일자 ≪네이처≫에 「핵산의 분자 구조」라는 제목으로 실렸다. 이 논문은 737쪽과 738쪽의 2쪽에 걸쳐 있지만, 전체 분량은 1쪽에 불과하다. 그들은 "우리는 디옥시리보핵산(DNA) 염의 구조를 제시하고자 한다. 이 구조는 새로운 특징들을 가지고 있는데, 생물학적으로 상당히 흥미롭다"는 수수한 말로 논문을 시작했다. 이어 왓슨과 크릭은 "DNA의 두 가닥은 오른쪽 방향을 따라 나선형으로 꼬여 있지만 각 가닥을 구성하는 원자들이 상대편 가닥의 원자들과 상보적 관계를 이루기 때문에 각 가닥의 원자 배열은 상대편 가닥의 배열과 반대 방향이다"고 자신들이 발견한 바를 요약했다. 그 논문의 말미에는 윌킨스와 프랭클린에 대한 감사의 뜻이 표시되어 있다. "런던 킹스 칼리지의 M. H. F. 윌킨스 박사, R. E. 프랭클린 박사 및 동료들의 발표되지 않은 실험 결과를 알게 된 것이 본 작업을 크게 고무했다." 1953년 4월 25일자 ≪네이처≫에는 왓슨과 크릭의 논문에 이어 윌킨스의 논문과 프랭클린의 논문도 실렸다.

왓슨과 크릭은 1953년 5월 30일에 「디옥시리보핵산 구조의 유전학적 함의」라는 후속 논문을 ≪네이처≫에 게재했다. 이 논문에서 그들은 DNA 이중나선 구조의 몇 가지 의미를 설명하면서 배열된 염기의 순서가 바로 유전의 암호라는 점을 암시했다. "그 구조 안으로는 염기쌍들이 어떤 순서로 들어가도 된다. 긴 분자 안에서는 수많은 서열이 가능하며, 따라서 염기의 정확한 순서가 유전 정보를 지니는 부호인 것 같다."

이어 크릭은 1958년에 분자생물학의 중심원리를 뜻하는 '센트럴

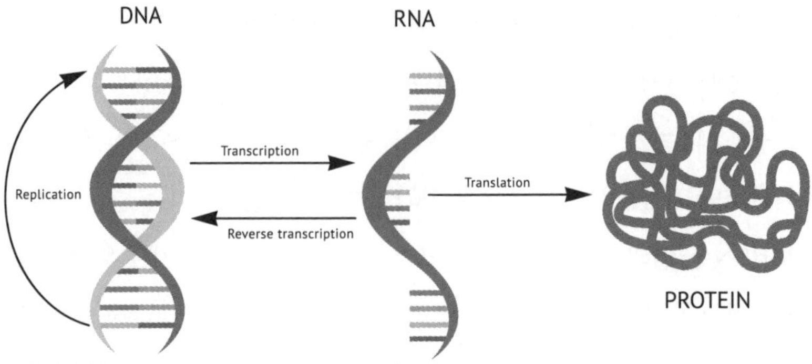

그림 10-7
센트럴 도그마의 개념도

도그마(central dogma)'를 제안했다. 유전 암호는 CTA나 GGC처럼 세 개의 염기를 한 단위로 하여 구성되어 있으며, 이러한 단위인 코돈(codon)이 리보핵산(ribonucleic acid, RNA)으로 전사(轉寫)된 후 특정한 단백질을 구성하는 일련의 아미노산 합성을 지시하게 된다는 것이다. 센트럴 도그마에 따르면, DNA의 유전정보는 RNA를 거쳐 단백질로 전달되며 그 반대 방향으로는 전달되지 않는다.

도마에 오른 『이중나선』

1953년에 논문을 발표한 직후에 크릭은 뉴욕 브루클린 폴리테크닉으로, 왓슨은 캘리포니아 공과대학(칼텍)으로 갔다. 이후 그들은 한 번도 같은 기관에서 연구한 적이 없었지만, 서신 왕래를 하면서 학회에서 만나 친분을 유지해 나갔다. 왓슨은 1953~1955년에 칼텍의 주

임연구원으로 활동한 후 1956년에 하버드 대학 생물학과의 조교수가 되었다. 그는 하버드 대학에서 부교수와 정교수로 잇달아 승진하면서 생물학과를 개혁하기 위해 많은 노력을 기울였다. 생태학, 발생학, 분류학, 생리학 등과 같은 고전적 생물학 대신에 분자생물학이나 생화학을 옹호했던 것이다.

왓슨과 크릭은 핵산의 분자구조와 생체에서 정보전달의 역할에 관한 연구로 1962년 노벨 생리의학상을 수상했다. 당시 왓슨의 나이는 34세에 불과했다. 폴링이 같은 해 노벨 평화상의 수상자로 선정되었다는 점도 흥미롭다. 더욱 중요한 점은 1962년 노벨 생리의학상 공동 수상자의 명단에 윌킨스는 포함되었지만 프랭클린은 빠졌다는 사실이다. 이에 대해 프랭클린이 여성이라는 이유로 차별을 받았다는 의견도 있지만 이는 사실과 다르다. 노벨상은 죽은 사람에게는 수상하지 않은 것이 원칙인데, 앞서 언급했듯 프랭클린은 1958년에 38세의 젊은 나이로 세상을 떠나고 말았던 것이다. 그렇다면 "프랭클린이 살아 있었다면 노벨상을 받았을까?" 하는 것이 제대로 된 질문이 된다. 노벨상은 공동 수상자를 3명으로 제한하는 것을 규칙으로 삼고 있는데, 세 번째 공동수상자를 윌킨스와 프랭클린 중에 누구로 정할 것인가 하는 문제가 남는 것이다.

왓슨은 하버드 대학에 있는 동안 두 권의 영향력 있는 책을 집필하기도 했다. 1965년에는 최초의 분자생물학 교과서로 평가되는 『유전자의 분자생물학』을 발간했는데, 이 책은 현재 5판까지 나와 있다. 1968년에 발간된 『이중나선』은 DNA 발견의 경위와 그 뒷얘기를 다룬 것으로 과학도서로는 드물게 베스트셀러의 영광을 누렸다. 『이중나선』은 우리말로도 번역되어 많은 사람들의 주목을 받은 바 있다.

『이중나선』에서 왓슨이 프랭클린을 묘사한 부분은 계속해서 도마에 올랐다. 1953년 1월에 왓슨이 프랭클린의 연구실을 방문했을 때의 일이 그 대표적인 예이다. 당시의 상황에 대해 왓슨은 다음과 같이 적었다. "나는 위험을 무릅쓰고 그녀와 한바탕 논쟁을 벌이기로 작정했다. 나는 주저 없이 그녀가 혹시 X선 사진을 잘못 해석할 수도 있지 않겠느냐고 말해버렸다. … 이 말을 들은 로지가 실험대를 돌아 내 쪽으로 다가왔다. 나는 그녀가 화를 참지 못하고 나를 때리기도 할 것 같아서 겁에 질린 채, 폴링의 논문을 움켜지고 허둥대며 출입문으로 얼른 빠져 나가려고 했다." 사실상 이 상황을 상상해 보면 우습기 짝이 없다. 프랭클린은 날씬한 체격에 보통의 키를 가진 여성이었고 왓슨은 180cm가 넘는 장신에 늠름한 체격을 가지고 있었으므로, 왓슨이 프랭클린한테 신체적 위협을 느꼈다는 것은 이해하기 쉽지 않다.

때마침 윌킨스가 프랭클린의 연구실로 왔고, 왓슨과 윌킨스는 연구실에서 빠져 나왔다. 왓슨의 회고는 다음과 같이 이어진다. "나는 윌킨스와 같이 복도를 걸어가면서, 로지에게 정말 맞을 뻔한 상황이었는데 덕분에 간신히 피할 수 있었다고 말했다. 윌킨스는 나의 말에 충분히 일어날 수 있는 일이라며 동의를 표했다. 몇 달 전에 윌킨스도 그녀에게 꼭 같은 일을 당했다는 것이었다. 윌킨스와 로지가 윌킨스의 연구실에서 의논을 하다가 거의 주먹다짐 직전까지 가는 험악한 상황이 연출되었다는 것이다." 이런 식으로 왓슨은 프랭클린을 주먹다짐까지 하는 여자로 만들어 버리고 말았다. 비록 『이중나선』의 말미에서 왓슨은 프랭클린을 "성실하고 고매한 인품"을 가진 과학자로 묘사했지만, 그것이 책 전체에서 풍기는 그녀의 나쁜 이미지를 뒤바꿔 놓기에는 역부족이었다. 프랭클린에 대한 전기를 쓴 매독스(Brenda Maddox)는 프랭클린이 죽은 후에 그녀를 부정적으로 묘사하는 것은 신사답지도 않고 정당하지도 않다고 비판했다.

인간유전체계획의 산파

『이중나선』이 발간된 1968년은 왓슨의 개인적 생애에서도 전환점이 되는 해였다. 그 해에 왓슨은 40세의 나이로 엘리자베스 루이스(Elizabeth Lewis)와 결혼했다. 두 사람 사이에는 두 아들이 태어났다. 또한 왓슨은 1968년에 콜드스프링 하버 연구소(Cold Spring Harbor Laboratory, CSHL)의 정량생물학 담당 책임자로 임명되었다. 그로부터 8년 동안 왓슨은 연구소와 하버드 대학을 오갔고, 1976년에는 하버드 대학을 떠나 연구소 일에 전념했다.

왓슨이 책임자로 있는 동안 콜드스프링 하버 연구소는 암을 유전학적으로 연구하는 데 초점을 두었다. 특히 그 연구소는 1981년에 발암 유전자인 라스(ras)를 세계 최초로 추출해 냄으로써 생화학과 유전학 분야에서 세계적인 연구소로 자리 잡기 시작했다. 왓슨은 콜드스프링 하버 연구소에 대해 다음과 같이 회고했다. "이곳에는 굉장한 사람들만 있었다. 게다가 그들의 야망이라곤 돈벌이가 아니라 유전자란 무엇인가라는 한 가지 문제에 답을 구하는 것뿐이었다. … 바로 과학자의 천국이었다!"

왓슨은 1988년 10월부터 1992년 4월까지 인간유전체계획(Human

Genome Project, HGP)의 책임자로 활동했다. 여기서 유전체(genome)란 유전자(gene)의 어두와 염색체(chromosome)의 어미를 합친 합성어로서 특정한 생명체의 DNA에 들어 있는 모든 유전정보를 총괄하는 용어이다. 왓슨은 탁월한 기획력과 조직력을 바탕으로 인간유전체계획이 실질적으로 추진되는 데 크게 기여했다. 인간유전체계획의 책임자로 임명된 것에 대해 왓슨은 다음과 같이 썼다. "콜드스프링 하버 연구소만 해도 이미 할 일이 꽉 차 있었다. 만일 내가 유전체 연구를 맡는다면, 너무 힘든 두 일을 맡는 셈이었다. 하지만 내가 그 일을 거절한다면, 아직 현장에서 일하고 있는 저명한 과학자들 중 누가 그 과제를 맡을지 걱정이 아닐 수 없었다. 그래서 국립보건원(National Institutes of Health, NIH)이 내게 부탁을 했을 때, 나는 받아들일 수밖에 없었다. 그때쯤 나는 이중나선에서 인간 유전체의 30억 계단까지 이르는 길을 끝까지 걸을 수 있는 내 과학 인생에서 단 한 번의 기회가 오리라는 것을 느꼈다."

인간유전체계획의 윤리적·법적·사회적 함의(Ethical, Legal, and Social Implications, ELSI)에 대한 연구를 강조한 사람도 왓슨이었다. "우리는 과거 우생학이 잘못 사용된 예를 잘 살펴보아야 합니다. 바로 미국과 독일에서 불완전한 지식이 거만하고 끔찍하게 사용되었습니다. 우리는 사람들에게 자신의 DNA가 개인적인 것이며, 아무도 그것을 손에 넣을 수 없다는 점을 확신시켜야 합니다. 우리는 그것을 보장할 법률을 제정해야 합니다. 그 법률은 많은 진지한 토론을 거친 뒤에 제정되어야 할 것입니다."

왓슨은 자신의 예상과 달리 인간유전체계획이 본격적인 궤도에 진

그림 10-8
인간유전체계획의 로고

입할 무렵에 책임자의 자리에서 물러나고 말았다. 1991년에 국립보건원 원장으로 힐리(Bernadine Healy)가 부임하면서 마찰을 빚었던 것이다. 두 사람이 벌였던 분쟁의 주된 원인은 DNA의 특허에 관한 문제였다. 힐리는 국립보건원의 연구자들이 분석한 DNA 서열을 가지고 특허 취득에 나서겠다고 결정했다. 이에 대해 왓슨은 불확실한 유전자에 특허를 내줄 경우 장기적으로 유전자를 이용한 의학의 발전이 매우 지체될 것이라고 반박했다. 두 사람의 대립은 여러 과학자들이 관여하는 공개적인 논쟁으로 발전했으며, 결국 왓슨이 사직서를 제출하는 것으로 마무리되었다.

인간유전체계획은 1990년 10월에 공식적으로 출범한 후 2001년 2월에 일단락되었다. 여기에는 3만 여명의 과학기술자들이 참여했으며, 30억 달러라는 천문학적인 연구비가 투여되었다. 인간유전체계획은 두 가지 면에서 예상을 벗어났다. 인간유전체계획은 처음에 15년 동안 진행될 예정이었지만 1997년에 셀레라 지노믹스(Celera Genomics)

가 '샷건(shotgun)'으로 불리는 혁신적인 염기서열분석기술을 사용함으로써 4~5년 정도 빨리 일단락되었다. 그보다 더욱 중요한 것은 인간유전체계획이 추진될 당시에는 인간의 유전자 수가 약 10만 개가 될 것으로 예상되었지만, 실제 결과는 인간의 유전자 수가 초파리의 두 배에 불과한 3만 개 정도라는 점이었다. 게다가 2007년 4월에는 ≪사이언스≫에 붉은 털 원숭이가 인간과 93%에 달하는 유전자를 공유하고 있다는 연구결과가 발표되기도 했다. 그것은 인간이 유전자로 결정되지 않는다는 점을 강하게 암시하고 있다.

왓슨은 1994년부터 2007년까지 콜드스프링 하버 연구소의 소장으

그림 10-9

왓슨이 콜드스프링 하버 연구소에서 강연을 하는 모습(2007년)

자료: Gordon P. Hemsley, Wikimedia Commons

로 봉직했다. 그는 콜드스프링 하버 연구소를 발전시키기 위해 많은 노력을 기울였으며, 연구소 일 이외에 정부 정책에 대한 자문도 지속적으로 수행해 왔다. 1998년에는 연구소 내에 박사학위를 수여하는 기관으로 왓슨 생명과학학교가 설립되기도 했다. 오늘날 콜드스프링 하버 연구소는 매년 7천 명이 넘는 과학자들이 거쳐 가는 생명과학 연구의 메카로 자리 잡고 있다.

왓슨은 종종 위험한 발언을 해서 구설수에 오르내리기도 했다. 2000년에는 피부색과 성욕의 관계를 발표하여 논란을 야기했으며, 2007년에는 "인종 간 지능의 우열을 가리는 유전자가 앞으로 10년 안에 발견될 수 있을 것"이라고 말해 파문을 일으켰다. 이러한 점은 평소의 잘난 척하는 태도와 결부되어 왓슨의 이미지에 상당한 타격을 입혔다.

2000~2008년에 왓슨은 네 권의 책을 출간하는 노익장을 과시하기도 했다. 『DNA를 향한 열정』(2000년), 『유전자, 여자, 가모프』(2002년), 『DNA, 생명의 비밀』(2003년), 『지루한 사람과 어울리지 마라』(2008년) 등이 그것이다. 왓슨의 책은 세계적으로 널리 읽힐 정도로 인기가 대단하며, 우리나라에서도 위의 네 책이 번역되어 있다.

왓슨은 『지루한 사람과 어울리지 마라』를 통해 자신의 생애를 되돌아보면서 과학자의 성장 단계별로 어떤 처세술이 필요한지에 대해 논하고 있다. 그 중 몇 가지를 소개하면 다음과 같다. 어린 시절에는 닮고 싶은 영웅을 정해라. 대학 시절에는 '왜'를 아는 것이 '무엇'을 외우는 것보다 중요하다. 대학원 시절에는 논문 주제가 아닌 다른 분야의 지적 호기심도 충족시켜라. 연구원 시절에는 시대에 앞선 과학의 목표를 선택하라. 교수 시절에는 학생들을 가르치면서 자신이 더욱 발전하는 것을 느껴야 한다. 연구소를 경영하는 시절에는 과학자들을 야구팀처럼 관리해야 한다. 말년에 대한 충고이자 모든 시기에 대한 충고는 책 제목이다. 지루한 사람과 어울리지 마라!

11장

혁신과 융합의 아이콘

스티브 잡스

"혁신은 1,000번 '아니오'라고 말하는 것에서 시작된다." "혁신은 리더와 추종자를 구분하는 잣대이다." "해군이 아니라 해적이 되자!" "창의성이란 단지 여러 요소를 연결하는 것이다(Creativity is just connecting things)." "단순함을 얻기란 복잡함을 얻기보다 어렵다." "여정 자체가 보상이다(The journey is reward)." "항상 갈망하고 항상 우직하게 나아가라(Stay hungry, stay foolish)." "죽음을 상기하라." 이와 같은 명언을 남긴 사람은 스티브 잡스(Steve Jobs, 1955~2011)이다. 그는 영화 같은 인생을 살면서 정보기술의 트렌드를 주도했으며, 혁신의 아이콘, 창조의 카리스마, 융합의 전도사 등으로 평가되고 있다. 잡스가 2005년 6월 12일에 스탠퍼드 대학 졸업식에서 했던 축사는 매우 감동적인 메시지를 전하고 있다.

그림 11-1
스티브 잡스가 아이폰4와 함께 한 모습(2010년)
자료: Matthew Yohe, Wikimedia Commons

입양으로 시작된 인생

스티브 잡스는 1955년 2월 24일에 미국 캘리포니아 주 샌프란시스코에서 태어났다. 빌 게이츠(Bill Gates)가 같은 해 10월 28일에 태어났으니 잡스는 게이츠보다 8개월 빠른 형님인 셈이다. 그러나 세계적인 스타 기업가의 반열에 먼저 오른 사람은 게이츠였다. 또한 게이츠가 부유한 가정에서 태어나 대체로 승승장구하는 인생을 살아 왔던 반면, 잡스는 입양아로 출발해 방황, 성공, 실패, 재기, 도약으로 이어지는 드라마틱한 족적을 남겼다. 잡스는 2011년 10월 5일에 56세의 나이로 세상을 떠났는데, 그가 더 오래 살았더라면 어떤 일이 벌어졌을까 하는 궁금증도 생긴다.

잡스의 친모는 조앤 시빌(Joanne Schieble), 친부는 압둘파타 잔달리(Abdulfattah Jandali)였다. 두 사람은 위스콘신 대학원을 다니면서 사랑에 빠졌고 조앤은 23세의 나이에 임신을 하게 되었다. 그러나 보수적인 시빌 가족은 잔달리가 시리아 출신이라는 이유로 결혼을 반대했다. 결국 조앤은 미혼모의 신분으로 사내아이를 낳은 후 입양을 보내기로 마음먹었다. 그녀는 아이의 새 부모가 대졸 이상의 학력을 가지고 있기를 원했다. 처음에는 변호사 부부가 그 아이를 입양하도록 계획되었지만, 그들은 마지막 순간에 다른 여자 아이를 선택했다. 결국 조앤의 사내아이는 대기자 명단에 있던 폴 잡스(Paul Reinhold Jobs)와 클라라 잡스(Clara Hagopian Jobs) 부부에게로 돌아갔다. 그러나 조앤은 폴과 클라라가 대학을 나오지 않았다는 이유로 한참을 망설이다가 잡스 부부로부터 사내아이를 꼭 대학에 보내겠다는 약속을 받고서야 입양을 허락했다. 그 아이에게는 스티븐 폴 잡스(Steven Paul Jobs)라는 이름이 붙여졌는데, 이를 줄이면 스티브 잡스가 된다. 잡스 부부는 2년 뒤인 1957년에 패트리카(Patricia)라는 여자아이도 입양했다. 잡스 가족은 1959년에 몬타로마로 이사를 갔다.

잡스 부부는 스티브가 입양되었다는 사실을 일찍 알려 주었고, 한동안 혼란스러워 하는 아들을 잘 보듬어 주었다. 스티브가 예닐곱 살 때 한 여자아이가 “그러니까 진짜 부모님이 너를 원하지 않았다는 얘기야?”라고 물었던 적이 있었다. 스티브는 울면서 집으로 뛰어 들어갔고, 잡스 부부는 “아니야, 그게 아니란다. 우리가 너를 특별히 선택한 거란다.”라고 단어 한 마디 한 마디에 힘을 주어 말했다. 그 후 스티브는 누군가가 잡스 부부를 양부모라 부르거나 진짜 부모가 아니라는 식으로 얘기하면 “그들은 1,000퍼센트 제 부모님입니다.”고 답했다고 한다. 반면 생부모에 대해서는 퉁명스러운 태도를 보였다. “그들은 나의 정자와 난자 은행입니다. 무정한 게 아니라 사실이 그래요.”

아버지 폴 잡스는 고등학교를 중퇴한 기계공으로 중고차를 수리해서 판매하는 일을 하고 있었다. 그는 아들에게 기계에 대한 자신의 열정을 물려주려고 노력했다. 폴 잡스는 차고 안에 있던 작업대의 반을 스티브에게 나눠주었고 자동차에 대한 세부 사항을 자세히 가르쳐 주었다. 스티브는 아버지와 함께 시간을 보내는 것은 좋아했지만 기계를 다루는 데는 큰 관심을 보이지 않았다. 오히려 아버지가 주말마다 중고 부품상을 찾아가 흥정하는 모습을 흥미롭게 여겼다.

파란만장한 학창 시절

몬타로마 초등학교를 다니던 시절에 스티브 잡스는 말썽꾸러기로 이름을 날렸다. 수업에 재미를 붙이지 못했으며 시간 낭비라고 생각하는 숙제에는 손도 대지 않았다. 교실에서 폭발물을 터뜨리는가 하면 뱀을 풀어놓기도 하는 사고뭉치였다. 잡스를 다룰 줄 알았던 사람은 4학년 때 담임인 힐(Imogene Hill) 선생님이었다. 그녀는 잡스에게 수학 문제를 내면서 그 문제를 풀면 막대사탕과 5달러를 상으로 준다고 했다. 잡스는 이틀 만에 문제를 다 풀었고 계속해서 선생님은 선물을 미끼로 잡스를 유인했다. 이런 식으로 몇 달을 반복하자 잡스 안에 웅크리고 있던 배움에 대한 열정이 살아났다.

잡스는 한 학년을 월반하여 11살에 크리튼던 중학교에 진학했다. 그러나 학교생활에 별다른 만족감을 느끼지 못했고 반항적인 기질이 되살아났다. 잡스는 부모님께 더 이상 학교에 다니지 않겠다고 통보했다. 결국 부모님은 아들을 전학시키기 위해 오늘날 실리콘밸리에 속한 로스앨티스로 이사를 갔다. 잡스는 쿠퍼니노 중학교로 전학한 뒤에도 또래 아이들과 잘 어울리지 못했다. 다행히 로스앨티스는 전기전자 분야의 기술자들이 잔뜩 모여 사는 신천지였고, 잡스는 각종 부품이나 장치를 분해하고 조립하는 일을 즐겼다.

잡스는 13살이 되던 1968년에 홈스테드 고등학교에 입학했다. 훗날 실리콘밸리의 전설이 된 맥클럼(John McCollum)의 전자공학 수업을 들었는데, 군대식 규율을 중시하는 맥클럼에게 반항심을 보이기도 했다. 잡스는 저녁이 되면 휴렛패커드(Hewlett Packard, HP)의 엔지니어인 랭(Larry Lang)의 차고를 종종 방문했다. 랭은 잡스에게 전자기기를 만드는 조립세트인 히스키트(Heathkits)에 관심을 가지게 했고, 덕분에 잡스는 전자제품의 작동 원리를 익힐 수 있었다. 랭은 HP 탐구자 클럽에 잡스를 합류시켰으며, 덕분에 잡스는 HP가 개발 중이던 컴퓨터를 접할 수 있었다. "거기서 나는 첫 데스크톱 컴퓨터를 봤어요. '9100A'라고 불린 그것은 사실 계산기를 미화해 말하는 것이었어요. 20킬로그램 정도 되는 거대한 몸집이었지만 정말 아름다웠어요. 첫눈에 반해 버렸지요."

HP 탐구자 클럽의 아이들은 자기 나름대로의 프로젝트를 진행해 보라는 권유를 받았다. 잡스는 전자신호 펄스를 초 단위로 측정하는 주파수 계수기에 도전했다. 그는 계수기를 만들다가 중요한 부품이 하나 빠진 것을 발견하고는 지체 없이 전화번호부를 뒤져 어딘가로 전화를 걸었다. 전화를 받은 사람은 휴렛패커드의 사장인 윌리엄 휴렛(William R. Hewlett)이었다. 휴렛은 잡스의 배짱이 마음에 들어 휴렛패커드의 조립라인에서 일할 수 있는 기회를 제공하기도 했다.

당시에 잡스와 가장 가깝게 지냈던 친구는 빌 페르난데스(Bill Fernandez)였다. 페르난데스는 다섯 살 연상으로 이웃집에 사는 스티브 워즈니악(Steve Wozniak; Stephen Gary Wozniak)을 우상으로 여겼다. 당시 워즈니악은 콜로라도 대학의 1학년생으로 동네 아이들 사이에서 최고의 전자기술자로 통했다. 얼마 지나지 않아 잡스와 워즈니악은 환상의 콤비가 되었고, 두 사람은 1976년에 애플컴퓨터(Apple Computer)의 공동창업자로 인연을 이어갔다. 잡스는 '스티브', 워즈니악은 '워즈'라는 약칭으로 불렸다.

잡스는 1969년에 들어와 '나는 누구인가?'라고 자문하면서 정체성의 혼란을 겪었다. 당시에 미국 사회에서는 '반문화(counter-culture)'로 무장한 히피들이 넘쳐났고, 잡스는 그들의 독특한 차림새와 자유분방한 생활에 빠져들기 시작했다. 잡스는 머리카락을 어깨에 닿을 정도로 치렁치렁 길렀으며 『모비 딕』과 『리어 왕』을 포함한 문학작품에도 심취했다. 크리스앤 브레넌(Chrisann Brennan)이란 여자친구를 사귀면서 와인도 마시고 마리화나도 나눠 피웠다. 친구들과 공터나 자동

그림 11-2
홈스테드 고등학교 시절의 스티브 잡스

차 안에서 LSD(lysergic acid diethylamide)와 같은 마약을 맛보기도 했다.

1971년에 잡스와 워즈니악은 전화망을 해킹하는 '프리크(phreak)'의 세계에 흠뻑 빠져 들었다. 당시에 전기전자 분야에 일가견이 있었던 사람들은 AT&T에 특정 주파수를 보내 공짜 전화를 걸었다. 잡스와 워즈니악은 저녁 내내 전 세계로 공짜 전화를 걸면서 시간을 보내다가 스스로 공짜 전화를 걸 수 있는 장치를 만들기로 작정했다. 몇 번의 시행착오 끝에 워즈니악은 '블루박스(blue box)'라는 장치를 만들었고, 잡스는 블루박스를 판매하는 일에 나섰다. 잡스는 블루박스를 대당 150달러에 팔았는데, 그 원가는 40달러에 지나지 않았다.

"내면의 목소리에 귀를 기울여라"

1972년 9월에 잡스는 오리건 주 포틀랜드의 리드 대학에 입학했다. 리드 대학은 미국 전역에서 동양사상에 심취한 사람들이 모여드는 학교로 유명했다. 부모님은 학비가 비싸고 집에서 거리가 멀다는 이유로 반대했지만, 잡스는 리드가 아니면 다른 대학에도 가지 않겠다고 고집을 피웠다. 그러나 잡스는 대학 공부에 별 매력을 느끼지 못한 채 6개월 만에 자퇴하는 결정을 내렸다. 대학 교육이 인생에 얼마나 도움이 될지 판단할 수 없었고 부모님이 어렵게 모은 재산이 자신의 학비로 들어가는 것이 부담스러웠다. 잡스는 대학을 자퇴한 뒤에도 18개월 동안 캠퍼스를 활보하고 다녔다. 등록금은 내지 않고 마음에 드는 강좌를 마음껏 들었던 것이다. 특히 그는 캘리그래피(calligraphy) 강좌를 들으면서 글씨나 글자를 아름답게 표현하는 데 깊은 관심을 가지게 되었다. 캘리그래피에 관한 공부는 잡스가 10년 후에 매킨토시 컴퓨터를 구상할 때 상당한 도움이 되었다.

대학 시절에 잡스는 너저분하게 기른 수염에 누더기 옷을 걸쳤으며 채식을 고집했다. LSD와 향정신성 약물을 복용했으며, 올원펌(All One Farm)이라는 사과농장에서 히피 공동체 생활도 했다. 또한 선불교를 비롯한 동양의 종교와 철학에 심취하면서 무슨 일을 하든 직관에 의지해야 한다는 점을 깨달았다. "남은 인생을 낭비하지 마라. 다른 사람이 당신 내면의 목소리를 잠식하도록 두지 마라. 무엇보다 중요한 것은 자신의 가슴과 직관을 따를 수 있는 용기를 지니는 것이다. 당신이 정말로 무엇이 되고 싶어 하는지는 당신 가슴과 직관이 이미 알고 있다."

1974년 2월에 잡스는 로스앨터스로 돌아가 직장을 구하기 시작했다. "즐기면서 돈 버는 곳"이란 구인 광고를 보고 비디오게임 제조사인 아타리(Atari)를 찾아갔다. 당시에 아타리는 탁구 게임인 '퐁(Pong)'이 대박을 치면서 급속히 성장하고 있었다. 잡스는 로비에 들어가 채용해 줄 때까지 버티겠다고 고집을 부렸고, 수석 엔지니어인 알콘(Allen Alcon)은 시급 5달러짜리 기술자로 잡스를 고용했다. 아타리의 직원들은 냄새가 나고 태도도 불량한 잡스와 함께 일하기를 꺼려했지만, 창업자 부슈넬(Nolan Bushnell)은 잡스를 높이 평가하여 그가 야간 근무를 하도록 조치했다. 잡스는 아타리 게임들의 단순함이 지니는 가치에 매료되었으며, 설계를 보완하고 칩을 추가하여 몇몇 게임을 개선하는 데 힘을 보탰다. 또한 당시에 HP에서 근무하고 있던 워즈니악

그림 11-3
잡스와 워즈니악이
함께 한 모습(1976년)
자료: © Apple Computer, Inc.

을 불러들여 밤새 게임을 즐겼다.

잡스는 아타리에서 근무하던 중에 인도 순례 여행을 떠났다. 알콘은 잡스의 돌발적인 계획을 듣고는 재밌는 생각을 하나 떠올렸다. 당시 아타리의 게임들은 미국식 재생 속도인 초당 60프레임에 맞춰 설계되었는데, 유럽식은 초당 50프레임인 관계로 화면이 끊겼다. 알콘은 잡스에게 대강의 해결책을 설명해 준 다음, 유럽의 문제를 해결하면 출장비는 물론이고 수고비도 주겠다고 제안했다. 잡스는 뮌헨으로 가서 화면이 끊기는 문제를 해결한 후 1974년 4월에 인도로 향했다. 리드 대학 시절의 친구인 콧키(Daniel Kottke)도 합류했다. 여행이 계속될수록 잡스는 인도의 실제 모습에 혼란을 느꼈다. 인도는 매우 가난한

나라였을 뿐 영적 스승의 나라가 아니었던 것이다.

잡스는 7개월 동안의 인도 여행을 마친 후 아타리로 돌아왔다. 그는 로스앨터스에서 『선심초심(Zen Mind, Beginner's Mind)』의 저자인 스즈키 순류(Suzuki Shunryu)를 만나 수행을 계속했다. 스즈키는 자신의 제자인 고분 치노 오토가와(Kōbun Chino Otogaw)로 하여금 로스앨터스에 선 센터를 열게 했고, 잡스는 고분을 영적 스승으로 모셨다. 잡스의 친구인 브레넌과 콧키도 열성적인 수행자가 되었다. 잡스는 남은 인생을 선불교에 헌신하면서 살아가는 문제에 대해 고분과 상의해 보았지만, 고분은 그러지 말라고 만류했다. 두 사람의 진실한 관계는 그 후로도 계속되었고, 1991년에 고분은 잡스의 결혼식 주례를 맡게 된다.

애플컴퓨터의 신화

1975년 1월에는 ≪파퓰러 일렉트로닉스(Popular Electronics)≫가 세계 최초의 마이크로컴퓨터 키트에 해당하는 '알테어(Altair) 8800'에 관한 기사를 실었다. 알테어 8800은 많은 컴퓨터 매니아들의 주목을 받았다. 그 중에는 게이츠와 앨런(Paul Allen), 그리고 잡스와 워즈니악도 포함되어 있었다. 2개월 후에는 '홈브루 컴퓨터 클럽(Homebrew Computer Club)'이라는 동호회가 알테어 8800을 핵심 이슈로 하여 첫 모임을 가졌다. 이 클럽은 서로의 아이디어에 자극을 주고받으면서 다른 사람보다 먼저 성과를 내기 위해 선의의 경쟁을 펼쳤다.

알테어 8800이 출시된 1975년은 컴퓨터산업의 역사에서 가장 중요

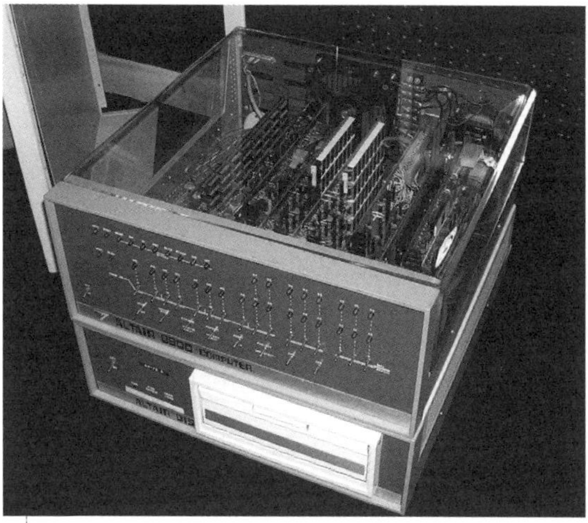

그림 11-4

세계 최초의 마이크로컴퓨터 키트에 해당하는 알테어 8800. 인텔이 개발한 마이크로프로세서 8080칩을 장착하고 있었다.

한 연도로 간주되기도 한다. 이와 관련하여 『아웃라이어(Outlier)』라는 베스트셀러의 저자인 글래드웰(Malcolm Gladwell)은 다음과 같은 흥미로운 의견을 제시한 바 있다. "만약 1975년이 개인용 컴퓨터 혁명의 여명기라면 그 이점을 누리기 위한 최적의 나이는 얼마일까? … 1975년에 가장 적합한 나이는 다가올 혁명의 일부가 될 수 있으면서도 그것을 놓치지 않을 만큼 많지는 않은 그런 나이이다. 따라서 1954년과 1955년에 태어나 20살에서 21살에 이른 사람이 이상적이다."

글래드웰은 자신의 주장을 뒷받침하는 예로 1955년생인 빌 게이츠, 역시 1955년생인 스티브 잡스, 1954년생인 빌 조이(Bill Joy) 등을 들고 있다. 이러한 목록에는 1955년생으로 월드와이드웹을 개발한 버너스리(Tim Berners-Lee)도 포함될 수 있을 것이다. 이와 함께 글래드웰은 록펠러(John D. Rockefeller), 카네기(Andrew Carnegie), 모건(John P. Morgan) 등이 1830년대에 태어났기 때문에 엄청난 부자가 될 수 있었다고 분석한 바 있다. 우리나라의 산업화를 선도한 구인회, 이병철, 정주영이 각각 1907년, 1910년, 1915년에 태어났다는 점도 흥미롭다.

1975년 6월 29일에 워즈니악은 인쇄회로기판(printed circuit board, PCB)을 만들었고, 키보드의 글자를 쳐서 그것을 화면에 띄우는 데 성공했다. 잡스는 그것을 대박 아이템으로 치켜세우면서 워즈니악에게 사업을 벌이자고 제안했다. 워즈니악의 아버지와 아내는 극구 말렸지만 잡스의 끈질긴 설득에 워즈니악은 굴복하고 말았다. 잡스는 아타리의 중견 엔지니어인 웨인(Ronald Wayne)도 사업 파트너로 동참시켰다. 1976년 4월 1일에 잡스, 워즈니악, 웨인은 애플컴퓨터의 공동창업자로 이름을 올렸는데, 회사 사무실은 잡스의 집 차고였다. 웨인은 애플컴퓨터의 첫 로고를 만들었기도 했지만 구상 중인 사업 아이템이

그림 11-5

애플사의 로고. 왼쪽부터 최초의 애플 로고(1976~1977년), 첫 번째 공식 로고(1977~1998년), 두 번째 공식 로고(1998~2003년), 세 번째 공식 로고(2003년 이후)

달라 얼마 뒤에 애플을 떠나고 말았다.

애플컴퓨터란 회사명을 제안한 사람은 잡스였다. “마침 그때 저는 과일만 먹은 식단을 지키고 있었어요. 사과 농장에서 돌아오는 길이었고요. ‘애플’은 재밌으면서도 생기가 느껴지고 또 위협적인 느낌이 없었지요. ‘애플’이란 말은 ‘컴퓨터’란 말의 강한 느낌을 누그러뜨려 주잖아요. 게다가 ‘애플’은 전화번호부에서 ‘아타리’보다 먼저 나올 수 있고요.”

잡스는 워즈니악의 회로기판을 들고 홈브루 컴퓨터 클럽을 찾아갔다. 그러나 그것은 회원들이 보기에는 납땜 흔적이 확연한 조악한 제품에 불과했다. 게다가 워즈니악의 회로기판은 인텔 8080이 아닌 값싼 마이크로프로세스를 장착하고 있었다. 다행히 바이트 숍(Byte Shops)이란 컴퓨터 상점을 운영하던 테럴(Paul Terrell)이 큰 관심을 보였다. 테럴은 완전히 조립된 회로기판 50개를 가져오면 1개당 500달러를 주겠다고 했다. 애플의 자본금 1,000달러의 25배나 되는 액수였다. 두 명의 스티브는 이미 다음 단계의 컴퓨터를 구상하고 있었으므로 기존의 회로기판을 ‘애플 I’로 부르기로 했다. 1976년 말 애플은 약 150대의 컴퓨터를 납품할 정도가 되었고, 10만 달러에 육박하는 매출을 기록했다.

애플 II는 멋진 케이스와 키보드, 전원 장치, 소프트웨어, 모니터까지 갖춘 통합 패키지형 컴퓨터로 구상되었다. 워즈니악은 키보드로 다양한 명령어를 입력하는 방식을 고안했고, 컴퓨터 내부에 운영체제를 포함시키는 방식도 개발했다. 잡스는 케이스 디자인과 전원 공급 장치에 신경을 썼다. 그는 가벼운 플라스틱으로 제작된 미끈한 케이스와 팬이 필요 없는 전원 공급 장치를 확보했다. 또한 잡스는 실리콘 밸리의 손꼽히는 홍보 전문가 매케나(Regis McKenna)를 설득해서 애플의 광고를 맡겼고, 매케나는 미국에서 가장 유명한 남성지인 ≪플레이보이≫에 광고를 실어야 한다고 제안했다.

잡스는 자금을 조달하기 위해 마쿨라(Mike Markkula)라는 투자가에게 접근했다. 마쿨라는 25만 달러까지 대출 보증을 서 주기로 하면서 내셔널 세미컨덕터의 이사이던 스콧(Mike Scott)을 애플의 최고경영자로 추천했다. 1977년 1월 3일에는 애플컴퓨터주식회사가 공식 출범했는데, 마쿨라, 잡스, 워즈니악이 각각 지분의 26퍼센트씩 가졌다. 당시에 잡스는 마쿨라의 충고를 받아들여 히피의 모습에서 벗어나 단정한 이미지를 연출하기 시작했다. 또한 잡스는 베어 먹은 사과를 회사의 로고로 삼으면서 "단순함이란 궁극의 정교함이다"라는 레오나르도 다빈치의 경구를 캐치프레이즈로 내걸었다.

애플 II는 1977년 4월 샌프란시스코에서 개최된 제1회 서부 연안 컴퓨터 박람회에서 처음 공개되었다. 박람회장으로 몰려든 관람객들은

그림 11–6

개인용 컴퓨터의 기원이 되는 (왼쪽) 애플 I와 (오른쪽) 애플 II

자료: (왼쪽) Binarysequence, Wikimedia Commons

예술품처럼 아름다운 애플 II에 넋을 잃었다. 게다가 62개의 칩이 메인보드 하나에 연결된 데다 납땜라인까지 깔끔하게 정리되어 있었다. 박람회 직후에 주문이 속출하기 시작했고 몇 달 만에 애플 II의 주문은 300대를 돌파했다. 그 후 애플 II는 16년 동안 다양한 모델로 출시되어 600만 대 가까이 판매되었다. 애플 II는 역사상 최초로 대량생산된 마이크로컴퓨터(microcomputer)이자 데스크톱(desktop) 컴퓨터에 해당하며, 개인용 컴퓨터(personal computer, PC) 산업을 탄생시킨 시발점으로 평가되고 있다.

1980년에 애플의 3인방은 기업공개를 결정했다. 애플의 가치는 1977년 1월에 5,309달러였던 것이 1980년 12월에는 17억 9,000만 달러로 급증했다. 잡스는 25세의 나이에 2억 1,700만 달러를 소유한 거부가 되었다. 그러나 잡스의 개인사는 그리 평화롭지 못했다. 고등학교 때부터 사귄 여자친구 브레넌이 1978년 5월에 리사(Lisa)라는 딸을 낳았던 것이다. 잡스는 리사가 자신의 아이가 아니라고 주장했으나 친자 확인 소송의 결과는 브레넌의 손을 들어주었다. 잡스는 그 사실조차 받아들이려 하지 않았지만, 양육비는 매달 지급해야 했다. 세월이 흐른 후 잡스는 당시의 행동을 후회했다. 그의 인생에서 잘못을 인정한 몇 안 되는 사례였다. 리사는 2019년에 자서전을 발간하면서 '하찮은 사람'을 뜻하는 『스몰 플라이(Small Fry)』를 제목으로 선택했다.

자신만의 스타일을 고집한 보스

1980년대에 들어와 회사는 날로 번창했지만 잡스는 뭔가 부족함을 느꼈다. 애플 II는 기본적으로 워즈니악의 컴퓨터였지 자신의 작품이 아니었던 것이다. 모든 사람들이 잡스의 컴퓨터라고 부를 만한 것을 만들고 싶었다. 또한 회사가 커지자 마쿨라는 잡스에게 의사결정의 권한을 주지 않았다. 직원들은 스콧이나 마쿨라의 지시를 받았던 것이다. 잡스가 자신의 존재를 증명하는 방법은 애플 II를 능가하는 혁명적인 컴퓨터를 개발하는 것뿐이었다. 그는 자신의 새로운 컴퓨터에 딸의 이름인 리사를 붙일 예정이었다.

당시 미국에서 컴퓨터 연구의 요람이 되었던 곳은 제록스 팔로알토 연구센터(Palo Alto Research Center, PARC)였다. 잡스는 PARC에서 컴퓨터의 역사를 바꿀 기술을 보았다. 그것은 그래픽 사용자 인터페이스(graphical user interface, GUI)였다. PARC의 컴퓨터는 화면에 명령어를 입력하는 대신 '마우스'라는 장치로 화면의 그림을 클릭해 프로그램을 실행하고 있었다. PARC는 개인용 컴퓨터에는 별로 관심이 없었기 때문에 뛰어난 기술을 가지고도 그것을 상업화하지 않았다. 이에 반해 잡스는 시대가 원하는 것을 동물적인 감각으로 알아차렸다.

훗날 잡스는 PARC를 방문했던 때를 다음과 같이 회고했다. "PARC에 갔을 때 그 사람들이 저에게 보여준 것은 크게 세 가지였습니다. 하지만 단 한 가지가 너무나 강렬한 인상을 남겨서 다른 두 가지는 사실 제대로 보지도 않았어요. 그들이 제게 보여준 두 번째 것은 객체지향 컴퓨터 프로그래밍이었지만, 전 보지 않았죠. 세 번째는 네트워크형 컴퓨터로 PARC의 컴퓨터 100여 대를 서로 연결해 데이터를 주고받고 있었는데, 전 역시 보고 있지 않았습니다. 하지만 첫 번째로 봤던 것만은 잊을 수가 없었어요. 그게 바로 GUI였습니다. 단 10분 동안 지켜봤을 뿐인데 모든 것을 깨달을 수 있었습니다. 이 순간이 바로 내 인생에서 가장 중요한 순간이라는 사실과 머지않아 온 세상의 컴퓨터들이 이런 방식으로 작동하게 될 것이라는 사실이었죠."

잡스는 "우주를 놀라게 하자."는 구호를 내걸고 리사 프로젝트를 진두지휘했다. 팀원들은 그의 완벽주의에 희생되어야 했다. 잡스는 마음에 들지 않는 팀원을 '멍청이', '게으름뱅이'라며 공개적으로 모욕했고, 팀원들은 일주일에 90시간씩 강도 높게 일했다. 드디어 1983년에 마우스 기반의 첫 컴퓨터로 평가되는 리사가 모습을 드러냈다. 그러나 잡스의 과도한 열정은 리사에게 독이 되고 말았다. 완벽한 컴퓨터를 만들려다 보니 일반인이 사용하기에는 부담스러운 제품이 되었던 것이다. 원래 리사는 2,000달러 수준에서 개발될 예정이었지만, 고급 하드웨어와 소프트웨어를 끼워 넣다보니 가격은 9,999달러, 무게는 23킬로그램이나 되었다. 결국 애플은 2년 만에 리사 프로젝트에서 손을 떼야 했다.

설상가상으로 1980년에 출시된 애플 III도 안정성 문제로 인해 1984년에 단종되고 말았다. 애플은 회사를 다시 일으켜 세울 리더가 필요했다. 그때 잡스의 눈에 들어온 인물은 펩시의 최연소 사장인 존 스컬리(John Sculley)였다. 스컬리는 상표를 가리고 제품을 선택하게 하는 테스트를 통해 코카콜라의 아성을 무너뜨린 이력을 가지고 있었다. 잡스는 스컬리를 다음과 같은 말로 설득했던 것으로 전해진다. "설탕물이나 팔면서 남은 인생을 보내고 싶습니까? 아니면 세상을 바꿀 기회를 갖고 싶습니까?" 스컬리는 1983년 5월에 애플의 최고경영자로 부임하면서 "제가 애플에 온 것은 오로지 스티브와 함께 일하기 위해서입니다."고 화답했다.

잡스는 리사 프로젝트를 더 진행할 수 없다면 리사에서 구현하려고 했던 환상적인 기능을 매킨토시(Macintosh)에 접목해야겠다고 생각했다. 래스킨(Jef Raskin)은 보통 사람들을 위한 최적의 컴퓨터를 만든다는 목표로 매킨토시 프로젝트를 진행하고 있었다. 매킨토시는 인기 있는 사과 품종인 매킨토시(McIntosh)의 철자를 잘못 쓴 것인데, 나중에는 매킨토시 컴퓨터가 더 유명해져서 사람들이 사과 이름을 틀리게 적는 해프닝도 생겨났다. 매킨토시 컴퓨터는 '맥(Mac)'이란 애칭으로도 자주 불렸다.

잡스는 래스킨을 밀어낸 후 매킨토시 팀을 접수하고 리사 팀과 비슷한 방식으로 운영하기 시작했다. 그는 매킨토시의 개발 일정을 3년에서 1년 반으로 앞당겼으며, 일주일에 100시간 이상을 일하도록 팀원들을 몰아붙였다. 다행히 매킨토시 팀은 리사 팀과 달리 기술로 세상을 바꾸겠다는 신념을 가진 엔지니어들로 구성되어 있었다. 매킨토시 팀은 건물 꼭대기에 해골 깃발을 내걸었고, '해군이 아니라 해적이 되자!'라고 적힌 티셔츠를 입고 다녔다. 리사 프로젝트와 매킨토시 프로젝트에 참여했던 호킨스(Trip Hawkins)는 훗날 다음과 같이 회고했다.

"스티브는 리사에 관해 자주 '우주에 영향을 미칠 만큼 아주 중요한 컴퓨터를 만들겠다.'고 했다. 터무니없는 생각이었지만 인생을 즐기지 못하고 연구실에 틀어박혀 일만 하는 엔지니어들은 그런 말에 용기를 얻고 단결한다. 스티브의 비전은 대단히 강렬했다. 그가 무엇을 믿으면 그 비전의 힘은 그 앞의 어떤 장애물이나 문제점도 단숨에 날려 버릴 정도로 강하다. … 우린 돈 때문에 일한 게 아니었다. 세상을

그림 11-7
매킨토시와 함께 한 잡스(1984년)

바꾸기 위해 일했다."

잡스는 매킨토시 컴퓨터를 홍보하는 데에도 매우 공격적인 자세를 취했다. 미국인들이 가장 좋아하는 미식축구 결승전인 슈퍼볼 시합 기간에 광고를 내보냈던 것이다. 〈블레이드 러너〉와 〈에일리언〉으로 유명해진 리들리 스콧(Ridley Scott) 감독은 〈1984〉란 제목의 광고를 통해 IBM이란 대기업이 뒤늦게 개인용 컴퓨터 시장에 뛰어들어 애플과 같은 창의적인 기업이 말살되는 세상이 오고 있다는 점을 부각시켰다. IBM은 조지 오웰(George Orwell)의 소설에 등장하는 빅브라더로 설정되었고, 매킨토시 티셔츠를 입은 젊은 여자가 빅브라더 동상을 쇠망치로 산산조각 내는 파격적인 장면이 담겼다. IBM에 의해 잠식당한 세상을 매킨토시가 해방시킬 것이라는 메시지였다. 이 광고는 그 자체로 뉴스거리가 되었고 매킨토시에 대한 기대를 미국 전역으로 퍼뜨리기에 충분했다.

광고가 나가고 이틀 뒤인 1984년 1월 24일에 매킨토시 컴퓨터가 출시되었다. 발표회에서 잡스는 노래 가사를 낭독했다. "오늘의 패자가 내일의 승자가 될 거야. 시대가 변하고 있으니까." 그가 청년 시절부터 흠모했던 가수 밥 딜런(Bob Dylan)의 곡이었다. 매킨토시에 관한 주문을 전국적으로 폭주했고, 그것은 잡스의 권위에 큰 힘을 실어주는 듯했다. 그러나 초기의 반짝 열풍이 꺼지고 나자 매킨토시의 실체가 드러났다. 매킨토시는 IBM PC보다 값이 비쌌으며, 사용할 수 있는 응용프로그램도 거의 없었고, 확장 슬릿을 통한 업그레이드도 불가능했다. 1983년에 IBM에게 추월당한 PC 시장을 매킨토시로 탈환하려고 했던 기대는 물거품이 되고 말았다. 애플의 거의 모든 수익은 매킨토시가 아니라 애플 II에서 나오고 있었다. 애플의 간부들은 이와 같은 실망스러운 결과를 어떻게 받아들여야 할지 당혹스러워했다.

1985년에 들어와 잡스는 애플을 완전히 장악하겠다는 과욕을 부렸다. 스컬리가 무능하다고 이사진에 보고하면서 회사를 살릴 인물은 자신밖에 없다고 호소했다. 스컬리는 임원들에게 일일이 전화를 걸어 자신의 심경을 차분히 설명하고 자신과 잡스 가운데 한 명을 선택해 줄 것을 부탁했다. 4월 11일에 열린 이사회는 스컬리에게 최고경영자로서 분명한 책임을 갖고 회사를 운영해 달라고 주문했다. 스컬리는 잡스를 매킨토시 팀에서 쫓아내고 '제품 창안자'라는 별일 없는 직함을 주었다. 9월 17일에 잡스는 애플에 사직서를 제출했다. 워즈니악도

그림 11-8
잡스가 레이건 대통령으로부터 국가기술메달(National Medal of Technology)을 받고 있는 광경(1985년)

퇴사의 길을 선택했다. 당시 잡스의 나이는 30세에 불과했다.

잡스는 2005년 스탠퍼드 대학 졸업식 축사에서 다음과 같이 회고했다. "그때는 몰랐지만 애플에서 해고당한 것은 제 인생 최고의 사건이었습니다. 애플에서 나오면서 성공에 대한 중압감을 다시 시작할 수 있다는 가벼움으로 대체할 수 있었죠. 그 시기는 제 인생에서 가장 창조적인 시간이었습니다. 만약 제가 애플에서 해고당하지 않았다면 이 모든 일들이 일어나지 않았을 겁니다. 몸에 좋은 약이 쓰다고 하지요. 아마 제가 약이 필요했던 시기였나 봅니다. 때로 인생이 당신을 벽돌로 내리치는 것 같은 시기가 있습니다. 그래도 여러분은 신념을 잃지 마세요. 제가 포기하지 않고 계속 나아갈 수 있었던 유일한 힘은 제가

하는 일을 사랑했기 때문입니다. 여러분이 사랑하는 일을 스스로 찾아야 합니다. 사랑 앞에서 진실하듯 일도 마찬가지입니다." '위기(危機)에서 기회를 발견한다.'는 경구가 떠오르는 대목이다.

잡스의 성숙과 부활

잡스는 애플에서 쫓겨난 뒤 주식을 차례차례 팔기 시작했다. 그리고 그는 새로운 사업에 도전하기로 결심했다. 주머니에는 애플의 주식으로 마련한 1억 달러가 있었으며, 소일로 여생을 보내기에는 아직 너무 젊었던 것이다. 잡스는 매일 도서관을 출근하다시피 하면서 새롭게 부상하고 있는 분야에 관심을 기울였다. 한번은 1980년 노벨 화학상 수상자인 폴 버그(Paul Berg)를 만나 유전자 실험에 대해 의견을 나누었다. 이를 계기로 잡스는 유전자 실험을 위한 연구와 교육에 사용할 컴퓨터를 구상하기 시작했다.

잡스는 1985년에 설립한 새로운 컴퓨터 회사의 이름으로 '넥스트(NeXT)'를 선택했다. 소문자 'e'는 교육(education)을 의미했는데, 그것은 잡스가 겨냥한 새로운 시장에 해당했다. 잡스는 애플의 수석엔지니어와 고위 관리자를 포함한 핵심 인재들을 빼내어 넥스트를 창업했다. 그들은 관료화된 애플의 기업문화에 숨통이 막혀 버린 개인주의적 성향의 엔지니어들이었다. 잡스는 애플에서 그토록 원했으나 좀처럼 가질 수 없었던 절대 권력을 넥스트에서 누릴 수 있었다. 그는 하나부터 열까지 심혈을 기울여 자기만의 왕국을 건설했다. 잡스는 최고의 그래픽 디자이너가 회사 로고를 개발하게 했으며, 세계적인 명성의 건축가를 고용해 넥스트의 본부 건물을 지었다. 넥스트의 공장도 최첨단 자동화 시스템을 갖추어 하루에 수백 대의 컴퓨터를 생산할 수 있었다. 텍사스의 억만장자 로스 페로(Ross Perot)와 일본의 프린터 회사 캐논이 넥스트의 투자자로 참여했다.

1989년에 잡스는 넥스트스텝(NeXTSTEP)이란 운영체제를 장착한 큐브(Cube) 컴퓨터를 선보였다. 큐브는 연구 혹은 네트워크 서버로 사용되는 워크스테이션의 일종으로 대학을 주 고객으로 삼았다. 그러나 선 마이크로시스템즈를 비롯한 다른 업체들이 출시한 워크스테이션이 2~3천 달러였던 반면 큐브의 가격은 무려 6,500달러에 이르렀다. 고객들은 큐브의 빼어난 디자인에 현혹되었지만 그 때문에 수천 달러를 더 지불할 의사는 없었다. 잡스는 애플에서 했던 실수를 다시 한 번 반복한 것이다. 결국 큐브도 3년 동안 생산되다가 중단되는 수순을 밟았다. 넥스트스텝은 세계 최초의 객체 지향 운영체제로 데이터는 물론 데이터 조작 방법에 대한 정보도 담고 있었지만, 당시에는 독특하고 세련된 하드웨어에 가려 제 빛을 보지 못했다.

1986년에 잡스는 루카스 필름(Lucasfilm)의 컴퓨터 그래픽 부문을 인수하여 '픽사(Pixar)'를 차렸다. 픽사는 화소(pixels)를 다룬다는 의미를 가지고 있었다. 〈스타워즈〉의 감독으로 유명한 조지 루카스(George Lucas)는 1983년에 갑작스럽게 이혼소송을 하게 되었는데, 위자료를 지급하기 위해 회사를 팔아야 할 처지에 놓여 있었다. 이 정보를 입수한 잡스는 의도적으로 밀고 당기는 신경전을 벌였고, 결국 루카스는 자신이 제시한 금액의 1/3밖에 안 되는 1,000만 달러에 컴퓨터 그래픽 부문을 잡스에게 넘겼다. 잡스는 스미스(Alvy Ray Smith), 캣

멀(Edwin Catmull)과 함께 픽사의 공동창업주가 되었다. 스미스와 캣멀은 각각 4퍼센트의 지분을 가졌고 나머지 지분은 잡스의 차지였다.

잡스는 그래픽에 특화된 컴퓨터를 만들어 의료계를 공략하겠다고 마음먹었다. 그러나 픽사 컴퓨터는 1988년까지 120대가 팔리는 것으로 그쳤는데, 이번에도 13만 5,000달러라는 엄청난 가격이 문제였다. 달라진 것은 잡스가 픽사의 직원들을 대하는 태도였다. 그는 여러 번의 실패 끝에 완벽한 컴퓨터를 만들겠다는 야망을 포기하고 픽사가 가진 고유의 강점을 살리는 쪽으로 방향을 틀었다. 픽사의 직원들은 느지막이 출근해서 밤늦게까지 일했다. 그들은 예술가 집단이었고, 영화 제작의 최첨단을 달리는 사람들이었다. 잡스의 유일한 요구사항은 한 달에 한 번씩 진행상황을 보고하라는 것뿐이었다.

그러나 1988년의 상황은 매우 위태했다. 넥스트와 픽사의 경영 상태는 밑 빠진 독에 물 붓는 격에 지나지 않았다. 한 회의에서 잡스는 단편 애니메이션 제작에 관한 계획을 보고 받으면서 스토리보드를 요구했다. 당시에 존 래스터(John Lasseter)는 몸소 연기를 해가며 열정적인 프리젠테이션을 수행했으며, 이에 감동을 받은 잡스는 두말하지 않고 지갑을 열었다. 이렇게 탄생한 작품이 바로 〈양철 장난감(Tin Toy)〉이다. 이 작품은 단편 애니메이션 부문에서 아카데미상을 거머쥐었는데, 순전히 컴퓨터만으로 제작한 애니메이션 영화로는 최초의 수상이었다.

1989년 가을에 잡스는 자기 계발을 위해 스탠퍼드 대학 경영대학원에 등록했다. 거기서 잡스는 로렌 포웰(Laurene Powell)을 만나 사랑에 빠졌다. 1년 정도 사귀었을 때 로렌은 잡스에게 임신 사실을 알렸다.

그림 11-9
대통령 집무실(Oval Office)에서 픽사의 직원들과 함께 한 잡스(1998년)

잡스는 도망치려고 했으나 로렌의 끈질긴 설득으로 마음을 고쳐먹었다. 두 사람은 1991년 3월 18일에 요세미티 국립공원에서 결혼식을 올렸다. 잡스 부부 사이에는 1남 2녀가 태어났다. 가정을 꾸리면서 잡스가 인생이나 사업을 대하는 태도도 한층 유연해졌다. 이와 관련하여 그는 1990년대 말의 인터넷 창업 열풍에 대해 다음과 같이 말했다. "아이를 낳는 경험도 기적 같은 일이지만, 그 아이들이 잘 자라게 하는 것도 무엇보다 소중한 일입니다. 회사도 마찬가지예요. 인터넷 창업 열풍의 문제점은 많은 사람들이 창업을 한다는 것이 아닙니다. 사업을 시작해 놓고 금방 내팽개치는 것이 문제입니다."

〈양철 장난감〉의 성공은 디즈니를 불러들였다. 디즈니가 장편 애니메이션을 만들어달라고 제안했던 것이다. 디즈니에게는 픽사의 기술이, 픽사에게는 디즈니의 자금력이 필요했다. 픽사는 래스터를 감독으로 하여 〈토이 스토리(Toy Story)〉로 불리게 될 작품을 제작하기 시작했는데, 그것은 세계 최초로 컴퓨터 그래픽만으로 제작된 장편 애니메이션에 해당한다. 디즈니의 사장 카첸버그(Jeffrey Katzenberg)는 중간에 제작 중단을 선언하기도 했지만, 픽사 팀은 시나리오를 계속해서 수정하고 보완했다.

1995년에 잡스는 또 한 번의 모험을 감행했다. 픽사의 기업공개를 준비했던 것이다. 크리스마스 시즌을 앞두고 개봉된 〈토이 스토리〉는 엄청난 대박을 터뜨렸다. 개봉 다음 주에 픽사의 기업공개가 있었고, 잡스는 13억 달러의 주식을 소유한 억만장자가 되었다. 〈토이 스토리〉에 이어 〈몬스터 주식회사〉, 〈인크레더블〉, 〈니모를 찾아서〉 등도 큰 성공을 거두었다. 래스터 감독은 "예술은 기술에 도전을 주고, 기술은 예술에 영감을 불러일으킨다(The art challenges technology. Technology inspires the art)."는 명언으로도 유명하다.

파산 직전의 넥스트에도 새로운 빛이 들어왔다. 잡스는 1993년에 인력을 절반으로 줄인 뒤 넥스트스텝을 주력 상품으로 내세웠다. 하드웨어를 뒤로 하고 소프트웨어에 집중했던 것이다. 1995년에 애플은 고전을 면치 못하고 있었던 반면 마이크로소프트는 윈도 95를 출시했다. 애플은 새로운 운영체제를 개발하는 대신 다른 회사의 좋은 운영체제를 구입하기로 결정했다. 그때 애플의 눈에 들어온 것이 바로 넥스트스텝이었다. 몇 차례의 협상을 거쳐 1996년 12월에 애플은 넥스트를 합병한다는 방침을 공식 발표했다. 잡스는 넥스트 매각의 대가로 현금 3억 7,750만 달러와 애플 주식 150만 주를 받았다. 현금은 넥스트의 기존 투자자들에게 돌아갔고 주식은 잡스가 챙겼다.

아이시리즈로 계속된 혁신

1997년 7월 9일에 잡스는 42세의 나이로 애플컴퓨터에 복귀했다. 연봉은 1달러였고 직함은 임시 최고경영자(interim CEO)였다. 여기에는 돈 때문이 아니라 자신이 만든 회사를 구하기 위해 돌아왔으며, 적임자가 나타나면 언제든지 최고경영자 자리를 물려주겠다는 메시지가 담겨 있었다. 잡스는 가장 먼저 애플 직원들의 사기를 북돋아주어야 한다고 판단했다. 스톡옵션을 다시 조정하고 주식을 보너스로 주겠다고 약속했다. 그 다음에 잡스는 애플의 방만한 사업구조를 조정하는 작업을 벌여나갔다. 지나치게 많은 제품라인을 정리하고 필요 없는 기능을 제거하면서 외부업체에 대한 위탁을 적극 활용했다.

당시에 잡스는 복수라도 하듯 기존 경영진의 사표를 받았다. 조너선 아이브(Jonathan Ive)는 예외였다. 잡스는 아이브의 잔류를 설득한 후 그에게 디자인 부문을 일임했다. 또한 컴팩의 최고운영책임자(Chief Operating Officer, COO)인 팀 쿡(Tim Cook; Timothy Donald Cook)을 영입하여 공장의 생산라인을 개선했다. 이와 함께 오랜 숙적이던 마이크로소프트와 제휴를 맺기로 결심했다. GUI에 대한 지적재산을 마이크로소프트에게 넘기는 대신 1억 5천만 달러의 투자를 이끌어냈다. 잡스가 복귀한지 2년 반 만에 애플의 총자본은 20억 달러에서 160억 달러로 증가했다.

잡스는 애플의 이미지를 쇄신하는 데도 주의를 기울였다. 그는 애플의 전설적인 〈1984〉 광고를 제작했던 마케팅 회사를 다시 끌어들였다. 애플의 슬로건으로는 '다르게 생각하라' 혹은 '다른 것을 생각하라'로 번역될 수 있는 '씽크 디퍼런트(Think different)'가 선택되었다. 그것은 애플이 이전과는 확 달라진 모습으로 혁신을 일으킨다는 인상을 심어주었는데, 문법에 맞는 '디퍼런트리(differently)'가 아니라 디퍼런트로 표기한 점도 흥미롭다. 잡스라는 사람 자체가 이미지의 힘을 구현하는 매개물이 되기도 했다. 그는 애플에 복귀한 후 검은색 터틀넥을 계속 착용함으로써 일상적 편리함과 특징적 스타일을 모두 표현할 수 있었다. 잡스의 검은색 터틀넥은 일본의 패션 디자이너인 이세이 미야케(Issey Miyake)가 제공했다고 한다.

1997년 이후에 잡스는 소위 '아이시리즈'를 잇달아 출시하여 성공신화를 이어갔다. 그 시작은 인터넷 매킨토시의 줄임말에 해당하는 아이맥(iMac)이었다. 기판과 모뎀뿐만 아니라 스피커와 본체까지 달걀 모

그림 11-10
아이시리즈의 시작을 알린 아이맥(1998년)
자료: Masashige MOTOE

양의 케이스 안에 내장된 컴퓨터였다. 또한 플로피 디스크 대신에 CD롬 드라이브를 장착한 특징을 가지고 있었다. 아이맥은 1998년 5월에 출시된 후 같은 해 12월까지 80만 대가 팔리는 기록을 세웠으며, 이로 인해 애플은 적자에서 흑자로 돌아섰다. 잡스는 2000년 1월에 애플의 공식적인 최고경영자가 되었다. 취임식에서는 존 레논(John Lennon)의 〈이매진〉이 흘러나왔고, 잡스의 팬들은 그를 예수에 빗대어 추켜세우기도 했다.

잡스는 아이맥을 개발하면서 특별한 시장조사를 하지 않았다. 보이는 수요를 따라가면 한 발 늦는다는 것이 그의 철학이었다. "벨이 전화를 발명할 때 시장조사를 했을까요? 천만에요. 사람들은 우리가 제품을 눈앞에 내놓기까지는 자기들이 무엇을 원하는지 정확히 모릅니다." 잡스는 새로운 아이디어와 고객의 니즈가 만날 때 유의미한 혁신이 일어난다고 보았다. 그는 '고객창조 마케팅'을 주창하면서 혁신의 과정을 감지, 아이디어, 스토리텔링, 개발생산, 마케팅 등의 다섯 단계로 구분하기도 했다. 연구, 개발, 생산, 마케팅 등으로 구분되는 기존의 혁신 모형에 비해 개발과 생산을 하나의 단계로 간주한 셈이다. 또한 제품을 개발하고 생산하는 일보다 고객의 잠재적 수요를 파악하고 이를 이야기로 구현하는 것에 더욱 많은 주의를 기울여야 한다는 점을 강조하고 있다.

2001년에 애플은 두 개의 신제품을 내놓았다. 아이튠즈(iTunes)와 아이팟(iPod)이었다. 애플이 새로운 컴퓨터가 아니라 음악 감상을 위한 기술을 들고 나온 것은 많은 사람들의 예상을 깨는 일이었다. 아이튠즈는 CD에서 노래를 복사해 컴퓨터로 들을 수 있는 프로그램이었고, 아이팟은 호주머니 크기의 디지털 미디어 플레이어로 1,000개의 노래를 담을 수 있었다. 애플은 아이팟과 아이튠즈로 하드웨어와 소프트웨어의 결합을 실현함으로써 두 제품의 판매량을 모두 증폭시킬 수 있었다.

더 나아가 잡스는 적은 비용으로 노래를 다운로드 받을 수 있는 온라인 음악매장을 구상했다. 그는 음반업계를 설득한 끝에 2003년 4월 28일에 아이튠즈 뮤직스토어를 개장했다. 이 사이트는 방대한 양의 음악 파일을 구비해 놓고 한 곡당 99센트에 팔았는데, 그 중 70센트는 음반회사에게 보내졌다. 소비자들은 음악을 저렴하고 편리하게 즐길 수 있었고, 애플과 음반회사들은 자기 이익을 챙길 수 있었다. 그것은 '냅스터(Napster) 사건'으로 대표되는 인터넷 해적질도 막을 수 있는 방안이었다. ≪타임≫은 아이튠즈 뮤직스토어를 2003년 최고의 발명품으로 치켜세웠다.

신은 하나를 주면 하나를 가져간다고 했던가? 2003년 10월에 잡스

그림 11-11
흰색 이어폰과 연결되어 있는 아이팟
자료: Pertsaboy, Wikimedia Commons

는 췌장암 판정을 받았다. 담당 의사는 3~6개월 내에 세상을 떠날 수 있다고 말했다. 다행히도 잡스의 종양은 수술로 치료할 수 있는 특이 종양에 해당했다. 그는 수술을 성공적으로 마쳤으며, 2004년 8월에 이 사실을 공개했다. 잡스는 2005년 6월 12일에 스탠퍼드 대학의 졸업식에서 축사를 하는 기회를 얻었다. 그의 축사는 지금도 세계적인 명연설로 손꼽히고 있다. "아무도 죽음을 원하지 않습니다. 천국에 가고 싶다는 사람들조차 그곳에 가기 위해 죽기는 싫을 겁니다. 하지만 죽음은 우리 모두가 도달하게 돼 있는 종착지입니다. 누구도 죽음에서 자유롭지 못하죠. 어쩌면 죽음은 삶이 고안해낸 가장 중요한 발명품일지 모릅니다. 죽음은 삶을 변화시킵니다. 죽음은 새로운 것이 낡은 것을 대체할 수 있도록 해 주지요."

2006년 5월에 디즈니는 픽사를 합병했고, 그 대가로 잡스는 74억 달러를 받았다. 2007년 1월에는 애플컴퓨터의 공식적인 기업명을 애플주식회사(Apple Inc.)로 바꾸었다. 컴퓨터만 다루는 회사가 아니라 기술과 엔터테인먼트를 아우르는 기업을 표방했던 셈이다. 같은 해 6월에는 스마트폰의 시대를 연 아이폰(iPhone)이 모습을 드러냈다. 잡스는 아이폰이 당시의 캐시카우(cash cow)인 아이팟을 잠식할 것이라는 사실을 잘 알고 있었지만, 자기잠식(cannibalization)으로 인한 손실보다 미래성장의 가치가 더욱 크다고 판단했다.

아이폰은 출시 이틀 만에 27만 대가 팔렸고, 2007년 9월에는 백만 번째 아이폰이 판매되었다. 아이폰에 대한 프리젠테이션도 인상적이었다. "오늘 우리는 혁신적인 제품 세 가지를 소개하려 합니다. 첫 번째는 터치로 조작하는 와이드스크린 아이팟입니다. 두 번째는 혁신적인 휴대전화이지요. 그리고 세 번째는 완전히 새로운 인터넷 통신기기입니다. 뭔지 아시겠습니까? 세 개의 기기를 말하는 게 아닙니다. 이 모든 것을 구현한 하나의 기기를 말하는 겁니다. 우리는 그것을 '아이폰'이라 부릅니다."

2010년 1월에 애플은 '아이패드(iPad)'라는 태블릿 PC를 내놓았다. 애플은 1년 만에 1,900만 대의 아이패드를 팔아치웠고 세계 곳곳에서 아이패드 품귀 현상이 나타나기도 했다. 2011년 3월에 잡스는 아이패드 2를 공개하면서 기술과 교양의 융합을 강조했다. 그는 기술과 교양의 교차로에서 아이패드가 탄생했다고 지적함으로써 엔지니어들이 충실한 교양을 갖출 것을 주문했다. "애플이 아이패드와 같은 제품을

그림 11-12
기술과 교양의 융합을 강조하고 있는 잡스

창조할 수 있는 이유는 기술과 교양(liberal arts)이 만나는 교차로에서 양쪽의 장점을 구현하기 위해 항상 고민하기 때문입니다. 기술의 관점에서 가장 진보한 제품을 만들려면 직관적으로 사용하고 재미있어서 사용자에게 정말 적합해야 합니다. 사용자가 제품에게 다가갈 필요가 없이 제품이 사용자를 찾아가는 겁니다. 아이패드와 같은 창조적인 제품을 만들어내는 것은 결국 기술과 교양의 결합입니다."

잡스는 2009년에 간 이식 수술을 받았고, 호르몬 치료도 받기 시작했다. 그는 2011년 8월 24일에 애플의 최고경영자를 사임하면서 다섯 살 아래인 팀 쿡을 후임자로 지명했다. 그로부터 얼마 지나지 않은 2011년 10월 5일에 잡스는 56세의 일기로 세상을 떠났다. 그의 사망은 애플의 공식발표에 의해 알려졌다. "애플은 명확한 비전과 창의성을 지닌 천재를 잃었습니다. 그리고 세계는 정말 놀라웠던 한 사람을 잃었습니다. 스티브와 함께 일하는 행운을 누렸던 저희는 사랑하는 친구이자 늘 영감을 주는 멘토였던 그를 잃었습니다. 이제 스티브는 오직 그만이 만들 수 있었던 회사를 남기고 떠났으며, 그의 정신은 애플의 근간이 되어 영원히 남을 것입니다." 잡스가 세상을 떠나기 직전인 2011년 8월 9일에 애플은 미국 증시에서 엑손모빌을 누르고 시가총액 1위가 되었다.

스티브 잡스에 관한 묵직한 전기를 쓴 아이작슨(Walter Isaacson)은 다음과 같이 썼다. "스티브 잡스는 우리 시대 비즈니스 경영자 가운데 한 세기 후에도 기억될 것이 가장 확실한 인물이 되었다. 역사는 그를 에디슨과 포드에 버금가는 인물로 평가할 것이다. 잡스는 예술과 공학의 힘을 결합해 동시대의 어느 누구도 따를 수 없을 만큼 완벽하게 혁신적인 제품들을 만들어냈다. 그의 사나운 기질 때문에 그와 함께 일하는 것은 고무적인 동시에 불안한 일이 될 수도 있었지만, 그는 또한 그러한 기질로 인해 세계에서 가장 창의적인 회사를 구축할 수 있었다. 그리고 잡스는 디자인에 대한 집착과 완벽주의, 그리고 상상력을 애플의 DNA에 주입하는 데도 성공했다. 이러한 DNA 덕분에 애플은 수십 년 후에도 예술과 기술의 교차점에서 가장 번영하는 기업으로 남을 것이다."

애플의 성공 신화가 가능했던 중요한 배경으로 미국 정부의 선도적인 연구개발투자에 주목하는 논의도 있다. 예를 들어 마리아나 마추카토(Mariana Mazzucato)는 2013년에 발간한 『기업가적 국가(The Entrepreneurial State)』에서 다음과 같이 썼다. "독특한 천재성, 디자인에 기울인 집중, 그리고 놀이에 대한 사랑과 우직함은 두말할 것 없는 애플의 특징이다. 하지만 컴퓨터와 인터넷 혁명의 배후에 감춰진 거대한 공공투자가 없었더라면 이런 애플의 특징은 … 한낱 장난감의 발명으로 끝났을지도 모른다. … 국가의 투자로 발명된 기술에 스티브 잡스의 천재성과 우직함이 더해져 엄청난 이익과 성공을 낳았다. 이는 애플이 아이폰과 아이패드의 뒷받침이 되는 인터넷, GPS, 터치스크린 화면, 통신기술과 같은 획기적인 기술에 대한 국가 투자의 파도를 탈 수 있었기 때문이다. 정부가 지원한 기술이 없었더라면, 파도 없이 우직한 파도타기를 해 봐야 아무 소용이 없었을 것이다."

각 장의 기초가 된 글들

1. 송성수, 『한 권으로 보는 인물과학사』 제2판 (북스힐, 2015), 50–65쪽.
2. 같은 책, 144–129쪽.
3. 같은 책, 203–213쪽.
4. 같은 책, 306–317쪽.
5. 같은 책, 333–341쪽.
6. 송성수, 『사람의 역사, 기술의 역사』 제3판 (부산대학교출판문화원, 2019), 265–285쪽.
7. 같은 책, 400–412쪽.
8. 송성수, 『한 권으로 보는 인물과학사』, 478–493쪽.
9. 송성수, 『사람의 역사, 기술의 역사』, 473–489쪽.
10. 송성수, 『한 권으로 보는 인물과학사』, 650–662쪽.
11. 신작

참고문헌

강윤재, 『세상을 바꾼 과학논쟁』 (궁리, 2011).

곽영직, 『서양과학고전』 (팬덤북스, 2013).

구자현, 『쉬운 과학사』 (이담, 2009).

김성근, 『그림으로 읽는 서양과학사』 (플루토, 2022).

김영식 편, 『과학사개론』 개정증보판 (다산출판사, 1986).

김영식, 박성래, 송상용, 『과학사』 개정판 (전파과학사, 2013).

박민아, 김영식 편, 『프리즘: 역사로 과학 읽기』 (서울대학교출판부, 2007).

박성래, 『인물과학사 2: 세계의 과학자들』 (책과 함께, 2006).

송상용, 『과학자들: 피타고라스에서 이태규까지』 (자유아카데미, 2018).

송성수, 『과학기술의 개척자들』 (살림, 2009).

송성수, 『한 권으로 보는 인물과학사』 제2판 (북스힐, 2015).

송성수, 『사람의 역사, 기술의 역사』 제3판 (부산대학교출판문화원, 2019).

오진곤, 『틀을 깬 과학자들』 (전파과학사, 2002).

이문규 외, 『과학사 산책』 (소리내, 2015).

이종호, 『천재를 이긴 천재들』 (글항아리, 2007).

이필렬, 이중원, 『인간과 과학』 (한국방송통신대학교출판부, 2001).

임경순, 정원, 『과학사의 이해』 (다산출판사, 2014).

정인경, 『뉴턴의 무정한 세계: 우리의 시각으로 재구성한 과학사』 (돌베개, 2014).

홍성욱, 『그림으로 보는 과학의 숨은 역사』 (책세상, 2012).

황진명, 김유항, 『과학과 인문학의 탱고』 (사과나무, 2014).

레슬리 호비츠(박영준 외 옮김), 『유레카: 세상을 바꾼 12명의 과학자와 위대한 깨달음의 순간들』 (생각의 나무, 2003).
로버트 크리즈(김명남 옮김), 『세상에서 가장 아름다운 실험 열 가지』 (지호, 2006).
로이 포터 엮음(조숙경 옮김), 『2500년 과학사를 움직인 인물들』 (창작과 비평사, 1999).
마이클 화이트(이상원 옮김), 『에디슨은 전기를 훔쳤다』 (사이언스북스, 2003).
마이클 화이트(이상원 옮김), 『과학자 빌 게이츠, 부자가 되다』 (사이언스북스, 2003).
멜리사 실링(이주만 옮김), 『괴짜들의 비밀』 (새로운 현재, 2009).
스티븐 파커(이충호 옮김), 『세계를 변화시킨 12명의 과학자』 (두산동아, 2002).
에른스트 피셔(김수은 옮김), 『청소년을 위한 과학인물사전』 (열대림, 2009).
제이콥 브로노우스키(김은국, 김현숙 옮김), 『인간 등정의 발자취』 (바다출판사, 2004).
제임스 맥클렐란 3세, 해럴드 도른(전대호 옮김), 『과학과 기술로 본 세계사 강의』 (모티브, 2006).
제임스 포스켓(김아림 옮김), 『과학의 반쪽사』 (블랙피쉬, 2023).
조지 존슨(김정은 옮김), 『세상의 비밀을 밝힌 위대한 실험』 (에코의 서재, 2009).
존 그리빈(강윤재, 김옥진 옮김), 『과학, 사람이 알아야 할 모든 것』 (들녘, 2004).
캐서린 쿨렌(황선영 외 옮김), 『천재들의 과학노트』 총8권 (일출봉, 2007).
프랑크 애셜(구자현 옮김), 『놀라운 발견들』 (한울, 1996).
피터 보울러, 이완 모러스(김봉국 외 옮김), 『현대과학의 풍경』 총2권 (궁리, 2008).
토머스 쿤(김명자, 홍성욱 옮김), 『과학혁명의 구조』 제4판 (까치, 2013).
해리 콜린스, 트레버 핀치(이충형 옮김), 『골렘: 과학의 뒷골목』 (새물결, 2005).
Wikipedia(https://en.wikipedia.org/wiki/).

1장. 그래도 지구는 돈다?, 갈릴레오 갈릴레이

김영식, 『과학혁명』 (민음사, 1984; 아르케, 2001).
남영, 『태양을 멈춘 사람들』 (궁리, 2016).
갈릴레오 갈릴레이(이무현 옮김), 『새로운 두 과학』 (사이언스북스, 2016).
데이바 소벨(홍현숙 옮김), 『갈릴레오의 딸』 (생각의 나무, 2001).

마이클 화이트(김명남 옮김), 『갈릴레오: 교회의 적, 과학의 순교자』 (사이언스북스, 2009).
웨이드 로랜드(정세권 옮김), 『갈릴레오의 치명적 오류』 (MEDIAWILL M&B, 2003).
윌리엄 쉬어 외(고종숙 옮김), 『갈릴레오의 진실』 (동아시아, 2006).
이타쿠라 키요노부(한상미 옮김), 『우리들은 갈릴레오』 (서해문집, 2012).
제임스 맥리클란(이무현 옮김), 『물리학의 탄생과 갈릴레오』 (바다출판사, 2002).
Mario Biagioli, Galileo, Courtier: The Practice of Science in the Culture of Absolutism (Chicago: University of Chicago Press, 1993).
Stillman Drake, Galileo at Work: His Scientific Biography (Chicago: University of Chicago Press, 1978).

2장. 과학혁명을 완성한 최후의 마술사, 아이작 뉴턴

김영식, 『과학혁명』 (민음사, 1984; 아르케, 2001).
박민아, 『뉴턴 & 데카르트: 거인의 어깨에 올라선 거인』 (김영사, 2006).
홍성욱, 이상욱 외, 『뉴턴과 아인슈타인, 우리가 몰랐던 천재들의 창조성』 (창비, 2004).
게일 크리스티안슨(정소영 옮김), 『만유인력과 뉴턴』 (바다출판사, 2002).
데이비드 클라크, 스티븐 클라크(이면우 옮김), 『독재자 뉴턴』 (몸과 마음, 2002).
리처드 웨스트폴(최상돈 옮김), 『프린키피아의 천재』 (사이언스북스, 2001).
리처드 웨스트폴(차동우 옮김), 『뉴턴의 물리학과 힘』 (한국문화사, 2014).
버나드 코헨(조영석 옮김), 『새 물리학의 태동』 (한승, 1996).
제임스 글릭(김동광 옮김), 『아이작 뉴턴』 (승산, 2008).
B. J. T. Dobbs, "Newton's Alchemy and His Theory of Matter", Isis, Vol. 73, No. 4 (1982), pp. 511–528.

3장. 화학혁명과 프랑스혁명 속에서, 앙투안 라부아지에

원정현, 『세상을 바꾼 화학』 (리베르스쿨, 2018).
일본화학회 편(박택규 옮김), 『화학사, 상식을 다시 보다』 (전파과학사, 1993).
스티븐 존슨(박산호 옮김), 『공기의 발명: 과학자 조지프 프리스틀리와 미국의 탄생에 대한 비밀』(비즈앤비즈, 2010).
존 허드슨(고문주 옮김), 『화학의 역사』(북스힐, 2005).
토머스 핸킨스(양유성 옮김), 『과학과 계몽주의』(글항아리, 2011).
폴 스트레턴(예병일 옮김), 『멘델레예프의 꿈』(몸과 마음, 2003).
휴 샐즈버그(고문주 옮김), 『화학의 발자취』(범양사출판부, 1993).
Frederic L. Holmes, Lavoisier and the Chemistry of Life (Wisconsin, MD: University of Wisconsin Press, 1985).

4장. 진화론으로 풍성한 식탁을 차리다, 찰스 다윈

장대익, 『다윈 & 페일리: 진화론도 진화한다』(김영사, 2006).
레베카 스테포프(이한음 옮김), 『진화론과 다윈』(바다출판사, 2002).
마이클 루스(류운 옮김), 『진화의 탄생: 피투성이 이빨과 발톱의 과학혁명』(바다출판사, 2010).
에이드리언 데스먼드, 제임스 무어(김명주 옮김), 『다윈 평전』(뿌리와 이파리, 2009).
재닛 브라운(임종기, 이경아 옮김), 『찰스 다윈 평전』 총2권 (김영사, 2010).
찰스 다윈(이한중 옮김), 『나의 삶은 서서히 진화해왔다』(갈라파고스, 2003).
피터 보울러(한국동물학회 옮김), 『찰스 다윈』(전파과학사, 1999).
Peter J. Bowler, Evolution: The History of an Idea, 4th ed. (Berkeley and Los Angeles, CA: University of California Press, 2009).

5장. 백신을 개발한 프랑스 과학자, 루이 파스퇴르

로버트 멀케히(강윤재 옮김), 『질병: 세균과의 전쟁』(지호, 2002).
루이즈 로빈스(이승숙 옮김), 『미생물의 발견과 파스퇴르』(바다출판사, 2003).
르네 뒤보(이재열 옮김), 『파스퇴르: 과학을 향한 끝없는 열정』(사이언스북스, 2006).
존 웰러(이미리나 옮김), 『왜 하필이면 세균이었을까』(몸과 마음, 2004).
폴 드 크루이프(이미리나 옮김), 『미생물 사냥꾼 이야기』(몸과 마음, 2005; 반니, 2017).
Bruno Latour, The Pasteurization of France (Cambridge, MA: Harvard University Press, 1993).

Gerald L. Geison, The Private Science of Louis Pasteur (Princeton, NJ: Princeton University Press, 1995).

6장. 발명왕을 보는 다양한 시선, 토머스 에디슨

김명진, 『세상을 바꾼 기술, 기술을 만든 사회』 (궁리, 2019).

송성수, 「에디슨의 사례를 통한 공학소양교육의 탐색」, ≪공학교육연구≫ 제13권 1호 (2010), 17–22쪽.

고타로 나와(이채욱 옮김), 『벤처 CEO 에디슨』 (북스힐, 2005).

마이크 윈첼(김시내 옮김), 『전류전쟁: 테슬라와 에디슨의 불꽃 튀는 세기의 대결』 (다른미디어, 2019).

마이클 겔브, 사라 밀러 칼디코트(신선해 옮김), 『이노베이터 CEO 에디슨』 (한언, 2008).

블레인 매코믹(남기만 옮김), 『에디슨의 두 개의 책상』 (이지북, 2002).

진 아데어(장석봉 옮김), 『위대한 발명과 에디슨』 (바다출판사, 2002).

질 존스(이충환 옮김), 『빛의 제국: 에디슨, 테슬라, 웨스팅하우스 그리고 전류전쟁』 (양문, 2006).

토머스 휴즈(김명진 옮김), 『현대 미국의 기원 1: 발명과 기술적 열정의 한 세기, 1870~1970』 (나남, 2017).

톰 맥니콜(박병철 옮김), 『표준전쟁: 교류냐 직류냐, 어떤 전쟁보다 비열하고 야만적이었던 역사상 첫 기술전쟁 이야기』 (알마, 2007).

헨리 고다(정난진 옮김), 『에디슨 어머니처럼 키워라』 (이손, 2009).

Thomas P. Hughes, Networks of Power: Electrification in Western Society, 1880~1930 (Baltimore: Johns Hopkins University Press, 1983).

Paul Israel, Edison: A Life of Invention (New York: John Wiley & Sons, 1998).

7장. 화학비료에서 독가스로, 프리츠 하버

여인형, 『공기로 빵을 만든다고요: 인류 굶주림의 해결사 프리츠 하버의 삶과 과학』 (생각의 힘, 2013).

로얼드 호프만(이덕환 옮김), 『같기도 하고 아니 같기도 하고』 (까치, 1996).

새런 맥그레인(이충호 옮김), 『화학의 프로메테우스』 (가람기획, 2002).

존 콘웰(김형근 옮김), 『히틀러의 과학자들』 (크리에디트, 2008).

토머스 헤이거(홍경탁 옮김), 『공기의 연금술』 (반니, 2015).

8장. 현대물리학의 기반을 마련한 평화주의자, 알베르트 아인슈타인

김재영, 『상대성이론의 결정적 순간들』 (현암사, 2023).

남영, 『휘어진 시대』 총3권 (궁리, 2023).

임경순, 『100년 만에 다시 찾는 아인슈타인』 (사이언스북스, 1997).

이현경, 『아인슈타인 & 보어: 확률의 과학, 양자역학』 (김영사, 2006).

홍성욱, 이상욱 외, 『뉴턴과 아인슈타인, 우리가 몰랐던 천재들의 창조성』 (창비, 2004).

데니스 브라이언(채은진 옮김), 『아인슈타인, 신이 선택한 인간』 (말글빛냄, 2006).

알베르트 아인슈타인(홍수원 외 옮김), 『아인슈타인의 나의 세계관』 (중심, 2003).

월터 아이작슨(이덕환 옮김), 『아인슈타인: 삶과 우주』 (까치, 2014).

제레미 번스타인(장회익 옮김), 『아인슈타인』 총2권 (전파과학사, 1976).

제레미 번스타인(이상헌 옮김), 『$E=mc^2$과 아인슈타인』 (바다출판사, 2002).

피터 갤리슨(김재영, 이희은 옮김), 『아인슈타인의 시계, 푸앵카레의 지도』 (동아시아, 2017).

피터 스미스(최진성 옮김), 『인간 아인슈타인』 (시아출판사, 2005).

하워드 가드너(임재서 옮김), 『열정과 기질』 (북스넛, 2004).

9장. 핵무기가 바꾼 인생, 로버트 오펜하이머

다이애나 프레스턴(류운 옮김), 『원자폭탄: 그 빗나간 열정의 역사』 (뿌리와이파리, 2006).

로베르트 융크(이충호 옮김), 『천 개의 태양보다 밝은: 우리가 몰랐던 원자과학자들의 개인적 역사』 (다산북스, 2018).

리처드 로즈(문신행 옮김), 『원자폭탄 만들기』 총2권 (사이언스북스, 1995; 2003).

실번 슈위버(김영배 옮김), 『아인슈타인과 오펜하이머』 (시대의 창, 2013).

제레미 번스타인(유인선 옮김), 『오펜하이머, 베일 속의 사나이』 (모티브북, 2005).

카이 버드, 마틴 셔윈저(최형섭 옮김), 『아메리칸 프로메테우스: 로버트 오펜하이머 평전』 (사이언스북스, 2010).

Barton J. Bernstein, "In the Matter of J. Robert Oppenheimer", Historical Studies in the Physical Sciences, Vol. 12, No. 2 (1982), 195–252.

10장. 분자생물학의 살아 있는 신화, 제임스 왓슨

정혜경, 『왓슨 & 크릭: DNA 이중나선의 두 영웅』 (김영사, 2006).

데이비드 뉴턴(한국유전학회 옮김), 『왓슨과 크릭』 (전파과학사, 2002).

브렌다 매독스(나도선, 진우기 옮김), 『로절린드 프랭클린과 DNA』 (양문, 2004).

에드워드 에델슨(이한음 옮김), 『DNA 구조의 발견과 왓슨·크릭』 (바다출판사, 2002).

울프 라거비스트(한국유전학회 옮김), 『DNA 연구의 선구자들』 (전파과학사, 2000).

제임스 왓슨(최돈찬 옮김), 『이중나선』 (궁리, 2006).

호레이스 저드슨(하두봉 옮김), 『창조의 제8일』 (범양사출판부, 1984).

J. D. Watson and F. H. Crick, "A Structure for Deoxyribose Nucleic Acids", Nature, Vol. 171, No. 4356 (1953), 737–738.

11장. 혁신과 융합의 아이콘, 스티브 잡스

김상훈, 『스티브 잡스』 (살림, 2009).

휴먼스토리, 『스티브 잡스의 세상을 바꾼 말 한마디』 (미르북스, 2011).

다케우치 가즈마사(김정환 옮김), 『스티브 잡스 vs 빌 게이츠』 (플루토미디어, 2010).

월터 아이작슨(안진환 옮김), 『스티브 잡스』 (민음사, 2011).

제프리 영, 윌리엄 사이먼(임재서 옮김), 『iCon: 스티브 잡스』 (민음사, 2005).

짐 코리건(권오열 옮김), 『스티브 잡스 이야기』 (명진, 2009).

카민 갤로(박세연 옮김), 『스티브 잡스, 무한 혁신의 비밀』 (비즈니스북스, 2010).

천위안(김진아 옮김), 『스티브 잡스: 광기의 승부사』 (북스앤드, 2015).

찾아보기

ㅁ

ㅂ

ㅅ

ㅎ

기타

과학기술과
사회를 만든 사람들

11명의 과학자에 관한 조금 깊은 전기

저　　자　송성수
발 행 인　김지영
발 행 처　자유아카데미
주　　소　경기도 파주시 회동길 37-42
　　　　　파주출판도시
전　　화　031-955-1321
팩　　스　031-955-1322
홈페이지　www.freeaca.com
전자우편　main@freeaca.com(대표)
　　　　　editor@freeaca.com(편집)
　　　　　crm@freeaca.com(영업)
등　　록　제406-2003-017호, 1980. 7. 12
제1판1쇄　2024년 5월 10일 발행

ISBN 979-11-5808-605-3 93400